# 文科数学辅导教程

◎ 尹逊波　周永春　曹 巡　编著

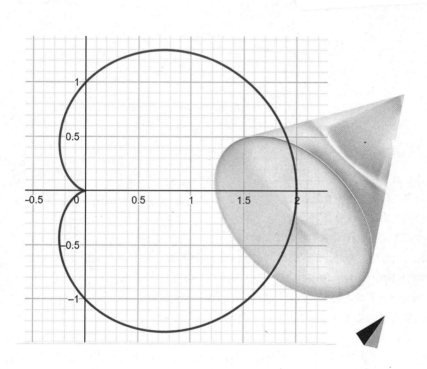

電子工業出版社·

**Publishing House of Electronics Industry**

北京·BEIJING

# 内 容 简 介

本书总结了微积分、线性代数和概率论的基础知识，分析了典型例题，帮助读者在解题过程中融会贯通；还给出了习题、习题解答和模拟试卷，帮助读者练习并巩固文科数学的思考方法.

本书可作为高等学校文科类专业高等数学的辅助教材，也可作为对数学感兴趣人员的参考书.

未经许可，不得以任何方式复制或抄袭本书之部分或全部内容.
版权所有，侵权必究.

图书在版编目（CIP）数据

文科数学辅导教程 / 尹逊波等编著. -- 北京 ： 电子工业出版社，2024. 8. -- ISBN 978-7-121-48617-3

Ⅰ. O13

中国国家版本馆 CIP 数据核字第 202467BG72 号

责任编辑：张　鑫
印　　刷：中煤（北京）印务有限公司
装　　订：中煤（北京）印务有限公司
出版发行：电子工业出版社
　　　　　北京市海淀区万寿路 173 信箱　　　邮编：100036
开　　本：787×1092　1/16　印张：13.5　　字数：345 千字
版　　次：2024 年 8 月第 1 版
印　　次：2024 年 8 月第 1 次印刷
定　　价：46.00 元

凡所购买电子工业出版社图书有缺损问题，请向购买书店调换. 若书店售缺，请与本社发行部联系，联系及邮购电话：(010) 88254888，88258888.

质量投诉请发邮件至 zlts@phei.com.cn，盗版侵权举报请发邮件至 dbqq@phei.com.cn.

本书咨询联系方式：zhangx@phei.com.cn.

# 前　言

　　微积分、线性代数和概率论作为大学课程的数学基础学科方向，是深入学习其他学科课程的基础. 在"新文科"的背景下，注重跨学科交叉与融合、数字化和科技化的应用以及创新思维和实践，培养具有跨学科素养、创新思维和实践能力的综合型人才，才能更好地适应时代的发展和社会的需求. 针对文科类学生需求，我们已经编写了教材《文科数学》，该教材将知识点融入案例，激发学生的学习兴趣，帮助学生理解数学应用. 为了更好地扩展课堂内容，帮助学生提高数学理解能力，加强计算能力，我们编写了本书.

　　本书按照《文科数学》的章节顺序，分为 11 章，除第 5、8 和 11 章外，每章都是主教材的辅导与扩展，第 1 章到第 4 章为微积分部分，由尹逊波编写；第 6、7 章为线性代数部分，由曹巡编写；第 9、10 章为概率论部分，由周永春编写. 这些章节都设计了 5 个模块，分别为教学基本要求、内容总结、例题分析、习题和习题解答. 同时，针对微积分、线性代数和概率论综合能力培养，编写了 10 套模拟试卷并给出了参考答案（第 5、8 和 11 章），使本书更适合学生的学习需求.

　　本书适合作为高等学校文科类专业高等数学的辅助教材.

　　本书在编写过程中得到了哈尔滨工业大学相关教师和电子工业出版社的支持，在此一并表示衷心的感谢.

　　限于编者水平，书中难免有错漏或不当之处，恳请同行和读者批评指正.

编　者

2024 年 6 月

# 目　录

# 第**1**章

## 函数

## 1.1　教学基本要求

1. 理解函数的概念以及函数的奇偶性、周期性、单调性和有界性，掌握函数的表示方法.
理解复合函数及反函数的概念，了解隐函数的概念.

2. 掌握基本初等函数的性质及其图形. 能够建立简单应用问题中的函数关系.

3. 掌握极坐标的概念以及直角坐标与极坐标的关系.

4. 理解极限的概念，函数左、右极限的概念，以及极限存在与左、右极限之间的关系.

5. 掌握极限的性质及四则运算法则，了解复合函数求极限的法则.

6. 掌握利用两个重要极限求极限的方法. 理解无穷小、无穷大以及无穷小的阶的概念，
会用等价无穷小求极限，了解极限与无穷小的关系、无穷大与无穷小的关系.

7. 理解函数连续性的概念，了解间断点的概念，会判别函数间断点的类型. 了解连续函
数的性质，了解闭区间上连续函数的性质.

微积分理论（包括微分学与积分学）是数学分析的主要研究内容，而极限是研究变量的
一种基本方法，是研究微积分的重要工具，其基本理论为微积分奠定了坚实的基础. 本章介
绍极限的定义、性质和计算方法等，同时以极限为工具定义一类非常重要的函数——连续函
数，它是微积分讨论的主要对象.

## 1.2　内 容 总 结

### 1.2.1　基本概念

#### 1. 邻域

实数轴上到点 $x_0$ 的距离小于 $\delta$（$\delta > 0$）的所有点构成的集合，即开区间 $(x_0 - \delta, x_0 + \delta)$，
称为点 $x_0$ 的 $\delta$ – **邻域**，记为 $\bigcup_\delta(x_0)$.

称集合 $\bigcup_\delta(x_0) \backslash x_0$ 为点 $x_0$ 的去心 $\delta$ – **邻域**，记为 $\overset{\circ}{\bigcup}_\delta(x_0)$.

#### 2. 函数

如果两个变量 $x$ 和 $y$ 之间有一个数值对应规律，使得变量 $x$ 在其可取值的数集 $X$ 内每取
得一个值时，变量 $y$ 就依照这个规律确定对应值，则称 $y$ 是 $x$ 的**函数**，记作

$$y = f(x), \quad x \in X,$$

其中 $x$ 称为**自变量**，$y$ 称为**因变量**.

自变量 $x$ 可取值的数集 $X$ 称为函数的**定义域**. 所有函数值 $y$ 构成的集合 $Y$ 称为函数的**值域**.

函数定义中的两个基本要素：定义域和对应规律.

函数的表示方法主要有公式法（解析法）、图形法和表格法.

**分段函数**　在定义域的不同部分，用不同的公式表达的一个函数称为**分段函数**. 例如，当 $G$ 是实数域 $R$ 的子集时，函数

$$T_G(x) = \begin{cases} 1, & x \in G; \\ 0, & x \notin G \end{cases}$$

就是一个分段函数，此函数称为集合 $G$ 的特征函数.

### 3. 函数的图形

对函数 $y = f(x)$, $x \in X$，将每个 $x \in X$ 和它对应的函数值 $y$ 作为 $xOy$ 平面上点的坐标 $(x, y)$，则在 $xOy$ 平面上，点集 $G = \{(x, y) \mid x \in X$，且 $y = f(x)\}$ 称为函数 $y = f(x)$ 的图形.

**【例 1-1】** $y = x \sin \dfrac{1}{x}$ 的图形如图 1.1 所示. 曲线在 $x = 0$ 附近剧烈摆动.

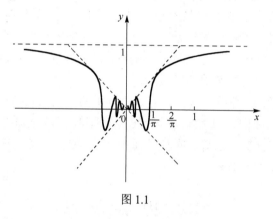

图 1.1

### 4. 复合函数

如果 $y$ 是 $u$ 的函数 $y = f(u)$, $u \in U$，而 $u$ 又是 $x$ 的函数 $u = \varphi(x)$, $x \in X$，且 $D = \{x \mid x \in X$，且 $\varphi(x) \in U\} \neq \varnothing$，则函数

$$y = f[\varphi(x)], \quad x \in D$$

称为由 $y = f(u)$ 和 $u = \varphi(x)$ 复合成的**复合函数**.

**隐函数**　若变量 $x$、$y$ 之间的函数关系可由方程 $F(x, y) = 0$ 给出，则由这种方式表达的函数称为隐函数.

**参数式函数**　通过参数方程

$$\begin{cases} x = \varphi(t), \\ y = \psi(t), \end{cases} \quad t \in T$$

给出的函数，称为**参数式函数**，$t$ 称为**参数**或**参变量**.

**反函数**　对函数 $y = f(x)$, $x \in X$，若将 $y$ 看作自变量，$x$ 看作因变量，则由 $y = f(x)$ 所确

定的函数 $x = \varphi(y)$ 称为 $y = f(x)$ 的反函数，记为 $x = f^{-1}(y)$．纯数学地，常说 $y = f(x)$ 和 $y = f^{-1}(x)$ 互为反函数.

### 5. 基本初等函数

幂函数 $y = x^{\mu}$，指数函数 $y = a^x$，对数函数 $y = \log_a x$，三角函数 $y = \sin x$，　$y = \cos x$，$y = \tan x$，$y = \cot x$，…，反三角函数 $y = \arcsin x$，$y = \arccos x$，$y = \arctan x$，…，以及常函数 $y = c$ 统称为**基本初等函数**.

**初等函数**　由基本初等函数经过有限次四则运算和有限次复合所得到的，并能用一个式子表示的函数称为**初等函数**.

## 1.2.2　函数的几种特性

### 1. 奇偶性

设函数 $y = f(x)$ 的定义域 $X$ 关于原点对称，若对 $\forall x \in X$，有
$$f(-x) = -f(x) \quad (f(-x) = f(x)),$$
则称此函数为**奇函数（偶函数）**.

### 2. 周期性

对函数 $y = f(x), x \in X$，如果有常数 $T \neq 0$，使得当 $x \in X$ 时，必有 $x \pm T \in X$，且
$$f(x \pm T) = f(x),$$
则称此函数为**周期函数**，称常数 $T$ 为它的一个周期.

### 3. 单调性

设 $x_1 < x_2$ 是区间 $I$ 内任意两点，如果恒有
$$f(x_1) < f(x_2) \quad (f(x_1) > f(x_2)),$$
则称函数 $f(x)$ 在区间 $I$ 上**单调递增（单调递减）**；如果上式中出现等号，则称 $f(x)$ 在区间 $I$ 上**单调不减（单调不增）**.

### 4. 有界性

设函数 $y = f(x)$ 在数集 $X$ 上有定义，如果存在常数 $A(B)$，使得
$$f(x) \leqslant A \quad (f(x) \geqslant B), \quad \forall x \in X,$$
则称函数 $f(x)$ 在 $X$ 上有**上界（有下界）**．既有上界又有下界的函数称为有界函数. 此时，必有常数 $M > 0$，使得
$$|f(x)| \leqslant M, \quad \forall x \in X.$$
否则称 $f(x)$ 在 $X$ 上**无界**.

## 1.2.3　极限与连续的概念

### 1. 极限概念

（1）极限概念的本质是描述在自变量的某一变化过程下函数的变化趋势. 以数列 $\{x_n\}$ 为

例，如果随着 $n$ 的无限增大，$x_n$ 无限接近于某一个常数 $a$，则称数列 $\{x_n\}$ 有**极限**（或**收敛**），极限值为 $a$.

（2）严格定义

极限的严格定义如表 1.1 所示.

表 1.1　极限的严格定义

| 极限的类型 | $\forall$ | $\exists$ | 使得当 | 恒有 |
|---|---|---|---|---|
| $\lim\limits_{n\to\infty} x_n = a$ | $\varepsilon > 0$ | 自然数 $N$ | $n > N$ 时 | $|x_n - a| < \varepsilon$ |
| $\lim\limits_{x\to+\infty} f(x) = A$ | $\varepsilon > 0$ | $X > 0$ | $x > X$ 时 | $|f(x) - A| < \varepsilon$ |
| $\lim\limits_{x\to-\infty} f(x) = A$ | $\varepsilon > 0$ | $X > 0$ | $x < -X$ 时 | $|f(x) - A| < \varepsilon$ |
| $\lim\limits_{x\to\infty} f(x) = A$ | $\varepsilon > 0$ | $X > 0$ | $|x| > X$ 时 | $|f(x) - A| < \varepsilon$ |
| $\lim\limits_{x\to x_0} f(x) = A$ | $\varepsilon > 0$ | $\delta > 0$ | $0 < |x - x_0| < \delta$ 时 | $|f(x) - A| < \varepsilon$ |
| $\lim\limits_{x\to x_0^-} f(x) = A$ 左极限 $f(x_0^-)$ | $\varepsilon > 0$ | $\delta > 0$ | $x_0 - \delta < x < x_0$ 时 | $|f(x) - A| < \varepsilon$ |
| $\lim\limits_{x\to x_0^+} f(x) = A$ 右极限 $f(x_0^+)$ | $\varepsilon > 0$ | $\delta > 0$ | $x_0 < x < x_0 + \delta$ 时 | $|f(x) - A| < \varepsilon$ |

**2. 连续概念**

（1）设函数 $y = f(x)$ 在 $x_0$ 的某去心邻域上有定义，如果 $f(x)$ 在 $x_0$ 处也有定义，且

$$\lim_{\Delta x\to 0} \Delta y = 0, \tag{1.1}$$

则称函数 $y = f(x)$ 在 $x_0$ 处连续，并称 $x_0$ 是 $f(x)$ 的**连续点**；否则，称 $x_0$ 是函数 $f(x)$ 的**间断点**（其中 $\Delta x$ 是自变量在 $x_0$ 处的增量，$\Delta y = f(x_0 + \Delta x) - f(x_0)$ 是函数在 $x_0$ 处的对应增量）.

定义中，式（1.1）等价于

$$\lim_{x\to x_0} f(x) = f(x_0), \tag{1.2}$$

又等价于

$$f(x_0^-) = f(x_0^+) = f(x_0). \tag{1.3}$$

（2）若 $f(x_0^-) = f(x_0)$，则称 $f(x)$ 在 $x_0$ 处左连续；若 $f(x_0^+) = f(x)$，则称 $f(x)$ 在 $x_0$ 处右连续.

（3）如果 $f(x)$ 在开区间 $(a, b)$ 内每一点处都连续，则称 $f(x)$ 在开区间 $(a, b)$ 内连续，记为 $f(x) \in C(a, b)$；如果 $f(x) \in C(a, b)$，且 $f(a^+) = f(a)$，$f(b^-) = f(b)$，则称 $f(x)$ 在闭区间 $[a, b]$ 上连续，记为 $f(x) \in C[a, b]$. 在定义域上连续的函数称为**连续函数**.

（4）间断点类型. 左、右极限 $f(x_0^-)$ 和 $f(x_0^+)$ 都存在的间断点 $x_0$，称为函数 $f(x)$ 的第一类间断点. 它包括跳跃间断点（$f(x_0^-) \neq f(x_0^+)$）和可去间断点（$f(x_0^-) = f(x_0^+)$，但不等于 $f(x_0)$ 或 $f(x_0)$ 无意义）.

左、右极限 $f(x_0^-)$ 和 $f(x_0^+)$ 至少有一个不存在的点 $x_0$，称为函数 $f(x)$ 的第二类间断点.

### 1.2.4　极限基本理论

#### 1. 关系

极限与连续的关系如图 1.2 所示。

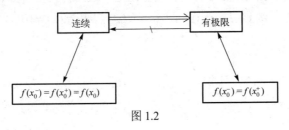

图 1.2

#### 2. 闭区间上连续函数的性质

（1）有界性. 闭区间上连续函数必有界.

（2）最大（小）值存在性. 闭区间上连续函数必有最大（小）值.

（3）介值定理. 闭区间上连续函数一定能取得介于最小值和最大值之间的任何值.

（4）零点存在定理. 设 $f(x) \in C[a,b]$，且 $f(a) \cdot f(b) < 0$，则至少存在一点 $\xi \in (a,b)$，使得 $f(\xi) = 0$.

（5）初等函数在其有定义的区间内处处连续.

### 1.2.5　求极限基本方法

（1）函数四则运算求极限法则（注意函数恒等变形）.

（2）复合函数求极限法则.

（3）利用两个重要极限：$\lim\limits_{x \to 0} \dfrac{\sin x}{x} = 1$ 和 $\lim\limits_{x \to \infty} \left(1 + \dfrac{1}{x}\right)^x = \mathrm{e}$.

（4）变量代换.

## 1.3　例 题 分 析

【例 1-2】　求函数 $y = \arcsin \ln \dfrac{x+5}{3} + \dfrac{\sqrt{4x - x^2}}{\lg(x+3)}$ 的定义域.

**解**　这是一个初等函数，因为 $\arcsin \ln \dfrac{x+5}{3}$ 由 $\arcsin u$，$u = \ln v$，$v = \dfrac{x+5}{3}$ 复合成，而 $\arcsin u$ 的定义域为 $|u| \leqslant 1$，故限定 $|\ln v| \leqslant 1$. 因此，$\dfrac{1}{\mathrm{e}} \leqslant v \leqslant \mathrm{e}$，即要求 $\dfrac{1}{\mathrm{e}} \leqslant \dfrac{x+5}{3} \geqslant \mathrm{e}$，即

$$\frac{3}{\mathrm{e}} - 5 \leqslant x \leqslant 3\mathrm{e} - 5.$$

要使函数 $\dfrac{\sqrt{4x - x^2}}{\lg(x+3)}$ 有意义，只需 $\begin{cases} 4x - x^2 \geqslant 0, \\ x + 3 > 0, \\ x + 3 \neq 1, \end{cases}$ 得 $0 \leqslant x \leqslant 4$.

因此，函数 $y=\arcsin\ln\dfrac{x+5}{3}+\dfrac{\sqrt{4x-x^2}}{\lg(x+3)}$ 的定义域为 $\{x\,|\,0\leqslant x\leqslant 3\mathrm{e}-5\}$ .

**【注】** 求复合函数定义域时，应先求外层函数的定义域，再以此定义域作为对内层函数值域的一个限制，求出内层函数自变量的取值范围，最终得到复合函数的定义域.

**【例 1-3】** 设复合函数 $f(g(x))=1-x$ ，（1）已知 $f(x)=10^{x^2}$ ，求 $g(x)$ ；（2）已知 $g(x)=\dfrac{3^x}{3^x+1}$ ，求 $f(x)$ .

**解** （1）由 $f(x)=10^{x^2}$ 可知，$f(g(x))=10^{g^2(x)}=1-x$ ，故 $g^2(x)=\lg(1-x)$ . 因此，$g(x)=\sqrt{\lg(1-x)}$ 或 $g(x)=-\sqrt{\lg(1-x)}$ ，$x\leqslant 0$ .

（2）令 $u=\dfrac{3^x}{3^x+1}$ ，则 $x=\log_3\dfrac{u}{1-u}$ . 于是 $f(u)=1-x=1-\log_3\dfrac{u}{1-u}$ ，故

$$f(x)=1-\log_3\dfrac{x}{1-x},\ 0<x<1.$$

**【注】** 对于复合函数 $f(g(x))=\varphi(x)$ ，其中 $\varphi(x)$ 为已知函数，通常已知 $f$ 求 $g$ 或已知 $g$ 求 $f$ ，实际上都是求反函数问题.

**【例 1-4】** 设 $f(x)=\begin{cases}x, & |x|\leqslant 1;\\ 1-2x, & |x|>1.\end{cases}$ $g(x)=\begin{cases}x^2, & x\geqslant 0;\\ \mathrm{e}^x, & x<0.\end{cases}$ 求复合函数 $f(g(x))$ 与 $g(f(x))$ 的表达式.

**解** 由 $f(x)$ 的定义知

$$f(g(x))=\begin{cases}g(x), & |g(x)|\leqslant 1;\\ 1-2g(x), & |g(x)|>1.\end{cases}$$

由 $g(x)$ 的定义知，当 $0\leqslant x\leqslant 1$ 时，$|g(x)|=x^2\leqslant 1$ ；当 $x>1$ 时，$|g(x)|=x^2>1$ ；当 $x<0$ 时，$|g(x)|=\mathrm{e}^x\leqslant 1$ . 因此，$f(g(x))=\begin{cases}x^2, & 0\leqslant x\leqslant 1;\\ 1-2x^2, & x>1;\\ \mathrm{e}^x, & x<0.\end{cases}$

类似地，有

$$g(f(x))=\begin{cases}(f(x))^2, & f(x)\geqslant 0;\\ \mathrm{e}^{f(x)}, & f(x)<0\end{cases}=\begin{cases}x^2, & 0\leqslant x\leqslant 1;\\ \mathrm{e}^x, & -1\leqslant x<0;\\ (1-2x)^2, & x<-1;\\ \mathrm{e}^{1-2x}, & x>1.\end{cases}$$

**【注】** 对于分段函数的复合，以 $f(g(x))$ 为例来说明. 第一步，根据外层函数 $f(x)$ 的定义，通过内层函数 $g(x)$ 值的不等式分段表达出 $f(g(x))$ ，即将 $f(x)$ 中的 $x$ 及其自变量取值范围中的 $x$ 都用 $g(x)$ 代换. 第二步，根据 $g(x)$ 的定义，由上面 $g(x)$ 值的不等式，分析其自变量 $x$ 的取值范围，以及 $g(x)$ 的表达式. 第三步，根据自变量 $x$ 的分段（范围），写出复合函数 $f(g(x))$ .

**【例 1-5】** 设 $f_1(x)=\dfrac{x}{\sqrt{1+x^2}}$ ，$f_2(x)=f_1(f_1(x))$ ，$\cdots$ ，$f_{n+1}(x)=f_1(f_n(x))$ ，求 $f_n(x)$ .

**解** 由 $f_1(x)$ 的表达式知

$$f_2(x) = f_1(f_1(x)) = \frac{f_1(x)}{\sqrt{1+f_1^2(x)}} = \frac{x}{\sqrt{1+2x^2}},$$

$$f_3(x) = f_1(f_2(x)) = \frac{f_2(x)}{\sqrt{1+f_2^2(x)}} = \frac{x}{\sqrt{1+3x^2}},$$

由上推测出 $f_n(x) = \dfrac{x}{\sqrt{1+nx^2}}$，下面用数学归纳法证明此结论.

假设 $n = k$ 时结论成立，即有

$$f_k(x) = \frac{x}{\sqrt{1+kx^2}},$$

则有

$$f_{k+1}(x) = f_1(f_k(x)) = \frac{f_k(x)}{\sqrt{1+f_k^2(x)}} = \frac{\dfrac{x}{\sqrt{1+kx^2}}}{\sqrt{1+\dfrac{x^2}{1+kx^2}}} = \frac{x}{\sqrt{1+(k+1)x^2}},$$

故当 $n = k+1$ 时结论也成立，因而由数学归纳法知，对任何正整数 $n$，有 $f_n(x) = \dfrac{x}{\sqrt{1+nx^2}}$.

**【例 1-6】** 求极限 $\lim\limits_{n\to\infty}\left(\dfrac{3}{2}\times\dfrac{5}{4}\times\dfrac{17}{16}\times\cdots\times\dfrac{2^{2^n}+1}{2^{2^n}}\right)$.

**解**
$$\lim_{n\to\infty}\left(\frac{3}{2}\times\frac{5}{4}\times\frac{17}{16}\times\cdots\times\frac{2^{2^n}+1}{2^{2^n}}\right) = \lim_{n\to\infty}\left[\left(1+\frac{1}{2}\right)\left(1+\frac{1}{2^2}\right)\left(1+\frac{1}{2^4}\right)\cdots\left(1+\frac{1}{2^{2^n}}\right)\right]$$

$$= \lim_{n\to\infty}\frac{1}{1-\dfrac{1}{2}}\left[\left(1-\frac{1}{2}\right)\left(1+\frac{1}{2}\right)\left(1+\frac{1}{2^2}\right)\left(1+\frac{1}{2^4}\right)\cdots\left(1+\frac{1}{2^{2^n}}\right)\right]$$

$$= \lim_{n\to\infty}2\left(1-\frac{1}{2^{2^{n+1}}}\right) = 2.$$

**【注】** 数列的各项所含因式个数会随着 $n$ 一起变化，要先进行恒等变形，使因式个数固定，再求极限.

**【例 1-7】** 求极限 $\lim\limits_{n\to\infty}\left(\dfrac{1}{1\times2\times3}+\dfrac{1}{2\times3\times4}+\cdots+\dfrac{1}{n(n+1)(n+2)}\right)$.

**解** 利用裂项相消法，有

$$\lim_{n\to\infty}\left(\frac{1}{1\times2\times3}+\frac{1}{2\times3\times4}+\cdots+\frac{1}{n(n+1)(n+2)}\right)$$

$$= \lim_{n\to\infty}\frac{1}{2}\left[\left(\frac{1}{1\times2}-\frac{1}{2\times3}\right)+\left(\frac{1}{2\times3}-\frac{1}{3\times4}\right)+\cdots+\left(\frac{1}{n(n+1)}-\frac{1}{(n+1)(n+2)}\right)\right]$$

$$= \lim_{n\to\infty}\frac{1}{2}\left[\frac{1}{1\times2}-\frac{1}{(n+1)(n+2)}\right] = \frac{1}{4}.$$

【例 1-8】 求极限 $\lim\limits_{x\to-\infty}\dfrac{\sqrt{3x^2+x-1}+x+1}{\sqrt{x^2+\cos x}}$.

**解**

$$\lim\limits_{x\to-\infty}\frac{\sqrt{3x^2+x-1}+x+1}{\sqrt{x^2+\cos x}}=\lim\limits_{x\to-\infty}\frac{2x^2-x-2}{\sqrt{x^2+\cos x}\left(\sqrt{3x^2+x-1}-x-1\right)}$$

$$=\lim\limits_{x\to-\infty}\frac{2-\dfrac{1}{x}-\dfrac{2}{x^2}}{\sqrt{1+\dfrac{\cos x}{x^2}}\left(\sqrt{3+\dfrac{1}{x}-\dfrac{1}{x^2}}+1+\dfrac{1}{x}\right)}=\sqrt{3}-1.$$

【例 1-9】求极限 $\lim\limits_{n\to\infty}n(1-x^{\frac{1}{n}})$ ， $x>0$ .

**解** 利用变量代换法. 设 $1-x^{\frac{1}{n}}=t$ ， 则 $n=\dfrac{\ln x}{\ln(1-t)}$ . 于是

$$\lim\limits_{n\to\infty}n(1-x^{\frac{1}{n}})=\lim\limits_{t\to 0}\frac{t\ln x}{\ln(1-t)}=\lim\limits_{t\to 0}\frac{\ln x}{\ln(1-t)^{\frac{1}{t}}}=-\ln x.$$

【例 1-10】 求极限 $\lim\limits_{x\to 0}(\cos ax+\sin bx)^{\cot cx}$ ， 其中 $a, b, c$ 为非零常数.

**解** 此为 $1^{\infty}$ 型， 由

$$(\cos ax+\sin bx)^{\cot cx}=[1+(\cos ax-1+\sin bx)]^{\cot cx},$$

而

$$\lim\limits_{x\to 0}(\cos ax-1+\sin bx)\cot cx=\lim\limits_{x\to 0}\frac{(\cos ax-1+\sin bx)\cos cx}{\sin cx}$$

$$=\lim\limits_{x\to 0}\left(\frac{\cos ax-1}{cx}+\frac{\sin bx}{cx}\right)=\frac{b}{c},$$

故

$$\lim\limits_{x\to 0}(\cos ax+\sin bx)^{\cot cx}=\mathrm{e}^{\frac{b}{c}}.$$

【例 1-11】 求极限 $\lim\limits_{x\to\infty}\left(\sin\dfrac{1}{x}+\cos\dfrac{1}{x}\right)^x$ .

**解** 这是 $1^{\infty}$ 型， 由

$$\lim\limits_{x\to\infty}\left(\sin\frac{1}{x}+\cos\frac{1}{x}\right)^x=\lim\limits_{x\to\infty}\left[1+\left(\sin\frac{1}{x}+\cos\frac{1}{x}-1\right)\right]^{\frac{1}{\sin\frac{1}{x}+\cos\frac{1}{x}-1}\cdot x\left(\sin\frac{1}{x}+\cos\frac{1}{x}-1\right)},$$

而

$$\lim\limits_{x\to\infty}x\left(\sin\frac{1}{x}+\cos\frac{1}{x}-1\right)=\lim\limits_{x\to\infty}\frac{\sin\frac{1}{x}}{\frac{1}{x}}+x\left(\cos\frac{1}{x}-1\right)=1+\lim\limits_{x\to\infty}x\left(-2\sin\left(\frac{1}{2x}\right)^2\right)=1,$$

因此，原式 $=\mathrm{e}$ .

【例 1-12】　设函数 $f(x) = \lim\limits_{n \to \infty} \dfrac{x^{2n-1} + ax^2 + bx}{x^{2n} + 1}$，若 $f(x)$ 在 $(-\infty, +\infty)$ 内连续，求 $a, b$.

**解**　当 $|x| < 1$ 时，$f(x) = ax^2 + bx$；当 $x = 1$ 时，$f(x) = \dfrac{1}{2}(a + b + 1)$；

当 $x = -1$ 时，$f(x) = \dfrac{1}{2}(a - b - 1)$；当 $|x| > 1$ 时，

$$f(x) = \lim_{n \to \infty} \frac{1 + ax^{3-2n} + bx^{2-2n}}{x + x^{-(2n-1)}} = \frac{1}{x}.$$

要使 $f(x)$ 在 $(-\infty, +\infty)$ 内连续，只需 $f(x)$ 在 $x = \pm 1$ 处连续即可. 由

$$f(1^+) = \lim_{x \to 1^+} \frac{1}{x} = 1, \quad f(1^-) = \lim_{x \to 1^-}(ax^2 + bx) = a + b,$$

$$f(-1^+) = \lim_{x \to -1^+}(ax^2 + bx) = a - b, \quad f(-1^-) = \lim_{x \to -1^-} \frac{1}{x} = -1,$$

只需 $\begin{cases} a - b = -1 = \dfrac{1}{2}(a - b - 1), \\ a + b = 1 = \dfrac{1}{2}(a + b + 1). \end{cases}$　解得 $a = 0$，$b = 1$.

【例 1-13】　求函数 $f(x) = \dfrac{x^2 - x}{x^2 - 1}\sqrt{1 + \dfrac{1}{x^2}}$ 的间断点，并指出其类型.

**解**　这是个初等函数，它的间断点有三个：$x = 0$，$x = \pm 1$.

$$f(x) = \frac{x(x-1)\sqrt{x^2+1}}{|x|(x-1)(x+1)} = \frac{x\sqrt{x^2+1}}{|x|(x+1)}.$$

由于 $f(0^-) = -1, f(0^+) = 1$，所以，$x = 0$ 是 $f(x)$ 的跳跃间断点.

由于 $\lim\limits_{x \to 1} f(x) = \dfrac{\sqrt{2}}{2}$，所以，$x = 1$ 是 $f(x)$ 的可去间断点.

由于 $\lim\limits_{x \to -1} f(x) = \infty$，所以，$x = -1$ 是 $f(x)$ 的无穷间断点.

【例 1-14】　函数 $f(x) = \begin{cases} \dfrac{ax^2 - be^{\frac{1}{x-1}}}{1 + e^{\frac{1}{x-1}}}, & x \neq 1; \\ 2, & x = 1. \end{cases}$　讨论 $f(x)$ 在 $x = 1$ 处的连续性与间断性.

**解**　由 $f(1^-) = a$，$f(1^+) = -b$，$f(1) = 2$，故

当 $a = -b = 2$ 时，$x = 1$ 为连续点（$a = 2$ 时左连续，$b = -2$ 时右连续）；

当 $a = -b \neq 2$ 时，$x = 1$ 为可去间断点；

当 $a \neq -b$ 时，$x = 1$ 为跳跃间断点.

【例 1-15】　求函数 $f(x) = \lim\limits_{t \to x}\left(\dfrac{\sin t}{\sin x}\right)^{\frac{x}{\sin t - \sin x}}$ 的间断点，并指出其类型.

**解**　函数

$$f(x) = \lim_{t \to x} \left(1 + \frac{\sin t - \sin x}{\sin x}\right)^{\frac{x}{\sin t - \sin x}} = e^{\frac{x}{\sin x}},$$

显然，$x = 0$ 和 $x = k\pi$（$k = \pm 1, \pm 2, \cdots$）是 $f(x)$ 的间断点，$f(x)$ 在其他点处连续.

因为当 $x \to 0$ 时，$f(x) \to e$，所以，$x = 0$ 是 $f(x)$ 的可去间断点.

因为当 $k$ 为正整数时，$x \to (2k-1)\pi^-$，或 $x \to 2k\pi^+$，都有 $f(x) \to +\infty$；当 $k$ 为负整数时，$x \to (2k+1)\pi^+$，或 $x \to 2k\pi^-$，都有 $f(x) \to +\infty$，所以，$x = k\pi$（$k = \pm 1, \pm 2, \cdots$）是 $f(x)$ 的第二类间断点.

**【例 1-16】** 设 $f(x)$ 在 $[a, b]$ 上有定义，除有限个第一类间断点外处处连续，则 $f(x)$ 在 $[a, b]$ 上（　　）.

（A）有界

（B）有最大（小）值

（C）能取到两个函数值之间的任何值

（D）当 $f(a)f(b) < 0$ 时，$f(x)$ 必有零点

**分析**　假设 $c$ 是 $f(x)$ 唯一的间断点，在 $[a, c]$ 上，定义 $f(c) = f(c^-)$，则 $f(x)$ 在 $[a, c]$ 上连续，所以 $f(x)$ 有界，在 $[c, b]$ 区间上也有同样结论，从而 $f(x)$ 在 $[a, b]$ 上有界. 由反例

$$f(x) = \begin{cases} x + 2, & -1 \leqslant x < 0; \\ 1, & x = 0; \\ x - 2, & 0 < x \leqslant 1, \end{cases}$$

否定了 B、C、D 项. 应选 A.

# 1.4　习　　题

1. 已知 $f(x)$ 是线性函数，即 $f(x) = ax + b$，且 $f(-1) = 2$，$f(2) = -3$，求 $f(x)$，$f(5)$.

2. 下列函数是由哪些基本初等函数复合而来的？

（1）$y = \sin^3 \dfrac{1}{x}$；　　（2）$y = 2^{\arcsin x^2}$；　　（3）$y = \lg\lg\lg\sqrt{x}$；　　（4）$y = \arctan e^{\cos x}$.

3. 设 $f(x) = x^3 - x$，$\varphi(x) = \sin 2x$，求 $f(\varphi(x))$ 和 $\varphi(f(1))$.

4. 设 $f\left(x + \dfrac{1}{x}\right) = \dfrac{x^2}{x^4 + 1}$，求 $f(x)$.

5. 设 $f(x) = \begin{cases} x^2, & x \leqslant 4; \\ e^x, & x > 4. \end{cases}$ $\varphi(x) = \begin{cases} 1 + x, & x \leqslant 0; \\ \ln x, & x > 0. \end{cases}$ 求 $f(\varphi(x))$ 和 $\varphi(f(x))$.

6. 求下列函数的定义域.

（1）$y = \arccos\sqrt{\lg(x^2 - 1)}$；　　　　（2）$y = \sqrt{\cos x - 1}$.

7. 已知 $f(x) = \dfrac{1}{1 + x}$，求 $f(f(x))$ 的定义域.

8. 若 $f(x)$ 满足关系 $f(x + y) = f(x) + f(y)$，试证：

（1）$f(0) = 0$；　　　　（2）$f(nx) = nf(x)$，其中 $n$ 为自然数.

9. 设 $f(x)=\sqrt{x^2-1}$，$g(x)=\dfrac{1}{x-1}$，$h(x)=\lg x$，求 $f(g(h(x)))$ 的定义域.

10. 证明 $\lim\limits_{x\to0}\dfrac{x}{|x|}$ 不存在.

11. 计算下列极限.

（1）$\lim\limits_{x\to-1}\dfrac{x^2+2x+5}{x^2+1}$；

（2）$\lim\limits_{x\to1}\dfrac{x^2-2x+1}{x^2-1}$；

（3）$\lim\limits_{h\to0}\dfrac{(x+h)^2-x^2}{h}$；

（4）$\lim\limits_{x\to\infty}\dfrac{x^2-1}{2x^2-x-1}$；

（5）$\lim\limits_{n\to\infty}\left(1+\dfrac{1}{2}+\dfrac{1}{4}+\cdots+\dfrac{1}{2^n}\right)$；

（6）$\lim\limits_{n\to\infty}\dfrac{1+2+3+\cdots+(n-1)}{n^2}$；

（7）$\lim\limits_{x\to\infty}\dfrac{(3x-1)^{25}(2x-1)^{20}}{(2x+1)^{45}}$；

（8）$\lim\limits_{x\to1}\left(\dfrac{1}{1-x}-\dfrac{3}{1-x^3}\right)$.

12. 计算下列极限.

（1）$\lim\limits_{x\to4}\dfrac{\sqrt{2x+1}-3}{\sqrt{x-2}-\sqrt{2}}$；

（2）$\lim\limits_{x\to0}\dfrac{\sqrt{x^2+p^2}-p}{\sqrt{x^2+q^2}-q}$ $(p>0,\ q>0)$；

（3）$\lim\limits_{x\to\infty}\left(\sqrt{x^2+1}-\sqrt{x^2-1}\right)$；

（4）$\lim\limits_{x\to-8}\dfrac{\sqrt{1-x}-3}{2+\sqrt[3]{x}}$；

（5）$\lim\limits_{n\to\infty}\left[\dfrac{1}{1\times2}+\dfrac{1}{2\times3}+\cdots+\dfrac{1}{n(n+1)}\right]$；

（6）$\lim\limits_{n\to\infty}(\sqrt{2}\times\sqrt[4]{2}\times\sqrt[8]{2}\times\cdots\times\sqrt[2^n]{2})$.

13. 计算下列极限.

（1）$\lim\limits_{x\to a}\dfrac{\sqrt[m]{x}-\sqrt[m]{a}}{x-a}$ （$a>0$，$m\geq2$ 且 $m$ 为整数）；

（2）$\lim\limits_{x\to a^+}\dfrac{\sqrt{x}-\sqrt{a}+\sqrt{x-a}}{\sqrt{x^2-a^2}}$ （$a>0$）；

（3）$\lim\limits_{n\to\infty}\left[\left(1-\dfrac{1}{2^2}\right)\left(1-\dfrac{1}{3^2}\right)\cdots\left(1-\dfrac{1}{n^2}\right)\right]$；

（4）$\lim\limits_{n\to\infty}(1+x)(1+x^2)\cdots(1+x^{2^n})$（$|x|<1$）；

（5）$\lim\limits_{x\to+\infty}\left(\sin\sqrt{x+1}-\sin\sqrt{x}\right)$；

（6）$\lim\limits_{x\to0}\dfrac{\sqrt{\cos x}-\sqrt[3]{\cos x}}{\sin^2 x}$.

14. 计算下列极限.

（1）$\lim\limits_{x\to0}(1-3x)^{\frac{1}{x}}$；

（2）$\lim\limits_{x\to0}(1+\tan x)^{\frac{1}{\sin x}}$；

（3）$\lim\limits_{x\to+\infty}\left(\dfrac{2x-1}{2x+1}\right)^x$；

（4）$\lim\limits_{x\to\infty}\left(\dfrac{x}{1+x}\right)^x$；

（5）$\lim\limits_{n\to\infty}\left(1+\dfrac{x}{n}+\dfrac{x^2}{2n^2}\right)^{-n}$；

（6）$\lim\limits_{x\to0}(\cos x)^{\frac{1}{x^2}}$；

（7）$\lim\limits_{x\to 0}(2\sin x+\cos x)^{\frac{1}{x}}$；　　　　　（8）$\lim\limits_{x\to 1}(3-2x)^{\frac{1}{x-1}}$.

15. 已知 $\lim\limits_{x\to\infty}\left(\dfrac{x+a}{x-a}\right)^x=9$，求常数 $a$.

16. 设 $f(x)=\begin{cases}1+x^2\,, & x<0;\\ a\,, & x=0;\\ \dfrac{\sin bx}{x}, & x>0.\end{cases}$ 试问：（1）当 $a,b$ 为何值时，$\lim\limits_{x\to 0}f(x)$ 存在？

（2）当 $a,b$ 为何值时，$f(x)$ 在 $x=0$ 处连续？

## 1.5　习 题 解 答

1. **解**　由 $f(-1)=2$，$f(2)=-3$，得 $\begin{cases}-a+b=2,\\ 2a+b=-3,\end{cases}$ 解得 $\begin{cases}a=-\dfrac{5}{3},\\ b=\dfrac{1}{3}.\end{cases}$ 故 $f(x)=-\dfrac{5}{3}x+\dfrac{1}{3}$，

$f(5)=-\dfrac{5}{3}\times 5+\dfrac{1}{3}=-8$.

2. **解**　（1）$y=u^3$，$u=\sin v$，$v=\dfrac{1}{x}$；

（2）$y=2^u$，$u=\arcsin v$，$v=x^2$；

（3）$y=\lg u$，$u=\lg v$，$v=\lg w$，$w=\sqrt{x}$；

（4）$y=\arctan u$，$u=\mathrm{e}^v$，$v=\cos x$.

3. **解**　$f(\varphi(x))=[\varphi(x)]^3-\varphi(x)=\sin^3 2x-\sin 2x=\sin 2x(\sin^2 2x-1)=-\sin 2x\cdot\cos^2 2x$，

$\varphi(f(1))=\sin[2(f(1))]=\sin[2(1^3-1)]=\sin 0=0$.

4. **解**　$f\left(x+\dfrac{1}{x}\right)=\dfrac{x^2}{x^4+1}=\dfrac{1}{x^2+\dfrac{1}{x^2}}=\dfrac{1}{x^2+2+\dfrac{1}{x^2}-2}=\dfrac{1}{\left(x+\dfrac{1}{x}\right)^2-2}$，

因此 $f(x)=\dfrac{1}{x^2-2}$.

5. **解**　由 $f(x)$ 定义知，复合函数为

$$f(\varphi(x))=\begin{cases}\varphi^2(x), & \varphi(x)\leqslant 4;\\ \mathrm{e}^{\varphi(x)}\,, & \varphi(x)>4.\end{cases}$$

要使 $\varphi(x)\leqslant 4$，应有当 $x\leqslant 0$ 时，$\varphi(x)=1+x$，或当 $0<x\leqslant\mathrm{e}^4$ 时，$\varphi(x)=\ln x$；

要使 $\varphi(x)>4$，即 $\ln x>4\Leftrightarrow x>\mathrm{e}^4$. 因此

$$f(\varphi(x))=\begin{cases}(1+x)^2, & x\leqslant 0;\\ \ln^2 x, & 0<x\leqslant\mathrm{e}^4;\\ x, & \mathrm{e}^4<x.\end{cases}$$

复合函数 $\varphi(f(x)) = \begin{cases} 1+f(x), & f(x) \leqslant 0; \\ \ln f(x), & f(x) > 0. \end{cases}$ 由 $f(x)$ 的定义，仅当 $x=0$ 时，$f(x)=0$；当 $x \neq 0$ 时，$f(x) > 0$. 所以

$$\varphi(f(x)) = \begin{cases} 1, & x=0; \\ \ln x^2, & x \leqslant 4 \text{ 且 } x \neq 0; \\ x, & x > 4. \end{cases}$$

6. **解** （1） $\begin{cases} 0 \leqslant \lg(x^2-1) \leqslant 1, \\ x^2-1 > 0 \end{cases} \Leftrightarrow \begin{cases} 1 \leqslant x^2-1 \leqslant 10, \\ x^2-1 > 0 \end{cases} \Leftrightarrow 2 \leqslant x^2 \leqslant 11.$

所以，定义域为 $\left[ -\sqrt{11}, -\sqrt{2} \right] \bigcup \left[ \sqrt{2}, \sqrt{11} \right]$.

（2）要使函数表达式有意义，只需 $\cos x - 1 \geqslant 0$，即 $\cos x \geqslant 1$，而 $\cos x \leqslant 1$，所以 $\cos x = 1$，故定义域为 $x = 2k\pi$，$k = 0, \pm 1, \pm 2, \cdots$.

7. **解** $f(f(x)) = \dfrac{1}{1+f(x)} = \dfrac{1}{1+\dfrac{1}{1+x}}$，其定义域满足

$$\begin{cases} 1+x \neq 0, \\ 1+\dfrac{1}{1+x} \neq 0 \end{cases} \Leftrightarrow \begin{cases} x \neq -1, \\ \dfrac{1}{1+x} \neq -1 \end{cases} \Leftrightarrow \begin{cases} x \neq -1, \\ x \neq -2. \end{cases}$$

所以，$f(f(x))$ 的定义域为 $(-\infty, -2) \bigcup (-2, -1) \bigcup (-1, +\infty)$.

8. **证明** （1）由已知 $f(0+0) = f(0) + f(0) = 2f(0)$，故 $f(0) = 0$.

（2） $f(1 \cdot x) = f(x) = 1 \cdot f(x)$ 显然成立. 设 $f((n-1)x) = (n-1)f(x)$ 成立，则 $f(nx) = f((n-1)x+x) = f((n-1)x) + f(x) = (n-1)f(x) + f(x) = nf(x)$.

因此，对任意自然数 $n$，有 $f(nx) = nf(x)$.

9. **解** $g(h(x)) = \dfrac{1}{h(x)-1} = \dfrac{1}{\lg x - 1}$，

$$f(g(h(x))) = \sqrt{g^2(h(x)) - 1} = \sqrt{\left( \dfrac{1}{\lg x - 1} \right)^2 - 1},$$

其定义域满足 $\begin{cases} x > 0, \\ \lg x \neq 1, \\ \left( \dfrac{1}{\lg x - 1} \right)^2 - 1 \geqslant 0, \end{cases}$ 即 $\begin{cases} x > 0, \\ x \neq 10, \\ 1 \leqslant x \leqslant 100. \end{cases}$

因此，定义域为 $[1, 10) \bigcup (10, 100]$.

10. **证明** $f(0^+) = \lim\limits_{x \to 0^+} \dfrac{x}{|x|} = \lim\limits_{x \to 0^+} \dfrac{x}{x} = 1$，$f(0^-) = \lim\limits_{x \to 0^-} \dfrac{x}{|x|} = \lim\limits_{x \to 0^-} \dfrac{x}{-x} = -1$，由于 $f(0^+) \neq f(0^-)$，所以 $\lim\limits_{x \to 0} \dfrac{x}{|x|}$ 不存在.

**11. 解** （1） $\lim\limits_{x \to -1} \dfrac{x^2 + 2x + 5}{x^2 + 1} = \dfrac{(-1)^2 + 2 \times (-1) + 5}{(-1)^2 + 1} = \dfrac{4}{2} = 2$.

（2） $\lim\limits_{x \to 1} \dfrac{x^2 - 2x + 1}{x^2 - 1} = \lim\limits_{x \to 1} \dfrac{(x-1)^2}{(x-1)(x+1)} = \lim\limits_{x \to 1} \dfrac{x-1}{x+1} = \dfrac{1-1}{1+1} = 0$.

（3） $\lim\limits_{h \to 0} \dfrac{(x+h)^2 - x^2}{h} = \lim\limits_{h \to 0} \dfrac{(2x+h) \cdot h}{h} = \lim\limits_{h \to 0}(2x+h) = 2x$.

（4） $\lim\limits_{x \to \infty} \dfrac{x^2 - 1}{2x^2 - x - 1} = \lim\limits_{x \to \infty} \dfrac{1 - \dfrac{1}{x^2}}{2 - \dfrac{1}{x} - \dfrac{1}{x^2}} = \dfrac{1 - 0}{2 - 0 - 0} = \dfrac{1}{2}$.

（5） $\lim\limits_{n \to \infty}\left(1 + \dfrac{1}{2} + \dfrac{1}{4} + \cdots + \dfrac{1}{2^n}\right) = \lim\limits_{n \to \infty} \dfrac{1 - \dfrac{1}{2^n}}{1 - \dfrac{1}{2}} = \dfrac{1}{\dfrac{1}{2}} = 2$.

（6） $\lim\limits_{n \to \infty} \dfrac{1 + 2 + 3 + \cdots + (n-1)}{n^2} = \lim\limits_{n \to \infty} \dfrac{\dfrac{1}{2}n \cdot (n-1)}{n^2} = \lim\limits_{n \to \infty} \dfrac{1}{2}\left(1 - \dfrac{1}{n}\right) = \dfrac{1}{2}$.

（7） $\lim\limits_{x \to \infty} \dfrac{(3x-1)^{25}(2x-1)^{20}}{(2x+1)^{45}} = \lim\limits_{x \to \infty} \dfrac{\left(3 - \dfrac{1}{x}\right)^{25}\left(2 - \dfrac{1}{x}\right)^{20}}{\left(2 + \dfrac{1}{x}\right)^{45}} = \dfrac{3^{25} \times 2^{20}}{2^{45}} = \left(\dfrac{3}{2}\right)^{25}$.

（8） $\lim\limits_{x \to 1}\left(\dfrac{1}{1-x} - \dfrac{3}{1-x^3}\right) = \lim\limits_{x \to 1} \dfrac{1 + x + x^2 - 3}{(1-x)(1+x+x^2)} = \lim\limits_{x \to 1} \dfrac{(x+2)(x-1)}{(1-x)(1+x+x^2)}$

$\qquad = \lim\limits_{x \to 1} \dfrac{-(x+2)}{1+x+x^2} = \dfrac{-(1+2)}{1+1+1} = -1$.

**12. 解** （1） $\lim\limits_{x \to 4} \dfrac{\sqrt{2x+1} - 3}{\sqrt{x-2} - \sqrt{2}} = \lim\limits_{x \to 4} \dfrac{\left(\sqrt{2x+1} - 3\right)\left(\sqrt{2x+1} + 3\right)}{\left(\sqrt{x-2} - \sqrt{2}\right)\left(\sqrt{x-2} + \sqrt{2}\right)} \cdot \dfrac{\sqrt{x-2} + \sqrt{2}}{\sqrt{2x+1} + 3}$

$\qquad = \lim\limits_{x \to 4} \dfrac{(2x+1-9)\left(\sqrt{x-2} + \sqrt{2}\right)}{(x-2-2)\left(\sqrt{2x+1} + 3\right)}$

$\qquad = \lim\limits_{x \to 4} \dfrac{2\left(\sqrt{x-2} + \sqrt{2}\right)}{\sqrt{2x+1} + 3} = \dfrac{2}{3}\sqrt{2}$.

（2） $\lim\limits_{x \to 0} \dfrac{\sqrt{x^2 + p^2} - p}{\sqrt{x^2 + q^2} - q} = \lim\limits_{x \to 0} \dfrac{\left(\sqrt{x^2 + p^2} - p\right)\left(\sqrt{x^2 + p^2} + p\right)}{\left(\sqrt{x^2 + q^2} - q\right)\left(\sqrt{x^2 + q^2} + q\right)} \cdot \dfrac{\sqrt{x^2 + q^2} + q}{\sqrt{x^2 + p^2} + p}$

$\qquad = \lim\limits_{x \to 0} \dfrac{\sqrt{x^2 + q^2} + q}{\sqrt{x^2 + p^2} + p} = \dfrac{q}{p}$.

（3） $\lim\limits_{x \to \infty}\left(\sqrt{x^2 + 1} - \sqrt{x^2 - 1}\right) = \lim\limits_{x \to \infty} \dfrac{x^2 + 1 - (x^2 - 1)}{\sqrt{x^2 + 1} + \sqrt{x^2 - 1}} = 0$.

（4） $\lim\limits_{x \to -8} \dfrac{\sqrt{1-x} - 3}{2 + \sqrt[3]{x}} = \lim\limits_{x \to -8} \dfrac{\left(\sqrt{1-x} - 3\right)\left(\sqrt{1-x} + 3\right)}{\left(2 + \sqrt[3]{x}\right)\left(4 - 2\sqrt[3]{x} + \sqrt[3]{x^2}\right)} \cdot \dfrac{4 - 2\sqrt[3]{x} + \sqrt[3]{x^2}}{\sqrt{1-x} + 3}$

$$= \lim_{x \to -8} \frac{1-x-9}{8+x} \cdot \frac{4-2\sqrt[3]{x}+\sqrt[3]{x^2}}{\sqrt{1-x}+3} = -2.$$

（5）$\displaystyle \lim_{n \to \infty}\left[\frac{1}{1 \times 2}+\frac{1}{2 \times 3}+\cdots+\frac{1}{n \cdot (n+1)}\right] = \lim_{n \to \infty}\left(1-\frac{1}{2}+\frac{1}{2}-\frac{1}{3}+\cdots+\frac{1}{n}-\frac{1}{n+1}\right)$

$$= \lim_{n \to \infty}\left(1-\frac{1}{n+1}\right) = 1.$$

（6）$\displaystyle \lim_{n \to \infty}\left(\sqrt{2} \times \sqrt[4]{2} \times \sqrt[8]{2} \times \cdots \times \sqrt[2^n]{2}\right) = \lim_{n \to \infty} 2^{\frac{1}{2}+\frac{1}{4}+\cdots+\frac{1}{2^n}} = \lim_{n \to \infty} 2^{\frac{\frac{1}{2}\left(1-\left(\frac{1}{2}\right)^n\right)}{1-\frac{1}{2}}} = 2.$

**13. 解**　（1）$\displaystyle \lim_{x \to a} \frac{\sqrt[m]{x}-\sqrt[m]{a}}{x-a} = \lim_{x \to a} \frac{\sqrt[m]{x}-\sqrt[m]{a}}{\left(\sqrt[m]{x}-\sqrt[m]{a}\right)\left(\left(\sqrt[m]{x}\right)^{m-1}+\left(\sqrt[m]{x}\right)^{m-2}\sqrt[m]{a}+\cdots+\left(\sqrt[m]{a}\right)^{m-1}\right)}$

$$= \frac{1}{m \cdot \sqrt[m]{a^{m-1}}} = \frac{\sqrt[m]{a}}{ma}.$$

（2）$\displaystyle \lim_{x \to a^+} \frac{\sqrt{x}-\sqrt{a}+\sqrt{x-a}}{\sqrt{x^2-a^2}} = \lim_{x \to a^+}\left(\frac{\sqrt{x}-\sqrt{a}}{\sqrt{(x+a)(x-a)}}+\frac{1}{\sqrt{x+a}}\right)$

$$= \lim_{x \to a^+}\left(\frac{\left(\sqrt{x}-\sqrt{a}\right)\left(\sqrt{x}+\sqrt{a}\right)}{\sqrt{x+a} \cdot \sqrt{x-a} \cdot \left(\sqrt{x}+\sqrt{a}\right)}+\frac{1}{\sqrt{x+a}}\right)$$

$$= \lim_{x \to a^+}\left(\frac{\sqrt{x-a}}{\sqrt{x+a}\left(\sqrt{x}+\sqrt{a}\right)}+\frac{1}{\sqrt{x+a}}\right) = \frac{1}{\sqrt{2a}}.$$

（3）$\displaystyle \lim_{n \to \infty}\left[\left(1-\frac{1}{2^2}\right)\left(1-\frac{1}{3^2}\right)\cdots\left(1-\frac{1}{n^2}\right)\right] = \lim_{n \to \infty}\left(1-\frac{1}{2}\right)\left(1+\frac{1}{2}\right)\left(1-\frac{1}{3}\right)\left(1+\frac{1}{3}\right)\cdots\left(1-\frac{1}{n}\right)\left(1+\frac{1}{n}\right)$

$$= \lim_{n \to \infty} \frac{1}{2} \times \frac{3}{2} \times \frac{2}{3} \times \frac{4}{3} \times \cdots \times \frac{n-1}{n} \times \frac{n+1}{n} = \frac{1}{2}.$$

（4）$\displaystyle \lim_{x \to \infty}(1+x)(1+x^2)\cdots(1+x^{2^n}) = \lim_{x \to \infty} \frac{1}{1-x} \cdot (1-x)(1+x)\cdots(1+x^{2^n})$

$$= \frac{1}{1-x} \lim_{n \to \infty}(1-x^2)(1+x^2)\cdots(1+x^{2^n})$$

$$= \frac{1}{1-x} \lim_{n \to \infty}(1-x^{2^{n+1}}) = \frac{1}{1-x}.$$

（5）$\displaystyle \lim_{x \to +\infty}\left(\sin\sqrt{x+1}-\sin\sqrt{x}\right) = \lim_{x \to +\infty} 2\cos\frac{\sqrt{x+1}+\sqrt{x}}{2}\sin\frac{\sqrt{x+1}-\sqrt{x}}{2}$

$$= \lim_{x \to +\infty} 2\cos\frac{\sqrt{x+1}+\sqrt{x}}{2}\sin\frac{1}{2\left(\sqrt{x+1}+\sqrt{x}\right)} = 0.$$

（6）令 $t = \cos^{\frac{1}{6}} x$，则

$$\lim_{x \to 0} \frac{\sqrt{\cos x}-\sqrt[3]{\cos x}}{\sin^2 x} = \lim_{t \to 1} \frac{t^3-t^2}{1-t^{12}} = \lim_{t \to 1} \frac{-t^2(1-t)}{1-t^{12}} = -\frac{1}{12}.$$

**14. 解**　（1）$\displaystyle \lim_{x \to 0}(1-3x)^{\frac{1}{x}} = \lim_{x \to 0}(1+(-3x))^{-\frac{1}{3x} \cdot (-3)} = \lim_{x \to 0}[1+(-3x)]^{-\frac{1}{3x}}]^{-3} = e^{-3}.$

（2）$\lim\limits_{x \to 0}(1+\tan x)^{\frac{1}{\sin x}} = \lim\limits_{x \to 0}(1+\tan x)^{\frac{1}{\tan x} \cdot \frac{1}{\cos x}} = \lim\limits_{x \to 0}\left[(1+\tan x)^{\frac{1}{\tan x}}\right]^{\frac{1}{\cos x}} = e^1 = e$.

（3）$\lim\limits_{x \to +\infty}\left(\dfrac{2x-1}{2x+1}\right)^x = \lim\limits_{x \to +\infty}\left(1+\left(-\dfrac{2}{2x+1}\right)\right)^{-\frac{2x+1}{2}\left(-\frac{2}{2x+1}\right)x}$

$$= \lim\limits_{x \to +\infty}\left[\left(1+\left(-\dfrac{2}{2x+1}\right)\right)^{-\frac{2x+1}{2}}\right]^{-\frac{2x}{2x+1}} = e^{-1} = \dfrac{1}{e}.$$

（4）$\lim\limits_{x \to +\infty}\left(\dfrac{x}{1+x}\right)^x = \lim\limits_{x \to +\infty}\left(1-\dfrac{1}{1+x}\right)^{-(1+x)\left(-\frac{1}{1+x}\right)x} = \lim\limits_{x \to +\infty}\left[\left(1-\dfrac{1}{1+x}\right)^{-(1+x)}\right]^{\frac{x}{1+x}} = e^{-1} = \dfrac{1}{e}.$

（5）$\lim\limits_{n \to \infty}\left(1+\dfrac{x}{n}+\dfrac{x^2}{2n^2}\right)^{-n} = \lim\limits_{n \to \infty}\left(1+\dfrac{x}{n}+\dfrac{x^2}{2n^2}\right)^{\frac{1}{\frac{x}{n}+\frac{x^2}{2n^2}}\left(\frac{x}{n}+\frac{x^2}{2n^2}\right)(-n)}$，而

$$\lim\limits_{n \to \infty}(-n)\left(\dfrac{x}{n}+\dfrac{x^2}{2n^2}\right) = -\lim\limits_{n \to \infty}\left(x+\dfrac{x^2}{2n}\right) = -x,$$

所以原式$= e^{-x}$.

（6）$\lim\limits_{x \to 0}(\cos x)^{\frac{1}{x^2}} = \lim\limits_{x \to 0}[1+(\cos x-1)]^{\frac{1}{\cos x-1} \cdot \frac{\cos x-1}{x^2}}$，而

$$\lim\limits_{x \to 0}\dfrac{\cos x-1}{x^2} = -\lim\limits_{x \to 0}\dfrac{2\sin^2\frac{x}{2}}{x^2} = -\lim\limits_{x \to 0}\dfrac{\sin^2\frac{x}{2}}{\left(\frac{x}{2}\right)^2 \cdot 2} = -\dfrac{1}{2},$$

所以原式$= e^{-\frac{1}{2}}$.

（7）$\lim\limits_{x \to 0}(2\sin x+\cos x)^{\frac{1}{x}} = \lim\limits_{x \to 0}(1+2\sin x+\cos x-1)^{\frac{1}{2\sin x+\cos x-1} \cdot \frac{2\sin x+\cos x-1}{x}}$，而

$$\lim\limits_{x \to 0}\dfrac{2\sin x+\cos x-1}{x} = \lim\limits_{x \to 0}\dfrac{2\sin x}{x}+\lim\limits_{x \to 0}\dfrac{-2\sin^2\frac{x}{2}}{x} = 2-0 = 2,$$

所以原式$= e^2$.

（8）$\lim\limits_{x \to 1}(3-2x)^{\frac{1}{x-1}} = \lim\limits_{x \to 1}(1+2-2x)^{\frac{1}{2-2x} \cdot \frac{2-2x}{x-1}} = e^{-2}$.

15. **解** $\lim\limits_{x \to \infty}\left(\dfrac{x+a}{x-a}\right)^x = \lim\limits_{x \to \infty}\left(1+\dfrac{2a}{x-a}\right)^{\frac{x-a}{2a} \cdot \frac{2a}{x-a} \cdot x}$，而 $\lim\limits_{x \to \infty}\dfrac{2ax}{x-a} = \lim\limits_{x \to \infty}2a \cdot \dfrac{1}{1-\frac{a}{x}} = 2a$，所以

$9 = \lim\limits_{x \to \infty}\left[\left(1+\dfrac{2a}{x-a}\right)^{\frac{x-a}{2a}}\right]^{\frac{2ax}{x-a}} = e^{2a}$，即 $2a = \ln 9$，故 $a = \dfrac{1}{2}\ln 3^2 = \ln 3$.

16. **解** （1）$f(0^-) = \lim\limits_{x \to 0^-}f(x) = \lim\limits_{x \to 0^-}(1+x^2) = 1$，$f(0^+) = \lim\limits_{x \to 0^+}f(x) = \lim\limits_{x \to 0^+}\dfrac{\sin bx}{x} = b$. 因此，要使 $\lim\limits_{x \to 0}f(x)$ 存在，应有 $b = 1$，而 $a$ 可为任意常数.

（2）要使 $f(x)$ 在 $x = 0$ 处连续，应有 $f(0) = \lim\limits_{x \to 0}f(x)$，即 $a = 1, b = 1$.

# 第2章

## 一元微分学

## 2.1 教学基本要求

1. 理解导数与微分概念的本质，理解导数的几何意义，会求平面曲线的切线方程和法线方程. 理解函数的可导性与连续性之间的关系.

2. 掌握导数的四则运算法则和复合函数的求导法，掌握基本初等函数的导数公式. 了解微分的四则运算法则，了解微分在近似计算中的应用.

3. 了解高阶导数的概念，会求简单函数的 $n$ 阶导数.

4. 会求隐函数和参数方程确定的函数的一阶、二阶导数，会求反函数的导数.

5. 了解泰勒公式，掌握用导数判断函数单调性的方法.

6. 掌握用洛必达法则求未定式极限的方法.

7. 理解函数的极值概念，掌握用导数求函数极值的方法，掌握函数最大值和最小值的求法及其简单应用.

8. 会用导数判断函数图形（曲线）的凸性，会求曲线的拐点，会求水平、铅直和斜渐近线，会用分析作图法作函数的图形.

导数与微分是一元微分学的两个重要概念，深刻理解这两个概念的本质，掌握导数和微分的各种求法以及导数的应用是本章的重点. 导数的应用很多，函数在区间上的单调性、极值性、最值问题、凸性等只是其中一部分，也是文科数学需要掌握的内容.

## 2.2　内　容　总　结

### 2.2.1　基本理论

#### 1. 导数与微分

（1）概念

① **导数**　设函数 $y = f(x)$ 在 $x_0$ 的某邻域内有定义，当自变量从 $x_0$ 变到 $x_0 + \Delta x$ 时，函数 $y = f(x)$ 的增量

$$\Delta y = f(x_0 + \Delta x) - f(x_0)$$

与自变量的增量 $\Delta x$ 之比

$$\frac{\Delta y}{\Delta x} = \frac{f(x_0 + \Delta x) - f(x_0)}{\Delta x}$$

称为 $f(x)$ 的平均变化率. 当 $\Delta x \to 0$ 时，如果平均变化率的极限

$$\lim_{\Delta x \to 0} \frac{\Delta y}{\Delta x} = \lim_{\Delta x \to 0} \frac{f(x_0 + \Delta x) - f(x_0)}{\Delta x} \qquad (2.1)$$

存在，则称函数 $f(x)$ 在 $x_0$ 处可导或有导数，并称此极限值为函数 $f(x)$ 在 $x_0$ 处的 **导数**，可用下列记号

$$y'\big|_{x=x_0}, \quad f'(x_0), \quad \frac{dy}{dx}\bigg|_{x=x_0}, \quad \frac{df}{dx}\bigg|_{x=x_0}$$

中的任何一个表示，如

$$f'(x_0) = \lim_{\Delta x \to 0} \frac{f(x_0 + \Delta x) - f(x_0)}{\Delta x}.$$

若记 $x_0 + \Delta x = x$，则

$$f'(x_0) = \lim_{x \to x_0} \frac{f(x) - f(x_0)}{x - x_0}.$$

当极限（2.1）不存在时，称函数 $f(x)$ 在 $x_0$ 处不可导或导数不存在.

② **左（右）导数**　如果极限

$$\lim_{\Delta x \to 0^-} \frac{f(x_0 + \Delta x) - f(x_0)}{\Delta x} \left( \lim_{\Delta x \to 0^+} \frac{f(x_0 + \Delta x) - f(x_0)}{\Delta x} \right)$$

存在，则称此极限值为函数 $f(x)$ 在 $x_0$ 处的左导数（右导数），记为 $f'_-(x_0)$（$f'_+(x_0)$）.

③ **导函数**　如果函数 $y = f(x)$ 在区间 $(a,b)$ 内每一点处都有导数，则称函数 $f(x)$ 在区间 $(a,b)$ 内可导，记为 $f(x) \in D(a,b)$. 对 $\forall x \in (a,b)$，有

$$f'(x) = \lim_{\Delta x \to 0} \frac{f(x + \Delta x) - f(x)}{\Delta x},$$

称 $f'(x)$ 为 $f(x)$ 的 **导函数**，简称为 $f(x)$ 的导数或 $f(x)$ 的 **一阶导数**.

④ **高阶导数**　函数 $y = f(x)$ 的一阶导数 $f'(x)$ 的导数

$$f''(x) = \lim_{\Delta x \to 0} \frac{f'(x + \Delta x) - f'(x)}{\Delta x}$$

称为 $f(x)$ 的 **二阶导数**.

函数 $y = f(x)$ 的 $n-1$ 阶导数的导数，称为 $f(x)$ 的 $n$ 阶导数，有

$$f^{(n)}(x) = \lim_{\Delta x \to 0} \frac{f^{(n-1)}(x + \Delta x) - f^{(n-1)}(x)}{\Delta x}.$$

⑤ **微分**

设函数 $y = f(x)$ 在 $x_0$ 的某邻域内有定义，当自变量从 $x_0$ 变到 $x_0 + \Delta x$ 时，如果函数的增量 $\Delta y = f(x_0 + \Delta x) - f(x_0)$ 恒可表示为

$$\Delta y = A\Delta x + o(\Delta x)$$

的形式，其中 $A$ 与 $\Delta x$ 无关，则称函数 $f(x)$ 在 $x_0$ 处可微，并把 $A\Delta x$ 称为 $f(x)$ 在 $x_0$ 处的微分，记为 $dy\big|_{x=x_0}$，即

$$\left.\mathrm{d}y\right|_{x=x_0} = A\Delta x .$$

实际上，微分是函数的增量的线性主部.

（2）理论

① **导数** $f'(x_0)$ 的几何意义：曲线 $y = f(x)$ 在点 $(x_0, f(x_0))$ 处的切线斜率. 导数 $f'(x_0)$ 的物理意义：函数 $y = f(x)$ 在点 $x_0$ 处随自变量变化的瞬时变化率.

② 微分 $\left.\mathrm{d}y\right|_{x=x_0}$ 的几何意义：曲线 $y = f(x)$ 在点 $(x_0, f(x_0))$ 处的切线的纵坐标的增量.

③ 可导与左、右导数的关系：$\boxed{f'(x_0)\ \text{存在}} \Leftrightarrow \boxed{f'_-(x_0) = f'_+(x_0)}$.

④ 可导与连续的关系：函数 $y = f(x)$ 在 $x_0$ 处，$\boxed{\text{可导}} \Rrightarrow \boxed{\text{连续}} \Rrightarrow \boxed{\text{有极限}}$.

⑤ 可导与可微的关系：函数 $y = f(x)$ 在 $x_0$ 处，$\boxed{\text{可导}} \Leftrightarrow \boxed{\text{可微}}$，　$\mathrm{d}y = f'(x_0)\mathrm{d}x$.

⑥ **泰勒（Taylor 定理）**　若函数 $f(x)$ 在点 $x_0$ 处有 $n$ 阶导数，则在 $x_0$ 附近 $f(x)$ 可表示为

$$f(x) = f(x_0) + f'(x_0)(x - x_0) + \frac{f''(x_0)}{2!}(x - x_0)^2 + \cdots + \frac{f^{(n)}(x_0)}{n!}(x - x_0)^n + R_n(x),$$

称上式为 $f(x)$ 的 $n$ 阶泰勒公式，其中 $R_n(x)$ 称为余项.

## 2. 导数的应用

（1）概念

① **极值**　若在 $x_0$ 的某邻域内，恒有

$$f(x) \leqslant f(x_0) \quad (f(x) \geqslant f(x_0)) ,$$

则称 $f(x_0)$ 为函数 $f(x)$ 的一个**极大（小）值**，$x_0$ 称为**极大（小）值点**.

极大值、极小值统称为**极值**.

② **凸函数**　如果对区间 $I$ 内任意两个点 $x_1, x_2$ 及区间 $(0,1)$ 内的任意两个和为 $1$ 的常数 $\lambda_1, \lambda_2$，恒有

$$\lambda_1 f(x_1) + \lambda_2 f(x_2) \geqslant f(\lambda_1 x_1 + \lambda_2 x_2),$$

则称函数 $f(x)$ 为区间 $I$ 上的**下凸函数**，它的图形称为**下凸曲线**.

不等式符号相反时，称 $f(x)$ 为区间 $I$ 上的**上凸函数**，其图形称为**上凸曲线**.

③ **渐近线**　若动点 $M(x, f(x))$ 沿着曲线 $y = f(x)$ 无限远离坐标原点时，它与某一直线 $l$ 的距离趋于零，则称直线 $l$ 为曲线 $y = f(x)$ 的一条**渐近线**.

（2）理论

①（**可导点处取得极值的必要条件**）如果函数 $f(x)$ 在点 $x_0$ 处取极值，且在 $x_0$ 处可导，则必有 $f'(x_0) = 0$.

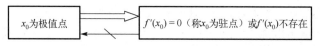

②（**极值的第一充分判别法**）设 $f(x)$ 在点 $x_0$ 的某一去心邻域 $\overset{\circ}{U}(x_0)$ 内可导，在 $x_0$ 处连续，那么在 $\overset{\circ}{U}(x_0)$ 内，

（i）如果 $x < x_0$ 时 $f'(x) > 0 (<0)$，$x > x_0$ 时 $f'(x) < 0 (>0)$，则 $f(x_0)$ 为极大值（极小值）；

（ii）如果 $f'(x)$ 是定号的，则 $f(x_0)$ 不是极值.

③（**极值的第二充分判别法**）设 $f(x)$ 在点 $x_0$ 处有二阶导数，如果 $f'(x_0) = 0$，$f''(x_0) < 0 (>0)$，则 $f(x_0)$ 为极大值（极小值）.

④ 设 $f(x)$ 在区间 $I$ 上有二阶导数，若 $f''(x) \geqslant 0 (\leqslant 0)$，则 $f(x)$ 为 $I$ 上的下凸函数（上凸函数）.

⑤ 若 $f(x)$ 在区间 $I$ 上是有二阶导数的下凸（上凸）函数，则曲线 $y = f(x)$ 位于其上任一点处的切线的上（下）方、任意两点间弦的下（上）方.

⑥ 有二阶导数的下凸（上凸）函数，它的一阶导数是单调递增（单调递减）的. 下凸函数若有极值，必是最小值，如果下凸函数有最大值，只能在区间端点处取得；上凸函数若有极值，必是最大值，如果上凸函数有最小值，只能在区间端点处取得.

在连续曲线 $y = f(x)$ 上，不同凸向曲线段的分界点称为**拐点**.

⑦ 若 $f(x)$ 有二阶导数，则 $(x_0, f(x_0))$ 是拐点的必要条件为 $f''(x_0) = 0$. 而且有

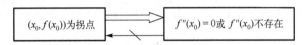

### 2.2.2 基本方法

#### 1. 导数的基本公式

（1）$(C)' = 0$ ；

（2）$(x^{\mu})' = \mu x^{\mu-1}$ ；

（3）$(a^x)' = a^x \ln a$ ；

（4）$(e^x)' = e^x$ ；

（5）$(\log_a x)' = \dfrac{1}{x \ln a}$ ；

（6）$(\ln x)' = \dfrac{1}{x}$ ；

（7）$(\sin x)' = \cos x$ ；

（8）$(\cos x)' = -\sin x$ ；

（9）$(\tan x)' = \dfrac{1}{\cos^2 x} = \sec^2 x$ ；

（10）$(\cot x)' = -\dfrac{1}{\sin^2 x} = -\csc^2 x$ ；

（11）$(\sec x)' = \sec x \tan x$ ；

（12）$(\csc x)' = -\csc x \cot x$ ；

（13）$(\arcsin x)' = \dfrac{1}{\sqrt{1-x^2}}$ ；

（14）$(\arccos x)' = \dfrac{-1}{\sqrt{1-x^2}}$ ；

（15）$(\arctan x)' = \dfrac{1}{1+x^2}$ ；

（16）$(\text{arccot} x)' = \dfrac{-1}{1+x^2}$.

牢记导数的基本公式，注意以下特点：①幂函数的导数自封闭（未超出幂函数范围）；指数函数的导数自封闭；三角函数的导数自封闭，特别地，正、余弦的导数自封闭. ②带"余"字的三角函数及反三角函数的导数公式中带负号. ③对数函数、反三角函数的导数是代数函数（比求导前的超越函数简单）。这些对将来思考某些问题时是有益的.

由函数的微分与导数的关系 $dy = f'(x)dx$，很容易得到微分的基本公式.

#### 2. 四则运算的导数（微分）法则

设 $u = u(x), v = v(x)$ 在同一点 $x$ 处均可导，则有

（1）$(u \pm v)' = u' \pm v'$，$\qquad\qquad\qquad d(u \pm v) = du \pm dv$ ；

（2）$(uv)' = u'v + uv'$，$\qquad\qquad$ $d(uv) = udv + vdu$；

（3）$\left(\dfrac{u}{v}\right)' = \dfrac{u'v - v'u}{v^2}$（$v \neq 0$），$\qquad$ $d\left(\dfrac{u}{v}\right) = \dfrac{vdu - udv}{v^2}$（$v \neq 0$）.

### 3. 复合函数的导数（微分）法则

设 $y = f(u)$，$u = \varphi(x)$ 在对应点处均可导，则有

$$\frac{dy}{dx} = \frac{dy}{du}\frac{du}{dx},$$

即

$$[f(\varphi(x))]' = f_u'(\varphi(x))\varphi_x'(x).$$

复合函数 $y = f(\varphi(x))$ 的微分，具有形式不变性

$$dy = f'(u)du = [f(\varphi(x))]'dx.$$

### 4. 由方程 $F(x, y) = 0$ 确定的隐函数求导法

先将方程两边同时关于 $x$ 求导（注意，$y$ 是 $x$ 的函数，$y$ 的函数是 $x$ 的复合函数），再从等式中解出 $y'(x)$.

取对数求导法：对幂指函数 $y = u(x)^{v(x)}$ 或多个因式乘除的函数，先取自然对数，使之化为隐函数，再用隐函数求导法求导，这种方法称为取对数求导法.

### 5. 参数方程求导法

设 $x = \varphi(t)$，$y = \psi(t)$ 都可导，且 $\varphi'(t) \neq 0$，则有

$$\frac{dy}{dx} = \frac{\dfrac{dy}{dt}}{\dfrac{dx}{dt}} = \frac{\psi'(t)}{\varphi'(t)}.$$

### 6. 反函数求导法

设函数 $x = \varphi(y)$ 可导，且 $\varphi'(y) \neq 0$，则其反函数 $y = f(x)$ 在对应点 $x$ 处可导，且

$$\frac{dy}{dx} = \frac{1}{\dfrac{dx}{dy}}, \qquad 即 \quad f'(x) = \frac{1}{\varphi'(y)}.$$

### 7. 高阶导数

（1）几个常用的 $n$ 阶导数公式.

① $(e^{\lambda x})^{(n)} = \lambda^n e^{\lambda x}$（$\lambda$ 为常数）；

② $(\sin x)^{(n)} = \sin\left(x + n\dfrac{\pi}{2}\right)$；

③ $(\cos x)^{(n)} = \cos\left(x + n\dfrac{\pi}{2}\right)$；

④ $(x^{\mu})^{(n)} = \mu(\mu-1)\cdots(\mu-n+1)x^{\mu-n}$；

⑤ $\left(\dfrac{1}{x+a}\right)^{(n)} = (-1)^n \dfrac{n!}{(x+a)^{n+1}}$ ;

⑥ $[\ln(x+a)]^{(n)} = (-1)^{n-1} \dfrac{(n-1)!}{(x+a)^n}$ .

（2）$n$ 阶导数的几个法则. 设 $u$, $v$ 均有 $n$ 阶导数，则有

① $(u \pm v)^{(n)} = u^{(n)} \pm v^{(n)}$ ;

② $(cu)^{(n)} = cu^{(n)}$ ;

③ $(uv)^{(n)} = \displaystyle\sum_{k=0}^{n} C_n^k u^{(n-k)} v^{(k)} = u^{(n)}v + nu^{(n-1)}v' + \dfrac{n(n-1)}{2!}u^{(n-2)}v'' + \cdots + uv^{(n)}$ ,

其中，式③称为**莱布尼茨公式**.

（3）参数方程的二阶导数. 由参数方程 $x = \varphi(t)$, $y = \psi(t)$ 确定的函数 $y = y(x)$，

$$y_x' = \frac{y_t'}{x_t'} = \frac{\psi'(t)}{\varphi'(t)} \quad (\varphi'(t) \neq 0),$$

$$y_{xx}'' = \frac{(y_x')_t'}{x_t'} = \frac{\left[\dfrac{\psi'(t)}{\varphi'(t)}\right]'}{\varphi'(t)} = \frac{\psi''(t)\varphi'(t) - \varphi''(t)\psi'(t)}{[\varphi'(t)]^3} .$$

（4）隐函数 $F(x,y) = 0$ 确定函数的二阶导数求法. 将方程两边关于 $x$ 求导，所得到的式子再对 $x$ 求导，从得到的两个式子中解出 $y_x'$ 和 $y_{xx}''$ .

一般函数的高阶导数可逐级求导，或用归纳法得到.

### 8. 函数单调性的重要判定方法

在区间 $I$ 上，

$$f'(x) \equiv 0 \Rightarrow f(x) = c \quad (c \text{ 为常数}),$$
$$f'(x) > 0 \Rightarrow f(x) \text{ 单调递增},$$
$$f'(x) < 0 \Rightarrow f(x) \text{ 单调递减}.$$

只要 $f(x)$ 连续，个别点处导数为零或不存在不影响函数单调性的上述结果.

### 9. 求未定式极限的重要方法

**洛必达法则**　如果 $\lim \dfrac{f(x)}{g(x)}$ 为 $\dfrac{0}{0}$ 或 $\dfrac{\infty}{\infty}$ 型未定式，而 $\lim \dfrac{f'(x)}{g'(x)}$ 存在或为无穷大，则有

$$\lim \frac{f(x)}{g(x)} = \lim \frac{f'(x)}{g'(x)} .$$

其余五种未定式类型：$0 \cdot \infty$ , $\infty - \infty$ , $0^0$ , $1^\infty$ , $\infty^0$ , 没有类似的方法，只有先把它们作恒等变形化为 $\dfrac{0}{0}$ 或 $\dfrac{\infty}{\infty}$ 型，才可考虑用洛必达法则求极限.

### 10. 求函数 $f(x)$ 的极值的方法

（1）求导数 $f'(x)$ ;

（2）找嫌疑点——导数等于零的点（驻点）和不存在的点；

（3）考察嫌疑点附近导数的符号或嫌疑点处的二阶导数的符号，由极值的第一或第二充分判别法确定极值点并算出极值.

### 11. 连续函数 $f(x)$ 的最大值和最小值的求法

（1）求出所有极值嫌疑点处的函数值和区间端点的函数值，进行大小比较，其中最大的为函数在闭区间上的最大值，最小的为最小值.

（2）当 $f(x)$ 在闭区间 $[a,b]$ 上单调时，其最大（小）值必在区间端点处取得.

（3）当 $f(x) \in C(I)$，在区间 $I$ 内有唯一的极值嫌疑点 $x_0$，且 $f(x_0)$ 为极大（小）值时，$f(x_0)$ 就是 $f(x)$ 在 $I$ 上的最大（小）值.

（4）最值的应用问题，先建立目标函数（包括其定义域），再求最大（小）值. 特别地，如果根据实际问题的性质可断定所求的最值必在区间 $I$ 内取得，而 $f(x) \in C(I)$，且在 $I$ 内仅有一个极值嫌疑点 $x_0$，则可断定 $f(x_0)$ 就是所求问题的最值.

### 12. 凸向与拐点的判定

（1）在区间 $I$ 上，$f''(x) \geqslant 0(\leqslant 0) \Rightarrow f(x)$ 为下凸函数（上凸函数）.

（2）当 $f''(x_0) = 0$ 或不存在，且在 $x_0$ 的左右邻域内 $f''(x)$ 的符号相反时，点 $(x_0, f(x_0))$ 为曲线 $y = f(x)$ 的拐点.

### 13. 渐近线的求法

（1）若当 $x \to +\infty$ 或 $x \to -\infty$ 时，$f(x) \to c$，则直线 $y = c$ 是曲线 $y = f(x)$ 的水平渐近线.

（2）若当 $x \to x_0^+$ 或 $x \to x_0^-$ 时，$f(x) \to \infty$，则直线 $x = x_0$ 是曲线 $y = f(x)$ 的铅直渐近线.

（3）若极限

$$\lim_{\substack{x \to +\infty \\ (x \to -\infty)}} \frac{f(x)}{x} = a \quad \text{与} \quad \lim_{\substack{x \to +\infty \\ (x \to -\infty)}} [f(x) - ax] = b$$

同时存在，则直线 $y = ax + b$ 是曲线 $y = f(x)$ 的斜渐近线（当 $a = 0$ 时，得到水平渐近线 $y = b$）.

### 14. 分析作图法

（1）确定函数的定义域、值域、间断点，判定函数是否有奇偶性、周期性；

（2）讨论函数的单调区间和极值，曲线的凸向区间和拐点、渐近线；

（3）适当计算曲线上一些点的坐标，特别注意与坐标轴的交点.

利用上述讨论的性质来作函数的图形的方法称为分析作图法.

##  2.3　例 题 分 析

**【例 2-1】** 设函数 $F(x) = \begin{cases} \dfrac{f(x)}{x}, & x \neq 0; \\ f(0), & x = 0. \end{cases}$ 其中 $f(0) = 0$，$f'(0)$ 存在且不为零，则 $x = 0$ 是 $F(x)$ 的（　　）.

（A）连续点　　　　　　　　　　　　（B）可去间断点

　　（C）跳跃间断点　　　　　　　　　　（D）第二类间断点

　　**分析**　由连续与间断的定义，需考察极限

$$\lim_{x \to 0} F(x) = \lim_{x \to 0} \frac{f(x)}{x} = \lim_{x \to 0} \frac{f(x) - f(0)}{x} = f'(0) \neq 0 = F(0).$$

应选 B.

　　**【例 2-2】** 已知 $\lim\limits_{x \to 0} \dfrac{f(1) - f(1-x)}{2x} = -1$，则曲线 $y = f(x)$ 在点 $(1, f(1))$ 处的切线斜率为（　　）．

　　　　（A）2　　　　　　（B）−1　　　　　　（C）$\dfrac{1}{2}$　　　　　　（D）−2

　　**分析**　由导数定义

$$\lim_{x \to 0} \frac{f(1) - f(1-x)}{2x} = \frac{1}{2} \lim_{x \to 0} \frac{f(1-x) - f(1)}{-x} = \frac{1}{2} f'(1) = -1$$

及导数的几何意义，可得结论. 应选 D.

　　**【例 2-3】** 设

$$f(x) = \begin{cases} \dfrac{1 - \cos x}{\sqrt{x}}, & x > 0; \\ x^2 g(x), & x \leq 0, \end{cases}$$

其中，$g(x)$ 是有界函数，则 $f(x)$ 在 $x = 0$ 处（　　）．

　　　　（A）极限不存在　　　　　　　　　（B）极限存在，但不连续

　　　　（C）连续，但不可导　　　　　　　（D）可导

　　**分析**　因 $f(0^+) = 0$，又 $f(0^-) = 0, f(0) = 0$，故否定 A 和 B. 由左、右导数定义易知 $f_+'(0) = 0, f_-'(0) = 0$，故 $f'(0)$ 存在，否定了 C.

　　应选 D.

　　**【例 2-4】** 设 $f(x)$ 在区间 $(-\delta, \delta)$ 内有定义，且 $|f(x)| \leq x^2$，则 $x = 0$ 必是 $f(x)$ 的（　　）．

　　　　（A）间断点

　　　　（B）连续而不可导的点

　　　　（C）可导的点，且 $f'(0) = 0$

　　　　（D）可导的点，且 $f'(0) \neq 0$

　　**分析**　由 $-x^2 \leq f(x) \leq x^2$ 知，曲线 $y = f(x)$ 夹挤在抛物线 $y = \pm x^2$ 之间，借助几何知识易知 $f(x)$ 在 $x = 0$ 处连续、可导，且导数为零.

　　应选 C.

　　**【例 2-5】** 设函数在定义域内可导，$y = f(x)$ 的图形如图 2.1 所示，则导函数 $y = f'(x)$ 的图形是图 2.2 中的（　　）．

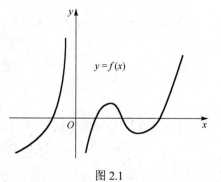

图 2.1

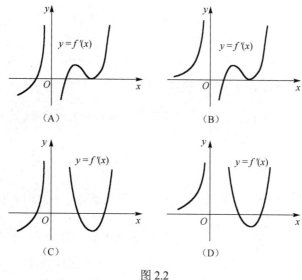

图 2.2

**分析**  导数的几何意义为曲线的切线斜率，当 $x < 0$ 时，$f'(x) > 0$，否定 A 和 C. 当 $x > 0$ 时，从零到 $f(x)$ 的峰值点前 $f'(x) > 0$，在峰值点到谷值点之间 $f'(x) < 0$，以后 $f'(x) > 0$，否定了 B.

应选 D.

**【例 2-6】** 若 $f(x) = -f(-x)$，在区间 $(0, +\infty)$ 内，$f'(x) > 0, f''(x) > 0$，则在区间 $(-\infty, 0)$ 内（    ）.

(A) $f'(x) < 0, f''(x) < 0$  (B) $f'(x) < 0, f''(x) > 0$

(C) $f'(x) > 0, f''(x) < 0$  (D) $f'(x) > 0, f''(x) > 0$

**分析**  这里 $f(x)$ 是奇函数，因此由复合函数求导法知 $f'(x)$ 为偶函数，$f''(x)$ 为奇函数. 应选 C.

**【例 2-7】** 设函数在某一区间上可导，则下列结论中正确的是（    ）.

(A) 奇函数的导数是奇函数  (B) 周期函数的导数是周期函数

(C) 单调函数的导数是单调函数  (D) 有界函数的导数是有界函数

**分析**  因奇函数的导数是偶函数，否定了 A；若 $f(x) = f(x + T)$，由复合函数求导法有 $f'(x) = f'(x + T)$，B 肯定正确；$y = x^3$ 在 $(-\infty, +\infty)$ 上单调递增，其导数 $y' = 3x^2$ 在 $(-\infty, +\infty)$ 上不单调，否定了 C；$y = x^{\frac{1}{3}}$ 在区间 $(0, 1)$ 内有界，但导数 $y' = \dfrac{1}{3x^{\frac{2}{3}}}$ 在区间 $(0, 1)$ 内无界，否定了 D.

应选 B.

**【例 2-8】** 设 $f(x)$ 在 $x = a$ 处连续，$F(x) = f(x)|x - a|$，则 $f(a) = 0$ 是 $F(x)$ 在 $x = a$ 处可导的（    ）.

(A) 充要条件  (B) 充分但非必要条件

(C) 必要但非充分条件  (D) 既不充分又不必要条件

**分析**  因为

$$F(x)=\begin{cases} -(x-a)f(x), & x<a; \\ 0, & x=a; \\ (x-a)f(x), & x>a, \end{cases}$$

由左、右导数的定义及 $f(x)$ 在 $x=a$ 处连续，有

$$F'_-(a)=\lim_{x\to a^-}\frac{-(x-a)f(x)}{x-a}=-f(a^-)=-f(a),$$

$$F'_+(a)=\lim_{x\to a^+}\frac{(x-a)f(x)}{x-a}=f(a^+)=f(a).$$

由此可见，$f(a)=0$ 是 $F(x)$ 在 $x=a$ 处可导的充要条件，且此时 $F'(a)=0$.

应选 A.

【例 2-9】　"$f'(x_0)=0$" 是 "$f(x)$ 在点 $x_0$ 处取极值" 的（　　）.

　　（A）充分条件　　　　　　　　　　　（B）必要条件

　　（C）充要条件　　　　　　　　　　　（D）既不充分又不必要条件

　　**分析**　函数 $f(x)$ 在点 $x_0$ 处可导的条件下，$f'(x_0)=0$ 是 $f(x)$ 在点 $x_0$ 处取极值的必要条件. 但 $f(x)$ 在点 $x_0$ 处未必可导，因此，一般情况下，"$f'(x_0)=0$" 不是取极值的必要条件，否定了 B、C. 又驻点未必是极值点，否定了 A.

　　应选 D.

【例 2-10】　当 $x>0$ 时，曲线 $y=x\sin\dfrac{1}{x}$（　　）.

　　（A）有水平渐近线　　　　　　　　　（B）有铅直渐近线

　　（C）有斜渐近线（斜率不等于零）　　（D）无渐近线

　　**分析**　因 $\lim\limits_{x\to+\infty}x\sin\dfrac{1}{x}=1$，故曲线有水平渐近线 $y=1$，无斜渐近线. 因为 $\lim\limits_{x\to0^+}x\sin\dfrac{1}{x}=0$，所以曲线无铅直渐近线.

　　应选 A.

【注】　这里的选项，肯定 A 就否定了 D，又因为单值函数在 $x\to+\infty$ 时最多有一条渐近线，所以否定了 C.

【例 2-11】　已知 $f(x)=-f(-x)$，且在 $(0,+\infty)$ 内 $f'(x)>0$，$f''(x)>0$，则在 $(-\infty,0)$ 内，曲线 $y=f(x)$（　　）.

　　（A）单调递减，且上凸（⌒）　　　　（B）单调递减，且下凸（╲）

　　（C）单调递增，且上凸（╱）　　　　（D）单调递增，且下凸（⌣）

　　**分析**　因为 $f(x)$ 是奇函数，由题中条件知，在 $(-\infty,0)$ 内 $f'(x)>0$，$f''(x)<0$，所以，在 $(-\infty,0)$ 内，曲线 $y=f(x)$ 是单调递增且上凸的.

　　应选 C.

【例 2-12】　设 $f(x)=\begin{cases} x^2\sin\dfrac{1}{x}, & x<0; \\ x^2+bx+c, & x\geqslant0. \end{cases}$ 确定常数 $b$，$c$，使函数在 $x=0$ 处可导，此时，导函数在 $x=0$ 处连续吗？

**思路**　为使 $f(x)$ 在 $x=0$ 处可导，首先要求 $f(x)$ 在 $x=0$ 处连续，同时要求 $f(x)$ 在 $x=0$ 处的左、右导数相等.

**解**　因为 $f(0^-)=0$，$f(0^+)=c$，$f(0)=c$，要 $f'(0)$ 存在，$f(x)$ 在 $x=0$ 处必连续，所以 $c=0$.

$$f'_-(0)=\lim_{x\to 0^-}\frac{x^2\sin\frac{1}{x}-0}{x}=\lim_{x\to 0^-}x\sin\frac{1}{x}=0,$$

$$f'_+(0)=(x^2+bx)'|_{x=0}=(2x+b)|_{x=0}=b.$$

要 $f'(0)$ 存在，需其左、右导数存在且相等，故 $b=0$. 总之，当 $b=0$，$c=0$ 时，$f'(0)$ 存在，且

$$f'(0)=0.$$

当 $x<0$ 时，　　$f'(x)=2x\sin\frac{1}{x}-\cos\frac{1}{x}$.

当 $x>0$ 时，　　$f'(x)=(x^2)'=2x$.

因为 $\lim\limits_{x\to 0^-}f'(x)$ 不存在，所以导函数在 $x=0$ 处不连续，且其

是第二类间断点（见图 2.3）.

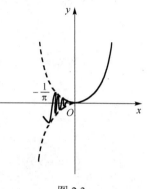

图 2.3

**【注】**　求分段函数在分段点处的导数常常要考察左、右导数，它们有时要用定义计算，有时要用求导法则计算. 对于后者，需要函数在分段点处连续，且表达式及导函数的表达式能延伸过分段点.

**【例 2-13】**　设 $f(x)=\begin{cases} x^5\sin\dfrac{1}{x}+\mathrm{e}^x, & x\neq 0; \\ 1, & x=0. \end{cases}$ 求 $f''(x)$.

**解**　当 $x\neq 0$ 时，

$$f'(x)=5x^4\sin\frac{1}{x}-x^3\cos\frac{1}{x}+\mathrm{e}^x,$$

$$f'(0)=\lim_{x\to 0}\frac{f(x)-f(0)}{x}=\lim_{x\to 0}\frac{x^5\sin\dfrac{1}{x}+\mathrm{e}^x-1}{x}$$

$$=\lim_{x\to 0}x^4\sin\frac{1}{x}+\lim_{x\to 0}\frac{\mathrm{e}^x-1}{x}=1.$$

当 $x\neq 0$ 时，

$$f''(x)=20x^3\sin\frac{1}{x}-5x^2\cos\frac{1}{x}-3x^2\cos\frac{1}{x}-x\sin\frac{1}{x}+\mathrm{e}^x.$$

当 $x=0$ 时，

$$f''(0)=\lim_{x\to 0}\frac{f'(x)-f'(0)}{x}=\lim_{x\to 0}\left(5x^3\sin\frac{1}{x}-x^2\cos\frac{1}{x}+\frac{\mathrm{e}^x-1}{x}\right)=1.$$

**【例 2-14】**　设函数 $y=y(x)$ 由方程 $\ln(x^2+y)=xy+\cos xy^2-1$ 确定，求曲线 $y=y(x)$ 在点

$(0,1)$ 处的切线方程与法线方程.

**解** 先求曲线在点 $(0,1)$ 处切线的斜率. 由隐函数求导法, 对原方程两边关于 $x$ 求导, 得

$$\frac{2x + y'}{x^2 + y} = y + xy' - (y^2 + 2xyy')\sin(xy^2),$$

将 $x = 0$, $y = 1$ 代入上式, 得 $y'(0) = 1$.

因此, 所求切线方程为 $y = x + 1$, 法线方程为 $y = -x + 1$.

**【例 2-15】** 设函数 $y = y(x)$ 由方程 $xe^{f(y)} = e^y$ 确定, 其中 $f$ 具有二阶导数, 且 $f'(u) \neq 1$, 求 $\dfrac{d^2 y}{dx^2}$.

**解** 由隐函数求导法, 对方程两边关于 $x$ 求导, 得

$$e^{f(y)} + xe^{f(y)}f'(y)y' = e^y \cdot y',$$

再次对上式两边关于 $x$ 求导, 得

$$e^{f(y)}f'(y)y' + e^{f(y)}f'(y)y' + xe^{f(y)}(y')^2(f'(y))^2 + xe^{f(y)}f''(y)(y')^2 + xe^{f(y)}f'(y)y''$$
$$= e^y(y')^2 + e^y y''$$

由此解得

$$y' = \frac{e^{f(y)}}{e^y - xe^{f(y)}f'(y)},$$

$$y'' = -\frac{[1 - f'(y)]^2 - f''(y)}{x^2[1 - f'(y)]^3}.$$

**【例 2-16】** 设 $y = y(x)$ 由参数方程 $\begin{cases} x = \ln(1 + 2t), \\ e^y + t^2 y^2 + \arctan t = e \end{cases}$ 确定, 求 $\dfrac{dy}{dx}\Big|_{x=0}$.

**解** $x'_t = \dfrac{2}{1 + 2t}$. 利用隐函数求导法, 对第二个方程两边关于 $t$ 求导, 得

$$y'_t = -\frac{1 + 2ty^2 + 2t^3 y^2}{(1 + t^2)(e^y + 2t^2 y)}.$$

因此, 根据参数方程求导法, 得

$$\frac{dy}{dx} = \frac{y'_t}{x'_t} = -\frac{(1 + 2ty^2 + 2t^3 y^2)(1 + 2t)}{2(1 + t^2)(e^y + 2t^2 y)}.$$

因当 $x = 0$ 时, $t = 0$, $y = 1$, 故

$$\frac{dy}{dx}\Big|_{x=0} = -\frac{1}{e}.$$

**【例 2-17】** 求曲线 $\begin{cases} x = \arctan t^2, \\ y = \ln\sqrt{1 + t^2} \end{cases}$ 上对应于 $t = 1$ 点处的法线方程, 并求由此参数方程所确定的函数 $y = y(x)$ 的二阶导数.

**解**　$x_t' = \dfrac{2t}{1+t^4}$，$y_t' = \dfrac{t}{1+t^2}$．于是

$$\frac{\mathrm{d}y}{\mathrm{d}x} = \frac{y_t'}{x_t'} = \frac{\dfrac{t}{1+t^2}}{\dfrac{2t}{1+t^4}} = \frac{1+t^4}{2(1+t^2)}.$$

当 $t=1$ 时，对应曲线上的点 $M\left(\dfrac{\pi}{4}, \dfrac{1}{2}\ln 2\right)$，该点处切线的斜率为 $\dfrac{\mathrm{d}y}{\mathrm{d}x}\Big|_M = \dfrac{y_t'}{x_t'}\Big|_{t=1} = \dfrac{1}{2}$．

因此，曲线在点 $M$ 处的法线方程为

$$y - \frac{1}{2}\ln 2 = -2\left(x - \frac{\pi}{4}\right), \quad \text{即 } y + 2x - \frac{1}{2}\ln 2 - \frac{\pi}{2} = 0.$$

由参数方程确定的函数 $y = y(x)$ 的二阶导数为

$$\frac{\mathrm{d}^2 y}{\mathrm{d}x^2} = \frac{(y_x')_t'}{x_t'} = \frac{t^5 + 2t^3 - t}{(1+t^2)^2} \cdot \frac{1+t^4}{2t} = \frac{(t^4 + 2t^2 - 1)(1+t^4)}{2(1+t^2)^2}.$$

**【例 2-18】**　设 $y = (1+\sin x)^{x^2}$，求函数 $y = y(x)$ 的微分 $\mathrm{d}y$．

**解**　采用求幂指函数导数的常用方法——对数求导法，先求 $y = y(x)$ 关于 $x$ 的导数．对 $y = (1+\sin x)^{x^2}$ 两边取对数，得隐函数

$$\ln y = x^2 \ln(1 + \sin x).$$

由隐函数求导法，对上式两边关于 $x$ 求导，得

$$\frac{y'}{y} = 2x\ln(1+\sin x) + x^2 \cdot \frac{\cos x}{1+\sin x},$$

因此

$$y' = (1+\sin x)^{x^2}\left(2x\ln(1+\sin x) + x^2 \cdot \frac{\cos x}{1+\sin x}\right),$$

于是

$$\mathrm{d}y = \left[(1+\sin x)^{x^2}\left(2x\ln(1+\sin x) + x^2 \cdot \frac{\cos x}{1+\sin x}\right)\right]\mathrm{d}x.$$

**【例 2-19】**　求极限 $\lim\limits_{x\to 0}\left[2 - \dfrac{\ln(1+x)}{x}\right]^{\frac{1}{\mathrm{e}^x - 1}}$．

**解**　这是 $1^\infty$ 型未定式极限．

$$\lim_{x\to 0}\left[2 - \frac{\ln(1+x)}{x}\right]^{\frac{1}{\mathrm{e}^x - 1}} = \lim_{x\to 0}\left[1 + \left(1 - \frac{\ln(1+x)}{x}\right)\right]^{\frac{x}{x-\ln(1+x)} \cdot \frac{x-\ln(1+x)}{x(\mathrm{e}^x-1)}},$$

$$\lim_{x\to 0}\frac{x - \ln(1+x)}{x(\mathrm{e}^x - 1)} = \lim_{x\to 0}\frac{x - \ln(1+x)}{x^2} = \lim_{x\to 0}\frac{1 - \dfrac{1}{1+x}}{2x} = \frac{1}{2}.$$

因此，原式 $= \mathrm{e}^{\frac{1}{2}}$.

【注】 求极限过程中利用了洛必达法则，这是求 $\dfrac{0}{0}$ 与 $\dfrac{\infty}{\infty}$ 型未定式极限的重要方法.

【例 2-20】 设 $\lim\limits_{x \to 0} \dfrac{\ln(1+x)-(ax+bx^2)}{x^2} = 3$，求 $a, b$ 的值.

**解** 可利用带佩亚诺型余项的泰勒公式来求解. 由极限

$$
\begin{aligned}
\lim_{x \to 0} \frac{\ln(1+x)-(ax+bx^2)}{x^2} &= \lim_{x \to 0} \frac{x - \dfrac{x^2}{2} + o(x^2) - ax - bx^2}{x^2} \\
&= \lim_{x \to 0} \frac{(1-a)x - \left(\dfrac{1}{2}+b\right)x^2 + o(x^2)}{x^2} = 3,
\end{aligned}
$$

可知 $\begin{cases} 1-a=0, \\ -\left(\dfrac{1}{2}+b\right)=3, \end{cases}$ 解得 $a=1$，$b=-\dfrac{7}{2}$.

【例 2-21】 设 $y=y(x)$ 是由方程 $y^3 + xy^2 + x^2 y + 6 = 0$ 所确定的函数，求 $y=y(x)$ 的极值.

**解** 对方程两边关于 $x$ 求导，得

$$
3y^2 y' + y^2 + 2xyy' + 2xy + x^2 y' = 0, \tag{2.2}
$$

解得

$$
y' = -\frac{y^2 + 2xy}{3y^2 + 2xy + x^2}.
$$

令 $y'=0$，得 $y=-2x$. 将其代入隐函数方程，得到 $x=1$，$y=-2$. 故 $x=1$ 是 $y=y(x)$ 的唯一驻点.

对式（2.2）两边关于 $x$ 再求导，得

$$
(3y^2 + 2xy + x^2)y'' + (6y + 2x)y'^2 + (4y + 4x)y' + 2y = 0,
$$

将 $x=1$，$y=-2$，$y'=0$ 代入上式，得

$$
y''\big|_{x=1, y=-2, y'=0} = \frac{4}{9} > 0,
$$

故 $x=1$ 是极值点，且在 $x=1$ 处，$y(x)$ 取极小值 $y(1)=-2$.

【注】 对隐函数与显函数求极值的基本步骤是一样的，但求驻点时，要把导数等于零的方程与隐函数方程联立才能得到，同时得到相应的函数值. 此时，还要验证导数确实存在且为零.

【例 2-22】 设函数 $y=y(x)$ 由参数方程 $\begin{cases} x = \dfrac{1}{3}t^3 + t + \dfrac{1}{3}, \\ y = \dfrac{1}{3}t^3 - t + \dfrac{1}{3} \end{cases}$ 确定，求 $y=y(x)$ 的极值以及曲线 $y=y(x)$ 的凸性区间和拐点.

解　$y'_x = \dfrac{y'_t}{x'_t} = \dfrac{t^2-1}{t^2+1}$，

$$y''_x = \dfrac{(y_x)'_t}{x'_t} = \left(\dfrac{t^2-1}{t^2+1}\right)'_t \cdot \dfrac{1}{t^2+1} = \dfrac{4t}{(t^2+1)^3}.$$

求解 $y'_x = 0$，得 $t = \pm 1$．于是有 $y''_x\big|_{t=1} > 0$，$y''_x\big|_{t=-1} < 0$．

因此，

当 $t = 1$ 时，对应的 $y = -\dfrac{1}{3}$ 是函数 $y(x)$ 的极小值；

当 $t = -1$ 时，对应的 $y = 1$ 是函数 $y(x)$ 的极大值．

对于 $y(x)$ 的二阶导数，可以看到：

当 $t = 0$，对应 $x = \dfrac{1}{3}$ 时，$y''_x = 0$；

当 $t > 0$，对应 $x > \dfrac{1}{3}$ 时，$y''_x > 0$；

当 $t < 0$，对应 $x < \dfrac{1}{3}$ 时，$y''_x < 0$．

所以，$\left(\dfrac{1}{3}, +\infty\right)$ 是函数 $y(x)$ 的下凸区间，$\left(-\infty, \dfrac{1}{3}\right)$ 是函数 $y(x)$ 的上凸区间，$\left(\dfrac{1}{3}, \dfrac{1}{3}\right)$ 是拐点．

#  2.4　习　　题

1. 若 $f'(a)$ 存在，求下列极限．

（1）$\displaystyle\lim_{h\to 0}\dfrac{f(a-h)-f(a)}{h}$；　　　　（2）$\displaystyle\lim_{n\to\infty} n\left[f(a)-f\left(a+\dfrac{1}{n}\right)\right]$．

2. 讨论下列函数在 $x = 0$ 处的连续性与可导性．

（1）$f(x) = \begin{cases} x, & x < 0; \\ \ln(1+x), & x \geqslant 0. \end{cases}$　　　　（2）$f(x) = \begin{cases} \sqrt[3]{x}\sin\dfrac{1}{x}, & x \neq 0; \\ 0, & x = 0. \end{cases}$

（3）$f(x) = \arctan\dfrac{1}{x}$．

3. 设 $F(x) = \begin{cases} f(x), & x \leqslant x_0; \\ ax+b, & x > x_0. \end{cases}$ 其中，$f(x)$ 在点 $x_0$ 处左导数 $f'_-(x_0)$ 存在，要使 $F(x)$ 在点 $x_0$ 处可导，问 $a$ 和 $b$ 应取何值．

4. 选择题

（1）设 $f(x)$ 可导，$F(x) = f(x)(1+|\sin x|)$，则 $f(0) = 0$ 是 $F(x)$ 在 $x = 0$ 处可导的（　　　）．

　　（A）充要条件　　　　　　　　（B）充分但非必要条件

　　（C）必要但非充分条件　　　　（D）既非充分又非必要条件

（2）设 $f(x)$ 在 $(-\delta, \delta)$ 内有定义，且恒有 $|f(x)| \leqslant x^2$，则 $x = 0$ 是 $f(x)$ 的（　　　）．

　　（A）间断点　　　　　　　　　（B）连续但不可导点

（C）可导点，且 $f'(0)=0$　　　　　（D）可导点，但 $f'(0)\neq0$

5. 求下列函数的导数.

（1）$y=\sqrt{x\sqrt{x\sqrt{x}}}$ ；　　　　　　（2）$y=2\lg x-3\arctan x$ ；

（3）$y=x\tan x-\cot x$ ；　　　　　　（4）$y=2^x\mathrm{e}^x$ ；

（5）$y=x\sin x\ln x$ ；　　　　　　　（6）$y=(x-a)(x-b)(x-c)$ ；

（7）$y=\dfrac{\mathrm{e}^x-1}{\mathrm{e}^x+1}$ ；　　　　　　　（8）$y=\dfrac{1+\sqrt{x}}{1-\sqrt{x}}+\dfrac{3}{\sqrt[3]{x^2}}$ .

6. 求曲线 $y=\dfrac{1}{\sqrt{x}}$ 在点 $\left(\dfrac{1}{4},2\right)$ 处的切线方程和法线方程.

7. 求函数 $y=\dfrac{x^3}{3}+\dfrac{x^2}{2}-2x$ 在 $x=0$ 处的导数和导数为零的点.

8. 求下列函数的导数.

（1）$y=a^{\sin 3x}$ ；　　　　　　　　（2）$y=\cos^2(x^3)$ ；

（3）$y=\sin\cos\dfrac{1}{x}$ ；　　　　　　（4）$y=\cot^3\sqrt{1+x^2}$ ；

（5）$y=\sec^2\mathrm{e}^{x^2+1}$ ；　　　　　　（6）$y=-\csc^2\mathrm{e}^{8x}$ ；

（7）$y=\exp(\ln x)^{-1}$ ；　　　　　　（8）$y=\exp\sqrt{\ln(ax^2+bx+c)}$ ；

（9）$y=\left(\arcsin\dfrac{x}{a}\right)^2$ （$a>0$）；　　（10）$y=\mathrm{e}^{-x^2}\cos\mathrm{e}^{-x^2}$ ；

（11）$y=\dfrac{\sin^2 x}{\sin x^2}$ ；　　　　　　（12）$y=\arccos\dfrac{b+a\cos x}{a+b\cos x}$ （$a>b>0$）；

（13）$y=\log_2\log_3\log_5 x$ ；　　　　（14）$y=\ln(x+\sqrt{a^2+x^2})$ ；

（15）$y=\sqrt{x+\sqrt{x+\sqrt{x}}}$ ；　　　　（16）$y=\arctan\mathrm{e}^{2x}+\ln\sqrt{\dfrac{\mathrm{e}^{2x}}{\mathrm{e}^{2x}+1}}$ ；

（17）$y=\tan x-\dfrac{1}{3}\tan^3 x+\dfrac{1}{5}\tan^5 x$ ；　　（18）$y=\ln\dfrac{1+\sqrt{\sin x}}{1-\sqrt{\sin x}}+2\mathrm{arccot}\sqrt{\sin x}$ .

9. 求下列函数的导数.

（1）$y=a^{b^x}+x^{a^b}+b^{x^a}$ （$x,a,b>0$，$a,b$ 为常数）.

（2）$y=\lim\limits_{n\to\infty}x\left(\dfrac{n+x}{n-x}\right)^n$ .　　　（3）$y=\begin{cases}1-x, & x\leqslant 0;\\ \mathrm{e}^{-x}\cos 3x, & x>0.\end{cases}$

10. 设 $f(x),g(x)$ 均可导，且下列函数有意义，求它们的导数.

（1）$y=\sqrt[n]{f^2(x)+g^2(x)}$ ；　　　　（2）$y=f(\sin^2 x)+g(\cos^2 x)$ .

11. 已知 $y=f\left(\dfrac{3x-2}{3x+2}\right)$ ，$f'(x)=\arctan x^2$ ，求 $y'_x\big|_{x=0}$ .

12. $f(x)=\sin x$ ，求 $f'(a)$ ，$(f(a))'$ ，$f'(2x)$ ，$(f(2x))'$ 和 $f'(f(x))$ ，$(f(f(x)))'$ .

13. 求下列隐函数的导函数或指定点的导数.

（1）$\sqrt{x} + \sqrt{y} = \sqrt{a}$；　　　　　　　（2）$\arctan \dfrac{y}{x} = \ln \sqrt{x^2 + y^2}$；

（3）$2^x + 2y = 2^{x+y}$；　　　　　　　　（4）$x - y = \arcsin x - \arcsin y$；

（5）$x^2 + 2xy - y^2 = 2x$，求 $y'\big|_{x=2}$；

（6）$\arccos(x+2)^{-\frac{1}{2}} + \mathrm{e}^y \sin x = \arctan y$，求 $y'(0)$.

14. 设 $x = \varphi(y)$ 与 $y = f(x)$ 互为反函数，$\varphi(2) = 1$，且 $f'(1) = 3$，求 $\varphi'(2)$.

15. 求下列函数的导函数或指定点的导数.

（1）$y = (\sin x)^{\cos x}$；　　　　　　　（2）$y = (1 + x^2)^{\frac{1}{x}}$，求 $y'(1)$；

（3）$y = \sqrt[3]{\dfrac{x(x^2+1)}{(x^2-1)^2}}$；　　　　　　（4）$x^y + y^x = 3$，求 $y'(1)$.

16. 求由下列参数方程确定的函数的导数 $y'_x$.

（1）$\begin{cases} x = t^3 + 1, \\ y = t^2; \end{cases}$　　　　　　　（2）$\begin{cases} x = \theta - \sin\theta, \\ y = 1 - \cos\theta; \end{cases}$

（3）$\begin{cases} x = \ln(1 + t^2), \\ y = t - \arctan t; \end{cases}$　　　　　（4）$\begin{cases} x = \mathrm{e}^t \sin t, \\ y = \mathrm{e}^t(\sin t - \cos t). \end{cases}$

17. 设 $x = f(t) - \pi$，$y = f(\mathrm{e}^{3t} - 1)$，其中 $f$ 可导，且 $f'(0) \neq 0$，求 $y'_x\big|_{t=0}$.

18. 试证：可导的偶函数的导数是奇函数，可导的奇函数的导数是偶函数.

19. 求下列函数的二阶导数.

（1）$y = \sqrt{x^2 - 1}$；　　　　　　　（2）$y = x\ln(x + \sqrt{x^2 + a^2}) - \sqrt{x^2 + a^2}$；

（3）$b^2 x^2 + a^2 y^2 = a^2 b^2$；　　　　　（4）$y = \tan(x + y)$；

（5）$\begin{cases} x = a\cos t, \\ y = b\sin t; \end{cases}$　　　　　　　（6）$\begin{cases} x = \ln(1 + t^2), \\ y = t - \arctan t; \end{cases}$

（7）$\begin{cases} x = f'(t), \\ y = tf'(t) - f(t), \end{cases}$　其中 $f(t)$ 具有二阶导数，且其不等于零.

20. 设 $y = y(x)$ 由 $\begin{cases} x = 3t^2 + 2t + 3, \\ \mathrm{e}^y \sin t - y + 1 = 0 \end{cases}$ 确定，求 $\dfrac{\mathrm{d}^2 y}{\mathrm{d}x^2}\bigg|_{t=0}$.

21. 设 $u = f(\varphi(x) + y^2)$，其中 $y = y(x)$ 由方程 $y + \mathrm{e}^y = x$ 确定，且 $f(x), \varphi(x)$ 均有二阶导数，求 $\dfrac{\mathrm{d}u}{\mathrm{d}x}$ 和 $\dfrac{\mathrm{d}^2 u}{\mathrm{d}x^2}$.

22. 求函数 $y = 5x + x^2$ 当 $x = 2$ 而 $\Delta x = 0.001$ 时的增量 $\Delta y$ 与微分 $\mathrm{d}y$.

23. 用微分法则求下列函数的微分.

（1）$y = \dfrac{x}{1 - x}$；　　　　　　　　（2）$y = x\ln x - x$；

（3）$y = \cot x - \csc x$；　　　　　　　（4）$y = \mathrm{e}^{-\frac{x}{y}}$；

（5）$y = \sin^2 u$，$u = \ln(3x+1)$；　　　　　　（6）$y = \arctan \dfrac{u(x)}{v(x)}$，$u'$，$v'$ 存在.

**24.** 将适当的函数填入圆括号内，使下列各式成为等式.

（1）$x\mathrm{d}x = \mathrm{d}(\quad)$；　　　　　　　　（2）$\dfrac{1}{x}\mathrm{d}x = \mathrm{d}(\quad)$；

（3）$\sin x\mathrm{d}x = \mathrm{d}(\quad)$；　　　　　　（4）$\sec^2 x\mathrm{d}x = \mathrm{d}(\quad)$；

（5）$\dfrac{1}{\sqrt{x}}\mathrm{d}x = \mathrm{d}(\quad)$；　　　　　（6）$\dfrac{1}{\sqrt{1-x^2}}\mathrm{d}x = \mathrm{d}(\quad)$；

（7）$\mathrm{d}(\arctan \mathrm{e}^{2x}) = (\quad)\mathrm{d}\mathrm{e}^{2x}$；　　（8）$\mathrm{d}(\sin\sqrt{\cos x}) = (\quad)\mathrm{d}(\cos x)$；

（9）$f(\sin x)\cos x\mathrm{d}x = f(\sin x)\mathrm{d}(\quad)$；　（10）$x^2\mathrm{e}^{-x^3}\mathrm{d}x = (\quad)\mathrm{d}(-x^3)$.

**25.** 确定下列函数的单调区间.

（1）$y = \sqrt{2x - x^2}$；　　　　　　　　（2）$y = x - \mathrm{e}^x$.

**26.** 设 $f''(x) > 0$，$f(0) < 0$，试证函数 $g(x) = \dfrac{f(x)}{x}$ 分别在区间 $(-\infty, 0)$ 和 $(0, +\infty)$ 内单调递增.

**27.** 求下列极限.

（1）$\lim\limits_{x\to 0} \dfrac{x - \arcsin x}{x^3}$；　　　　　（2）$\lim\limits_{x\to +\infty} \dfrac{\ln\left(1 + \dfrac{1}{x}\right)}{\operatorname{arccot} x}$；

（3）$\lim\limits_{x\to 0^+} \dfrac{\ln\tan 7x}{\ln\tan 2x}$；　　　　　（4）$\lim\limits_{x\to 0^+} \dfrac{\ln(\arcsin x)}{\cot x}$；

（5）$\lim\limits_{x\to -1^+} \dfrac{\sqrt{\pi} - \sqrt{\arccos x}}{\sqrt{1+x}}$；　　　（6）$\lim\limits_{x\to 0} \dfrac{\mathrm{e}^x - \mathrm{e}^{\sin x}}{x^3}$.

**28.** 设函数 $f(x) = \begin{cases} \dfrac{g(x) - \cos x}{x}, & x \neq 0; \\ a, & x = 0. \end{cases}$ 其中 $g(x)$ 具有二阶连续导数，且 $g(0) = 1$.

（1）求 $a$，使 $f(x)$ 在 $x = 0$ 处连续；

（2）求 $f'(x)$；

（3）讨论 $f'(x)$ 在 $x = 0$ 处的连续性.

**29.** 设 $f(x)$ 具有二阶导数，当 $x \neq 0$ 时，$f(x) \neq 0$，且 $\lim\limits_{x\to 0} \dfrac{f(x)}{x} = 0$，$f''(0) = 4$，求 $\lim\limits_{x\to 0}\left[1 + \dfrac{f(x)}{x}\right]^{\frac{1}{x}}$.

**30.** 设 $\lim\limits_{x\to 0} \dfrac{\sin 6x + xf(x)}{x^3} = 0$，求 $\lim\limits_{x\to 0} \dfrac{6 + f(x)}{x^2}$.

**31.** 求下列函数的极值.

（1）$f(x) = 2x^3 - 6x^2 - 18x + 7$；　　（2）$f(x) = (x-5)^2 \sqrt[3]{(x+1)^2}$；

（3）$f(x) = \dfrac{x}{\ln x}$.

**32.** 求函数 $f(x) = \begin{cases} x, & x \leqslant 0; \\ x\ln x, & x > 0 \end{cases}$ 的极值.

33. 选择题

（1）若连续函数 $f(x)$ 在点 $x_0$ 处取极大值，则在 $x_0$ 的某邻域 $\bigcup(x_0)$ 内，必有（　　）.

　　（A）$(x-x_0)[f(x)-f(x_0)] \geqslant 0$　　　（B）$(x-x_0)[f(x)-f(x_0)] \leqslant 0$

　　（C）$\lim\limits_{t \to x_0} \dfrac{f(t)-f(x)}{(t-x)^2} \geqslant 0,\ x \neq x_0$　　（D）$\lim\limits_{t \to x_0} \dfrac{f(t)-f(x)}{(t-x)^2} \leqslant 0,\ x \neq x_0$

（2）设函数 $f(x)$ 连续，且 $\lim\limits_{x \to 0} \dfrac{f(x)}{x^3}=1$，则（　　）.

　　（A）$x=0$ 不是 $f(x)$ 的驻点　　　（B）$x=0$ 是 $f(x)$ 的驻点，但不是极值点

　　（C）$f(0)$ 是极小值　　　　　　　（D）$f(0)$ 是极大值

34. 求下列函数在指定区间上的最大值和最小值.

（1）$y=x+2\sqrt{x}$，$[0,4]$；　　　　　（2）$y=x^x$，$[0.1,\ 1]$.

35. 求下列曲线的凸向区间及拐点.

（1）$y=1+x^2-\dfrac{1}{2}x^4$.　　　　　（2）$y=\ln(1+x^2)$.

（3）$y=\begin{cases}\ln x-x, & x \geqslant 1; \\ x^2-2x, & x<1.\end{cases}$　　　（4）$y=x|x|$.

36. 求曲线 $x=t^2$，$y=3t+t^3$ 的拐点.

37. 问 $a$ 及 $b$ 为何值时，点 $(1,3)$ 为曲线 $y=ax^3+bx^2$ 的拐点.

38. 选择题

设函数 $f(x)$ 满足方程 $f''+f'^2=x$，且 $f'(0)=0$，则（　　）.

　　（A）$f(0)$ 为 $f(x)$ 的极大值　　　（B）$f(0)$ 为 $f(x)$ 的极小值

　　（C）$(0,f(0))$ 是曲线 $y=f(x)$ 的拐点

　　（D）$f(0)$ 不是 $f(x)$ 的极值，$(0,f(0))$ 也不是曲线 $y=f(x)$ 的拐点

39. 求下列曲线的渐近线.

（1）$y=\dfrac{a}{(x-b)^2}+c$　（$a \neq 0$）；　　（2）$y=x+\dfrac{1}{x}\ln x$；

（3）$y^2(x^2+1)=x^2(x^2-1)$；　　　（4）$y=x\ln\left(e+\dfrac{1}{x}\right)$.

40. 用分析作图法作出下列函数的图形.

（1）$y=\sqrt[3]{x^2}+2$；　　　（2）$y=e^{-\frac{1}{x}}$；　　　（3）$y=\dfrac{(x+1)^3}{(x-1)^2}$.

# 2.5　习 题 解 答

1. **解**　（1）原式 $=-\lim\limits_{h \to 0} \dfrac{f[a+(-h)]-f(a)}{(-h)}=-f'(a)$.

（2）原式 $=-\lim\limits_{n \to \infty} \dfrac{f\left(a+\dfrac{1}{n}\right)-f(a)}{\dfrac{1}{n}}=-f'(a)$.

**2. 解** （1）由于

$$\lim_{x\to 0^+} f(x) = \lim_{x\to 0^+} \ln(1+x) = 0 , \quad \lim_{x\to 0^-} f(x) = \lim_{x\to 0^-} x = 0 ,$$

即 $f(0) = f(0^+) = f(0^-)$，因此 $f(x)$ 在 $x = 0$ 处连续.

因

$$f'_+(0) = \lim_{\Delta x\to 0^+} \frac{\ln(1+\Delta x)}{\Delta x} = 1 , \quad f'_-(0) = \lim_{\Delta x\to 0^-} \frac{\Delta x}{\Delta x} = 1 ,$$

故 $f(x)$ 在 $x = 0$ 处可导且导数为 1.

（2）因 $\lim_{x\to 0} f(x) = \lim_{x\to 0} \sqrt[3]{x}\sin\frac{1}{x} = 0 = f(0)$，故 $f(x)$ 在 $x = 0$ 处连续.

由于 $\lim_{\Delta x\to 0} \frac{f(0+\Delta x)-f(0)}{\Delta x} = \lim_{\Delta x\to 0} \frac{\sqrt[3]{\Delta x}\sin\frac{1}{\Delta x}}{\Delta x} = \lim_{\Delta x\to 0} \frac{\sin\frac{1}{\Delta x}}{\sqrt[3]{\Delta x^2}}$ 不存在，因此 $f(x)$ 在 $x = 0$ 处不可导.

（3）因 $f(x) = \arctan\frac{1}{x}$ 在 $x = 0$ 处无定义，故 $f(x)$ 在 $x = 0$ 处不连续，由可导必连续的结论知，$f(x)$ 在 $x = 0$ 处不可导.

**3. 解** 要使 $F(x)$ 在 $x = x_0$ 处可导，必有 $F(x)$ 在 $x = x_0$ 处连续，即

$$F(x_0) = f(x_0) = \lim_{x\to x_0^+} F(x) = \lim_{x\to x_0^+} (ax+b) = ax_0 + b .$$

又 $\quad \lim_{x\to x_0^-} \frac{F(x)-F(x_0)}{x-x_0} = \lim_{x\to x_0^-} \frac{f(x)-f(x_0)}{x-x_0} = f'_-(x_0) ,$

$$\lim_{x\to x_0^+} \frac{F(x)-F(x_0)}{x-x_0} = \lim_{x\to x_0^+} \frac{(ax+b)-(ax_0+b)}{x-x_0} = \lim_{x\to x_0^+} a = a ,$$

即 $a = f'_-(x_0)$，于是 $b = f(x_0) - ax_0 = f(x_0) - x_0 f'_-(x_0)$.

**4. 解** （1）选 A. $F(x)$ 在 $x = 0$ 处可导 $\Leftrightarrow \lim_{x\to 0} \dfrac{F(x)-F(0)}{x}$ 存在

$$\Leftrightarrow \lim_{x\to 0} \frac{f(x)(1+|\sin x|)-f(0)}{x} \text{ 存在}$$

$$\Leftrightarrow \lim_{x\to 0} \left(\frac{f(x)-f(0)}{x} + \frac{f(x)|\sin x|}{x}\right) \text{ 存在}$$

$$\Leftrightarrow \lim_{x\to 0} \frac{f(x)|\sin x|}{x} \text{ 存在}.$$

（2）选 C. 由 $|f(x)| \le x^2$，有 $\left|\dfrac{f(x)}{x}\right| \le |x|$. 于是知

$$\lim_{x\to 0} f(x) = 0 , \quad f(0) = 0 , \quad \lim_{x\to 0} \frac{f(x)}{x} = 0 ,$$

即 $x = x_0$ 是 $f(x)$ 可导的点，且 $f'(0) = 0$.

5. **解** （1） $y' = \left( x^{\frac{7}{8}} \right)' = \frac{7}{8} x^{-\frac{1}{8}} = \frac{7}{8} \cdot \frac{1}{\sqrt[8]{x}}$.

（2） $y' = \frac{2}{x \ln 10} - \frac{3}{1+x^2}$.

（3） $y' = \tan x + x \sec^2 x + \csc^2 x$.

（4） $y' = (2^x \ln 2) e^x + 2^x e^x = (2e)^x (1 + \ln 2)$.

（5） $y' = (x \sin x)' \ln x + x \sin x \cdot \frac{1}{x} = (\sin x + x \cos x) \ln x + \sin x$.

（6） $y' = (x-b)(x-c) + (x-a)(x-c) + (x-a)(x-b)$.

（7） $y' = \frac{(e^x - 1)'(e^x + 1) - (e^x - 1)(e^x + 1)'}{(e^x + 1)^2} = \frac{2e^x}{(e^x + 1)^2}$.

（8） $y' = \frac{(1+\sqrt{x})'(1-\sqrt{x}) - (1+\sqrt{x})(1-\sqrt{x})'}{(1-\sqrt{x})^2} + \left( 3x^{-\frac{2}{3}} \right)'$

$\quad = \frac{\frac{1}{2\sqrt{x}}(1-\sqrt{x}) - (1+\sqrt{x})\left( -\frac{1}{2\sqrt{x}} \right)}{(1-\sqrt{x})^2} - 2x^{-\frac{5}{3}}$

$\quad = \frac{1}{\sqrt{x}(1-\sqrt{x})^2} - \frac{2}{\sqrt[3]{x^5}}$.

6. **解** $k = y' \big|_{x=\frac{1}{4}} = \left( -\frac{1}{2} x^{-\frac{3}{2}} \right) \Big|_{x=\frac{1}{4}} = -4$.

切线方程为 $y = 2 - 4\left( x - \frac{1}{4} \right)$，即 $y = 3 - 4x$.

法线方程为 $y = 2 + \frac{1}{4}\left( x - \frac{1}{4} \right)$，即 $y = \frac{1}{4}x + \frac{31}{16}$.

7. **解** $y' = x^2 + x - 2$，$y' \big|_{x=0} = -2$. 令 $y' = x^2 + x - 2 = 0$，得 $(x+2)(x-1) = 0$，即当 $x = -2$ 或 $1$ 时，$y' = 0$.

8. **解** （1） $y' = a^{\sin 3x} \ln a \cdot \cos(3x) \cdot 3 = 3\cos(3x) a^{\sin 3x} \ln a$.

（2） $y' = 2\cos x^3 \cdot (-\sin x^3) \cdot 3x^2 = -3x^2 \sin(2x^3)$.

（3） $y' = \cos\left( \cos \frac{1}{x} \right) \cdot \left( -\sin \frac{1}{x} \right) \cdot \left( -\frac{1}{x^2} \right) = \frac{1}{x^2} \sin \frac{1}{x} \cdot \cos\left( \cos \frac{1}{x} \right)$.

（4） $y' = 3\left( \cot \sqrt{1+x^2} \right)^2 \cdot \left( -\frac{1}{(\sin \sqrt{1+x^2})^2} \right) \cdot \frac{1}{2}(1+x^2)^{-\frac{1}{2}} \cdot 2x$

$\quad = -\frac{3x \cdot \left( \cot \sqrt{1+x^2} \right)^2}{\sqrt{1+x^2} \left( \sin \sqrt{1+x^2} \right)^2}$.

（5） $y' = 2\sec e^{x^2+1} \cdot (\sec e^{x^2+1})' = 2\sec e^{x^2+1} \sec e^{x^2+1} \tan e^{x^2+1} \cdot e^{x^2+1} \cdot 2x$

$\quad = 4x e^{x^2+1} \sec^2 e^{x^2+1} \cdot \tan e^{x^2+1}$.

（6） $y' = -2\csc e^{8x} \cdot (-\csc e^{8x} \cdot \cot e^{8x})e^{8x} \cdot 8 = 16e^{8x}(\csc e^{8x})^2 \cdot \cot e^{8x}$.

（7） $y' = (e^{(\ln x)^{-1}})' = e^{(\ln x)^{-1}} \cdot (-\ln x)^{-2} \cdot \dfrac{1}{x} = -\dfrac{e^{(\ln x)^{-1}}}{x \ln^2 x}$.

（8） $y' = \left(e^{\sqrt{\ln(ax^2+bx+c)}}\right)' = e^{\sqrt{\ln(ax^2+bx+c)}} \cdot \dfrac{1}{2}\left[\ln(ax^2+bx+c)\right]^{-\frac{1}{2}} \cdot \dfrac{2ax+b}{ax^2+bx+c}$

$\quad = \dfrac{(2ax+b)e^{\sqrt{\ln(ax^2+bx+c)}}}{2(ax^2+bx+c)\sqrt{\ln(ax^2+bx+c)}}$.

（9） $y' = 2\arcsin\dfrac{x}{a} \cdot \dfrac{1}{\sqrt{1-\left(\dfrac{x}{a}\right)^2}} \cdot \dfrac{1}{a} = 2 \cdot \dfrac{\arcsin\dfrac{x}{a}}{\sqrt{a^2-x^2}}$.

（10） $y' = -2xe^{-x^2}\cos e^{-x^2} + e^{-x^2}(-\sin e^{-x^2})e^{-x^2} \cdot (-2x)$

$\quad = 2xe^{-x^2}(e^{-x^2}\sin e^{-x^2} - \cos e^{-x^2})$.

（11） $y' = \dfrac{2\sin x\cos x\sin x^2 - \sin^2 x\cos x^2 \cdot 2x}{\sin^2 x^2}$

$\quad = \dfrac{2\sin x(\cos x\sin x^2 - x\sin x\cos x^2)}{\sin^2 x^2}$.

（12） $y' = \dfrac{-1}{\sqrt{1-\left(\dfrac{b+a\cos x}{a+b\cos x}\right)^2}} \cdot \dfrac{-a\sin x(a+b\cos x) - (b+a\cos x)(-b\sin x)}{(a+b\cos x)^2}$

$\quad = \dfrac{-\sqrt{(a+b\cos x)^2}}{\sqrt{(a+b\cos x)^2 - (b+a\cos x)^2}} \cdot \dfrac{-a^2\sin x - ab\sin x\cos x + b^2\sin x + ab\cos x\sin x}{(a+b\cos x)^2}$

$\quad = \dfrac{-1}{\sqrt{(a+b\cos x)^2 - (b+a\cos x)^2}} \cdot \dfrac{-a^2\sin x + b^2\sin x}{|a+b\cos x|}$

$\quad = \dfrac{\sqrt{a^2-b^2}\,\sin x}{|a+b\cos x\|\sin x|}$.

（13） $y' = \dfrac{1}{\log_3\log_5 x \cdot \ln 2} \cdot \dfrac{1}{\log_5 x \cdot \ln 3} \cdot \dfrac{1}{x\ln 5}$

$\quad = \dfrac{1}{x(\log_5 x)(\log_3\log_5 x) \cdot \ln 2\ln 3\ln 5}$.

（14） $y' = \dfrac{1}{x+\sqrt{a^2+x^2}} \cdot \left[1 + \dfrac{1}{2}(a^2+x^2)^{-\frac{1}{2}} \cdot 2x\right]$

$\quad = \dfrac{1}{x+\sqrt{a^2+x^2}}\left(1 + \dfrac{x}{\sqrt{a^2+x^2}}\right) = \dfrac{1}{\sqrt{a^2+x^2}}$.

（15） $y' = \dfrac{1}{2}\dfrac{1}{\sqrt{x+\sqrt{x+\sqrt{x}}}}\left(1 + \dfrac{1}{2\sqrt{x+\sqrt{x}}}(1 + \dfrac{1}{2\sqrt{x}})\right)$.

（16）$y' = \left[\arctan e^{2x} + \dfrac{1}{2}(\ln e^{2x} - \ln(e^{2x}+1))\right]'$

$\qquad = \left(\arctan e^{2x} + x - \dfrac{1}{2}\ln(e^{2x}+1)\right)'$

$\qquad = \dfrac{2e^{2x}}{1+(e^{2x})^2} + 1 - \dfrac{1}{2}\dfrac{2e^{2x}}{e^{2x}+1} = \dfrac{2e^{2x}}{1+e^{4x}} + \dfrac{1}{e^{2x}+1}$ .

（17）$y' = \sec^2 x - \tan^2 x \sec^2 x + \tan^4 x \sec^2 x = (1 - \tan^2 x + \tan^4 x)\sec^2 x$ .

（18）$y' = \left(\ln(1+\sqrt{\sin x}) - \ln(1-\sqrt{\sin x}) + 2\operatorname{arccot}\sqrt{\sin x}\right)'$

$\qquad = \dfrac{\dfrac{1}{2\sqrt{\sin x}}\cos x}{1+\sqrt{\sin x}} - \dfrac{-\dfrac{1}{2\sqrt{\sin x}}\cos x}{1-\sqrt{\sin x}} + \dfrac{-2}{1+(\sqrt{\sin x})^2}\cdot\dfrac{\cos x}{2\sqrt{\sin x}}$

$\qquad = \dfrac{\cos x}{\sqrt{\sin x}}\dfrac{1}{1-\sin x} - \dfrac{\cos x}{\sqrt{\sin x}}\dfrac{1}{1+\sin x}$

$\qquad = \dfrac{\cos x}{\sqrt{\sin x}}\dfrac{2\sin x}{1-\sin^2 x} = \dfrac{2\sqrt{\sin x}}{\cos x}$ .

9. **解** （1）$y' = a^{b^x}(\ln a)b^x \ln b + a^b x^{a^b-1} + b^{x^a}(\ln b)ax^{a-1}$ .

（2）$y' = \left(\lim\limits_{n\to\infty} x\dfrac{\left(1+\dfrac{x}{n}\right)^n}{\left(1-\dfrac{x}{n}\right)^n}\right)' = \left(x\dfrac{e^x}{e^{-x}}\right)' = (xe^{2x})' = e^{2x} + 2xe^{2x} = e^{2x}(1+2x)$ .

（3）当 $x<0$ 时，$y' = (1-x)' = -1$ .

当 $x>0$ 时，

$\qquad y' = (e^{-x}\cos 3x)' = -e^{-x}\cos 3x - 3e^{-x}\sin 3x = -e^{-x}(\cos 3x + 3\sin 3x)$ .

又 $y'_+(0) = \lim\limits_{x\to 0^+}\dfrac{e^{-x}\cos 3x - 1}{x-0} = \lim\limits_{x\to 0^+}\dfrac{\cos 3x - e^x}{x}\cdot\dfrac{1}{e^x}$

$\qquad = \lim\limits_{x\to 0^+}\left(x\dfrac{\cos 3x - 1}{x^2} - \dfrac{e^x - 1}{x}\right)\dfrac{1}{e^x} = -1$ ，

$y'_-(0) = \lim\limits_{x\to 0^-}\dfrac{(1-x)-1}{x-0} = -1$ ，得 $y'(0) = -1$ .

10. **解** （1）$y' = \dfrac{1}{n}(f^2(x) + g^2(x))^{\frac{1-n}{n}}(2f(x)f'(x) + 2g(x)g'(x))$ .

（2）$y' = f'(\sin^2 x)(2\sin x\cos x) + g'(\cos^2 x)(-2\cos x\sin x)$

$\qquad = (f'(\sin^2 x) - g'(\cos^2 x))\sin 2x$ .

11. **解** $y' = f'\left(\dfrac{3x-2}{3x+2}\right)\left(1 - \dfrac{4}{3x+2}\right)' = f'\left(\dfrac{3x-2}{3x+2}\right)\dfrac{12}{(3x+2)^2}$ ，

$\qquad y'\big|_{x=0} = f'(-1)\dfrac{12}{2^2} = 3\arctan 1 = \dfrac{3\pi}{4}$ .

12. **解** $f'(a) = \cos a$ ，$(f(a))' = 0$ ，$f'(2x) = \cos 2x$ ，$(f(2x))' = 2\cos 2x$ ，

$f'(f(x)) = \cos(f(x)) = \cos(\sin x)$，

$(f(f(x)))' = f'(f(x))f'(x) = \cos f(x)\cos x = (\cos(\sin x))\cos x$．

13. **解**　（1）由 $\dfrac{1}{2\sqrt{x}} + \dfrac{1}{2\sqrt{y}}y' = 0$，得 $y' = -\dfrac{\sqrt{y}}{\sqrt{x}} = -\dfrac{\sqrt{a}-\sqrt{x}}{\sqrt{x}}$．

（2）由 $\left(\arctan\dfrac{y}{x}\right)' = \left[\dfrac{1}{2}\ln(x^2+y^2)\right]'$，得

$$\dfrac{1}{1+\left(\dfrac{y}{x}\right)^2}\cdot\dfrac{xy'-y}{x^2} = \dfrac{1}{2}\dfrac{1}{x^2+y^2}\cdot(2x+2yy')．$$

于是 $xy' - y = x + yy'$，故 $y' = \dfrac{x+y}{x-y}$．

（3）由 $2^x\ln 2 + 2y' = 2^{x+y}\cdot(1+y')\ln 2$，得 $y' = \dfrac{(2^{x+y}-2^x)\ln 2}{2-2^{x+y}\ln 2}$．

（4）由 $1 - y' = \dfrac{1}{\sqrt{1-x^2}} - \dfrac{1}{\sqrt{1-y^2}}y'$，得

$$y' = \dfrac{\dfrac{1}{\sqrt{1-x^2}}-1}{\dfrac{1}{\sqrt{1-y^2}}-1} = \dfrac{\left(1-\sqrt{1-x^2}\right)\sqrt{1-y^2}}{\left(1-\sqrt{1-y^2}\right)\sqrt{1-x^2}}．$$

（5）当 $x=2$ 时，有 $2^2 + 2\times 2y - y^2 = 2\times 2$，即 $y^2 - 4y = y(y-4) = 0$，因此 $y=0$ 或 $y=4$．由 $2x + 2(y+xy') - 2yy' = 2$，得 $y' = \dfrac{1-(x+y)}{x-y}$．

于是 $y'\big|_{(2,0)} = \dfrac{1-(2+0)}{2-0} = -\dfrac{1}{2}$，$y'\big|_{(2,4)} = \dfrac{1-(2+4)}{2-4} = \dfrac{5}{2}$．

（6）当 $x=0$ 时，$\arccos\dfrac{\sqrt{2}}{2} = \arctan y$，即 $\arctan y = \dfrac{\pi}{4}$，所以 $y=1$．

又　$-\dfrac{1}{\sqrt{1-\left(\dfrac{1}{\sqrt{x+2}}\right)^2}}\left[-\dfrac{1}{2}(x+2)^{-\frac{3}{2}}\right] + e^y y'\sin x + e^y\cos x = \dfrac{1}{1+y^2}y'$，

把 $x=0$，$y=1$ 代入上式，得 $\dfrac{1}{4} + e = \dfrac{1}{2}y'(0)$，即

$$y'(0) = y'\big|_{(0,1)} = \dfrac{1}{2} + 2e．$$

14. **解**　由反函数求导法知 $\varphi'(y) = \dfrac{1}{f'(x)}$，$\varphi'(y)\big|_{y=2} = \dfrac{1}{f'(x)}\bigg|_{x=1} = \dfrac{1}{3}$．

15. **解**　（1）$y' = (e^{\cos x\cdot\ln\sin x})' = e^{\cos x\cdot\ln\sin x}\left(-\sin x\ln\sin x + \cos x\dfrac{1}{\sin x}\cos x\right)$

$$= (\sin x)^{\cos x}(\cos x \cot x - \sin x \ln \sin x).$$

（2）$\ln y = \dfrac{1}{x}\ln(1+x^2)$，对方程两边关于 $x$ 求导，得

$$\frac{1}{y}y' = \frac{-1}{x^2}\ln(1+x^2) + \frac{1}{x}\frac{2x}{1+x^2},$$

则

$$y' = y\left(\frac{2}{1+x^2} - \frac{\ln(1+x^2)}{x^2}\right) = (1+x^2)^{\frac{1}{x}}\left(\frac{2}{1+x^2} - \frac{\ln(1+x^2)}{x^2}\right),$$

$$y'(1) = 2\cdot\left(\frac{2}{2} - \frac{\ln 2}{1}\right) = 2\cdot(1-\ln 2) = 2\cdot\ln\frac{e}{2}.$$

（3）因为 $\ln|y| = \dfrac{1}{3}\left(\ln|x| + \ln(x^2+1) - 2\ln|x^2-1|\right)$，所以

$$\frac{1}{y}y' = \frac{1}{3}\left(\frac{1}{x} + \frac{2x}{x^2+1} - 2\frac{2x}{x^2-1}\right).$$

于是

$$y' = \sqrt[3]{\frac{x(x^2+1)}{(x^2-1)^2}}\frac{x^4+6x^2+1}{3x(1-x^4)}.$$

（4）原式即 $e^{y\ln x} + e^{x\ln y} = 3$，求导得

$$e^{y\ln x}\left(y'\ln x + \frac{y}{x}\right) + e^{x\ln y}\left(\ln y + \frac{x}{y}y'\right) = 0.$$

整理有 $y' = -\dfrac{x^{y-1}y + y^x\ln y}{x^y\ln x + y^{x-1}x}$．将 $x=1$ 代入原式有 $1^y + y^1 = 3$，即 $y=2$．所以

$$y'(1) = -\frac{1^1\times 2 + 2^1\times\ln 2}{1^2\times\ln 1 + 2^0\times 1} = -(2+2\ln 2) = -2(1+\ln 2).$$

**16. 解**　（1）$y'_x = \dfrac{y'_t}{x'_t} = \dfrac{2t}{3t^2} = \dfrac{2}{3t}$．

（2）$y'_x = \dfrac{y'_\theta}{x'_\theta} = \dfrac{\sin\theta}{1-\cos\theta}$．

（3）$y'_x = \dfrac{y'_t}{x'_t} = \dfrac{1 - \dfrac{1}{1+t^2}}{\dfrac{2t}{1+t^2}} = \dfrac{t}{2}$．

（4）$y'_x = \dfrac{y'_t}{x'_t} = \dfrac{e^t(\sin t - \cos t) + e^t(\cos t + \sin t)}{e^t\sin t + e^t\cos t} = \dfrac{2\sin t}{\sin t + \cos t}$．

**17. 解**　$y'_x\big|_{t=0} = \dfrac{y'_t}{x'_t}\bigg|_{t=0} = \dfrac{3f'(0)}{f'(0)} = 3$．

**18. 证明**　设 $f(x)$ 是偶函数，即 $f(-x) = f(x)$，于是

$$f'(x) = \big(f(-x)\big)' = f'(-x)(-1) = -f'(-x),$$

即 $f'(-x) = -f'(x)$，所以 $f'(x)$ 是奇函数.

设 $f(x)$ 是奇函数，即 $f(-x) = -f(x)$，于是

$$f'(x) = -\big[f(-x)\big]' = -f'(-x)(-1) = f'(-x),$$

即 $f'(-x) = f'(x)$，所以 $f'(x)$ 是偶函数.

**19. 解**　（1）$y' = \dfrac{x}{\sqrt{x^2-1}}$，$y'' = \dfrac{\sqrt{x^2-1} - x\dfrac{x}{\sqrt{x^2-1}}}{x^2-1} = \dfrac{-1}{(x^2-1)^{\frac{3}{2}}}$.

（2）因为 $\big[\ln(x+\sqrt{x^2+a^2})\big]' = \dfrac{1+\dfrac{x}{\sqrt{x^2+a^2}}}{x+\sqrt{x^2+a^2}} = \dfrac{1}{\sqrt{x^2+a^2}}$，所以

$$y' = \ln(x+\sqrt{x^2+a^2}) + \frac{x}{\sqrt{x^2+a^2}} - \frac{x}{\sqrt{x^2+a^2}} = \ln(x+\sqrt{x^2+a^2}),$$

$$y'' = \frac{1}{\sqrt{x^2+a^2}}.$$

（3）由 $2b^2x + 2a^2yy' = 0$，得 $y' = -\dfrac{b^2}{a^2}\dfrac{x}{y}$，于是

$$y'' = -\frac{b^2}{a^2}\frac{y-xy'}{y^2} = -\frac{b^2}{a^2}\frac{y-x\left(-\dfrac{b^2}{a^2}\dfrac{x}{y}\right)}{y^2} = -\frac{b^2(a^2y^2+b^2x^2)}{a^4y^3} = -\frac{b^2a^2b^2}{a^4y^3} = -\frac{b^4}{a^2y^3}.$$

（4）由隐函数求导法，对方程两边关于 $x$ 求导，可得

$$y' = \frac{1}{\cos^2(x+y)}(1+y') = \big[1+\tan^2(x+y)\big](1+y') = (1+y^2)(1+y').$$

从而

$$y' = -\frac{1+y^2}{y^2} = -\left(\frac{1}{y^2}+1\right),\quad y'' = \frac{2}{y^3}y' = -\frac{2}{y^3}\left(\frac{1}{y^2}+1\right) = -2\left(\frac{1}{y^5}+\frac{1}{y^3}\right).$$

（5）由 $x'_t = -a\sin t$，$y'_t = b\cos t$，得

$$y'_x = \frac{y'_t}{x'_t} = -\frac{b}{a}\cot t,\qquad (y'_x)'_t = \frac{b}{a}\frac{1}{\sin^2 t}.$$

因此，$y''_x = \dfrac{(y'_x)'_t}{x'_t} = \dfrac{\dfrac{b}{a\sin^2 t}}{-a\sin t} = -\dfrac{b}{a^2\sin^3 t}$.

（6）由 $x'_t = \dfrac{2t}{1+t^2}$，$y'_t = 1 - \dfrac{1}{1+t^2} = \dfrac{t^2}{1+t^2}$，得

$$y'_x = \frac{y'_t}{x'_t} = \frac{t}{2}, \quad y''_x = \frac{(y'_x)'_t}{x'_t} = \frac{\dfrac{1}{2}}{\dfrac{2t}{1+t^2}} = \frac{1+t^2}{4t}.$$

（7）由 $x'_t = f''(t)$，$y'_t = f'(t) + tf''(t) - f'(t) = tf''(t)$，得

$$y'_x = \frac{y'_t}{x'_t} = t, \quad y''_x = \frac{(y'_x)'_t}{x'_t} = \frac{1}{f''(t)}.$$

**20. 解** 当 $t=0$ 时，$x=3$，$y=1$. 由 $x'_t = 6t+2$，得 $x'_t\big|_{t=0} = 2$，$x''_t = 6$.
又由 $\mathrm{e}^y y'_t \sin t + \mathrm{e}^y \cos t - y'_t = 0$，得

$$y'_t = \frac{\mathrm{e}^y \cos t}{1 - \mathrm{e}^y \sin t} = \frac{\mathrm{e}^y \cos t}{1 - (y-1)} = \frac{\mathrm{e}^y \cos t}{2 - y}, \qquad y'_t\big|_{t=0} = \mathrm{e} ;$$

$$y''_t = \frac{(\mathrm{e}^y y'_t \cos t - \mathrm{e}^y \sin t)(2-y) - \mathrm{e}^y \cos t(-y'_t)}{(2-y)^2}, \qquad y''_t\big|_{t=0} = 2\mathrm{e}^2.$$

因此

$$y'_x = \frac{y'_t}{x'_t}, \qquad (y'_x)'_t = \frac{y''_t x'_t - y'_t x''_t}{(x'_t)^2},$$

$$(y'_x)'_t\big|_{t=0} = \frac{2\mathrm{e}^2 \times 2 - \mathrm{e} \times 6}{2^2} = \frac{2\mathrm{e}^2 - 3\mathrm{e}}{2},$$

$$y''_x\big|_{t=0} = \frac{(y'_x)'_t}{x'_t}\bigg|_{t=0} = \frac{\dfrac{2\mathrm{e}^2 - 3\mathrm{e}}{2}}{2} = \frac{\mathrm{e}(2\mathrm{e} - 3)}{4}.$$

**21. 解** $\dfrac{\mathrm{d}u}{\mathrm{d}x} = f'(\varphi(x) + y^2)(\varphi'(x) + 2yy').$
由 $y + \mathrm{e}^y = x$，得

$$\begin{cases} y' + \mathrm{e}^y y' = 1 \Rightarrow y' = \dfrac{1}{1 + \mathrm{e}^y}, \\[2mm] y'' + \mathrm{e}^y y'^2 + \mathrm{e}^y y'' = 0 \Rightarrow y'' = \dfrac{-\mathrm{e}^y y'^2}{1 + \mathrm{e}^y} = \dfrac{-\mathrm{e}^y}{(1 + \mathrm{e}^y)^3}, \end{cases}$$

因此，$\dfrac{\mathrm{d}u}{\mathrm{d}x} = f'(\varphi(x) + y^2)\left(\varphi'(x) + \dfrac{2y}{1 + \mathrm{e}^y}\right),$

$$\frac{\mathrm{d}^2 u}{\mathrm{d}x^2} = f''(\varphi(x) + y^2)\left(\varphi'(x) + \frac{2y}{1 + \mathrm{e}^y}\right)^2 + f'(\varphi(x) + y^2)(\varphi''(x) + 2y'^2 + 2yy'')$$

$$= f''(\varphi(x) + y^2)\left(\varphi'(x) + \frac{2y}{1 + \mathrm{e}^y}\right)^2 + f'(\varphi(x) + y^2)\left[\varphi''(x) + \frac{2}{(1 + \mathrm{e}^y)^2} - \frac{2y\mathrm{e}^y}{(1 + \mathrm{e}^y)^3}\right].$$

**22. 解** $\Delta y = [5(x + \Delta x) + (x + \Delta x)^2] - (5x + x^2) = (5 + 2x)\Delta x + (\Delta x)^2,$
$\mathrm{d}y = (5 + 2x)\Delta x.$

当 $x=0$ 而 $\Delta x=0.001$ 时，有

$$\Delta y=(5+2\times 2)\times 0.001+(0.001)^2=0.009+0.000001=0.009001,$$

$$\mathrm{d}y=0.009.$$

23. **解** （1）因为 $y'=\left(\dfrac{1}{1-x}-1\right)'=\dfrac{1}{(1-x)^2}$，所以 $\mathrm{d}y=\dfrac{1}{(1-x)^2}\mathrm{d}x$.

（2）因为 $y'=\ln x+x\left(\dfrac{1}{x}\right)-1=\ln x$，所以 $\mathrm{d}y=\ln x\mathrm{d}x$.

（3）因为 $y'=\left(\cot x+\dfrac{1}{\sin x}\right)'=-\dfrac{1}{\sin^2 x}-\dfrac{\cos x}{\sin^2 x}=-\dfrac{1+\cos x}{\sin^2 x}$，

所以 $\mathrm{d}y=-\dfrac{1+\cos x}{\sin^2 x}\mathrm{d}x$.

（4）由 $y'=\mathrm{e}^{-\frac{x}{y}}\left(-\dfrac{y-xy'}{y^2}\right)=y\left(-\dfrac{y-xy'}{y^2}\right)$，得 $yy'=-y+xy'$，$y'=\dfrac{y}{x-y}$，于是

$\mathrm{d}y=\dfrac{y}{x-y}\mathrm{d}x$.

（5）因为 $y'=2\sin u\cos u\cdot u'_x=\sin 2u\cdot\dfrac{3}{3x+1}=\dfrac{3\sin[2\ln(3x+1)]}{3x+1}$，

所以 $\mathrm{d}y=\dfrac{3\sin[2\ln(3x+1)]}{3x+1}\mathrm{d}x$.

（6）因为 $y'=\dfrac{1}{1+\left(\dfrac{u(x)}{v(x)}\right)^2}\cdot\dfrac{u'(x)v(x)-u(x)v'(x)}{v^2(x)}=\dfrac{u'(x)v(x)-u(x)v'(x)}{u^2(x)+v^2(x)}$，

所以 $\mathrm{d}y=\dfrac{u'(x)v(x)-u(x)v'(x)}{u^2(x)+v^2(x)}\mathrm{d}x$.

24. **解** （1）$x\mathrm{d}x=\mathrm{d}\left(\dfrac{x^2}{2}+C\right)$; 　　　　（2）$\dfrac{1}{x}\mathrm{d}x=\mathrm{d}(\ln|x|+C)$;

（3）$\sin x\mathrm{d}x=\mathrm{d}(-\cos x+C)$; 　　　　（4）$\sec^2 x\mathrm{d}x=\mathrm{d}(\tan x+C)$;

（5）$\dfrac{1}{\sqrt{x}}\mathrm{d}x=\mathrm{d}(2\sqrt{x}+C)$; 　　　　（6）$\dfrac{1}{\sqrt{1-x^2}}\mathrm{d}x=\mathrm{d}(\arcsin x+C)$;

（7）$\mathrm{d}(\arctan \mathrm{e}^{2x})=\left(\dfrac{1}{1+\mathrm{e}^{4x}}\right)\mathrm{d}\mathrm{e}^{2x}$;

（8）$\mathrm{d}\left(\sin\sqrt{\cos x}\right)=\left((\cos\sqrt{\cos x})\cdot\dfrac{1}{2\sqrt{\cos x}}\right)\mathrm{d}\cos x$;

（9）$f(\sin x)\cos x\mathrm{d}x=f(\sin x)\mathrm{d}(\sin x)$; 　　　（10）$x^2\mathrm{e}^{-x^3}\mathrm{d}x=\left(-\dfrac{1}{3}\mathrm{e}^{-x^3}\right)\mathrm{d}(-x^3)$.

25. **解** （1）$y'=\dfrac{1-x}{\sqrt{2x-x^2}}$. 当 $x\in(0,1)$ 时，$y'>0$，函数单调递增；当 $x\in(1,2)$ 时，

$y'<0$，函数单调递减.

（2）$y' = 1 - e^x$. 当 $x \in (0, +\infty)$ 时，$y' < 0$，函数单调递减；当 $x \in (-\infty, 0)$ 时，$y' > 0$，函数单调递增.

26. **证明**　$g'(x) = \dfrac{xf'(x) - f(x)}{x^2}$，设 $G(x) = xf'(x) - f(x)$，则 $G'(x) = xf''(x)$. 当 $x < 0$ 时，$G'(x) < 0$，$G(x)$ 单调递减；当 $x > 0$ 时，$G'(x) > 0$，$G(x)$ 单调递增. 又 $G(0) = -f(0) > 0$，故 $G(x) > 0$，于是 $g'(x) > 0$，即 $g(x)$ 在 $(-\infty, 0) \bigcup (0, +\infty)$ 内单调递增.

27. **解**

（1）原式 $= \lim\limits_{x \to 0} \dfrac{1 - \dfrac{1}{\sqrt{1 - x^2}}}{3x^2} = \dfrac{1}{3} \lim\limits_{x \to 0} \dfrac{\sqrt{1 - x^2} - 1}{x^2} = \dfrac{1}{3} \lim\limits_{x \to 0} \dfrac{-x^2}{x^2(\sqrt{1 - x^2} + 1)} = -\dfrac{1}{6}$.

（2）原式 $= \lim\limits_{x \to +\infty} \dfrac{\dfrac{x}{1 + x} \cdot \left(-\dfrac{1}{x^2}\right)}{-\dfrac{1}{1 + x^2}} = \lim\limits_{x \to +\infty} \dfrac{1 + x^2}{x(1 + x)} = 1$.

（3）原式 $= \lim\limits_{x \to 0^+} \dfrac{\tan 2x}{\tan 7x} \dfrac{\sec^2(7x)}{\sec^2(2x)} \cdot \dfrac{7}{2} = 1$.

（4）原式 $= \lim\limits_{x \to 0^+} \dfrac{-\sin^2 x}{\arcsin x \cdot \sqrt{1 - x^2}} = \lim\limits_{x \to 0^+} -\dfrac{x^2}{x} = 0$.

（5）原式 $= \lim\limits_{x \to -1^+} \dfrac{\dfrac{1}{\sqrt{\arccos x}} \cdot \dfrac{1}{\sqrt{1 - x^2}}}{\dfrac{1}{\sqrt{x + 1}}} = \lim\limits_{x \to -1^+} \dfrac{1}{\sqrt{\arccos x} \sqrt{1 - x}} = \dfrac{1}{\sqrt{2\pi}}$.

（6）原式 $= \lim\limits_{x \to 0} e^{\sin x} \dfrac{e^{x - \sin x} - 1}{x^3} = \lim\limits_{x \to 0} \dfrac{e^{x - \sin x} - 1}{x - \sin x} \cdot \dfrac{x - \sin x}{x^3}$

$= \lim\limits_{x \to 0} \dfrac{x - \sin x}{x^3} = \lim\limits_{x \to 0} \dfrac{1 - \cos x}{3x^2} = \lim\limits_{x \to 0} \dfrac{\sin x}{6x} = \dfrac{1}{6}$.

28. **解**（1）$a = f(0) = \lim\limits_{x \to 0} f(x) = \lim\limits_{x \to 0} \dfrac{g(x) - \cos x}{x} = \lim\limits_{x \to 0} [g'(x) + \sin x] = g'(0)$，故当 $a = g'(0)$ 时，$f(x)$ 在 $x = 0$ 处连续.

（2）当 $x \neq 0$ 时，$f'(x) = \dfrac{[g'(x) + \sin x]x - [g(x) - \cos x]}{x^2}$，又

$$f'(0) = \lim\limits_{x \to 0} \dfrac{f(x) - f(0)}{x - 0} = \lim\limits_{x \to 0} \dfrac{\dfrac{g(x) - \cos x}{x} - g'(0)}{x}$$

$$= \lim\limits_{x \to 0} \dfrac{g(x) - \cos x - g'(0)x}{x^2} = \lim\limits_{x \to 0} \dfrac{g'(x) + \sin x - g'(0)}{2x}$$

$$= \dfrac{1}{2} \lim\limits_{x \to 0} \left( \dfrac{g'(x) - g'(0)}{x} + \dfrac{\sin x}{x} \right) = \dfrac{1}{2} [g''(0) + 1],$$

即

$$f'(x) = \begin{cases} \dfrac{[g'(x)+\sin x]x-[g(x)-\cos x]}{x^2}, & x \neq 0; \\ \dfrac{1}{2}[g''(0)+1], & x = 0. \end{cases}$$

（3）因 $\lim\limits_{x \to 0} f'(x) = \lim\limits_{x \to 0} \dfrac{[g'(x)+\sin x]x-[g(x)-\cos x]}{x^2}$

$$= \lim_{x \to 0} \frac{[g''(x)+\cos x]x+g'(x)+\sin x-[g'(x)+\sin x]}{2x}$$

$$= \frac{1}{2}\lim_{x \to 0}[g''(x)+\cos x] = \frac{1}{2}[g''(0)+1] = f'(0),$$

故 $f'(x)$ 在 $x=0$ 处连续.

**29. 解**　由 $\lim\limits_{x \to 0} \dfrac{f(x)}{x} = 0$ 及 $f(x)$ 二阶可导知, $f(0)=0$ , $f'(0)=0$ , 又已知 $f''(0)=4$ ,

故

$$\lim_{x \to 0} \frac{f(x)}{x^2} = \lim_{x \to 0} \frac{f'(x)}{2x} = \frac{1}{2}\lim_{x \to 0} \frac{f'(x)-f'(0)}{x} = \frac{1}{2} \cdot 4 = 2.$$

所以

$$\lim_{x \to 0}\left[1+\frac{f(x)}{x}\right]^{\frac{1}{x}} = \lim_{x \to 0}\left[\left(1+\frac{f(x)}{x}\right)^{\frac{x}{f(x)}}\right]^{\frac{f(x)}{x^2}} = \mathrm{e}^2.$$

**30. 解**　$\lim\limits_{x \to 0} \dfrac{6+f(x)}{x^2} = \lim\limits_{x \to 0} \dfrac{6x+xf(x)}{x^3}$

$$= \lim_{x \to 0}\left(\frac{\sin 6x+xf(x)}{x^3}+\frac{6x-\sin 6x}{x^3}\right)$$

$$= \lim_{x \to 0}\frac{6x-\sin 6x}{x^3} = 36.$$

**31. 解**　（1）$f'(x) = 6x^2-12x-18 = 6(x+1)(x-3)$ . 列表如下.

| $x$ | $(-\infty,-1)$ | $-1$ | $(-1,3)$ | $3$ | $(3,+\infty)$ |
|---|---|---|---|---|---|
| $f'(x)$ | + | 0 | − | 0 | + |
| $f(x)$ | ↗ | $f(-1)=17$（极大值） | ↘ | $f(3)=-47$（极小值） | ↗ |

（2）$f'(x) = 2(x-5)\sqrt[3]{(x+1)^2}+(x-5)^2\dfrac{2}{3}(x+1)^{-\frac{1}{3}}$

$$= \frac{2}{3}\frac{x-5}{\sqrt[3]{x+1}}[3(x+1)+x-5] = \frac{2}{3}\frac{(x-5)(4x-2)}{\sqrt[3]{x+1}}$$

$$= \frac{4}{3}\frac{(2x-1)(x-5)}{\sqrt[3]{x+1}}.$$

列表如下.

| $x$ | $(-\infty,-1)$ | $-1$ | $\left(-1,\dfrac{1}{2}\right)$ | $\dfrac{1}{2}$ | $\left(\dfrac{1}{2},5\right)$ | $5$ | $(5,+\infty)$ |
|---|---|---|---|---|---|---|---|
| $f'(x)$ | $-$ | 不存在 | $+$ | $0$ | $-$ | $0$ | $+$ |
| $f(x)$ | ↘ | $f(-1)=0$ （极小值） | ↗ | $f\left(\dfrac{1}{2}\right)=\dfrac{81}{8}\sqrt[3]{18}$ （极大值） | ↘ | $f(5)=0$ （极小值） | ↗ |

（3）$f(x)=\dfrac{x}{\ln x}$ 的定义域为 $x>0$ 且 $x\neq 1$，$f'(x)=\dfrac{\ln x-1}{\ln^2 x}$．列表如下.

| $x$ | $(0,1)\cup(1,e)$ | $e$ | $(e,+\infty)$ |
|---|---|---|---|
| $f'(x)$ | $-$ | $0$ | $+$ |
| $f(x)$ | ↘ | $f(e)=e$ （极小值） | ↗ |

32. **解**　$\lim\limits_{x\to 0^+}f(x)=\lim\limits_{x\to 0^+}x\ln x=\lim\limits_{x\to 0^+}\dfrac{\ln x}{\dfrac{1}{x}}=\lim\limits_{x\to 0^+}\dfrac{\dfrac{1}{x}}{-\dfrac{1}{x^2}}=\lim\limits_{x\to 0^+}(-x)=0$．

$\lim\limits_{x\to 0^-}f(x)=\lim\limits_{x\to 0^-}x=0=f(0)$，所以 $f(x)$ 是连续函数．

当 $x>0$ 时，$f'(x)=(x\ln x)'=\ln x+1$；当 $x<0$ 时，$f'(x)=1>0$，所以 $x=0$，$x=\mathrm{e}^{-1}$ 是极值嫌疑点. 列表如下.

| $x$ | $(-\infty,0)$ | $0$ | $(0,\mathrm{e}^{-1})$ | $\mathrm{e}^{-1}$ | $(\mathrm{e}^{-1},+\infty)$ |
|---|---|---|---|---|---|
| $f'(x)$ | $+$ | 不存在 | $-$ | $0$ | $+$ |
| $f(x)$ | ↗ | $f(0)=0$ （极大值） | ↘ | $f(\mathrm{e}^{-1})=-\mathrm{e}^{-1}$ （极小值） | ↗ |

33. **解**　（1）由极值定义，显然 A 和 B 错误.

在 $\cup(x_0)$ 内，有 $f(x)\leqslant f(x_0)$，当 $x\neq x_0$ 时，$\lim\limits_{t\to x_0}\dfrac{f(t)-f(x)}{(t-x)^2}=\dfrac{f(x_0)-f(x)}{(x_0-x)^2}\geqslant 0$，

故 C 成立.

（2）由 $\lim\limits_{x\to 0}\dfrac{f(x)}{x^3}=1$ 可知 $f(0)=0$. 因为

$$f'(0)=\lim\limits_{x\to 0}\dfrac{f(x)-f(0)}{x}=\lim\limits_{x\to 0}\dfrac{f(x)}{x}=\lim\limits_{x\to 0}\dfrac{f(x)}{x^3}x^2=0,$$

所以 $x=0$ 是 $f(x)$ 的驻点.

由极限的保序性知，在 $x=0$ 的某邻域内 $\dfrac{f(x)-f(0)}{x}>0$，故

当 $x<0$ 时，$f(x)-f(0)<0$，即 $f(x)<f(0)$；
当 $x>0$ 时，$f(x)-f(0)>0$，即 $f(x)>f(0)$.
可见，$f(0)$ 不是极值，$x=0$ 不是极值点.
选择 B.

34. **解**　（1）在 $(0,4)$ 内 $y'=1+\dfrac{1}{\sqrt{x}}>0$，即 $y=x+2\sqrt{x}$ 在 $(0,4)$ 内单调递增，所以

$y|_{x=4}=4+2\sqrt{4}=8$ 是最大值；$y|_{x=0}=0$ 是最小值.

（2）$y' = e^{x\ln x}(1 + \ln x)$，则 $x = \dfrac{1}{e}$ 为驻点.

在区间 $\left(0.1, \dfrac{1}{e}\right)$ 内，$y' < 0$；在区间 $\left(\dfrac{1}{e}, 1\right)$ 内，$y' > 0$，故 $y|_{x=\frac{1}{e}} = e^{-\frac{1}{e}}$ 为最小值；而

$y|_{x=0.1} = 0.1^{0.1} < 1 = y|_{x=1}$，所以 $y|_{x=1} = 1$ 为最大值.

35. **解**　（1）$y' = 2x - 2x^3$，$y'' = 2 - 6x^2 = 2(1 - 3x^2)$. 列表如下.

| $x$ | $\left(-\infty, -\dfrac{\sqrt{3}}{3}\right)$ | $-\dfrac{\sqrt{3}}{3}$ | $\left(-\dfrac{\sqrt{3}}{3}, \dfrac{\sqrt{3}}{3}\right)$ | $\dfrac{\sqrt{3}}{3}$ | $\left(\dfrac{\sqrt{3}}{3}, +\infty\right)$ |
|---|---|---|---|---|---|
| $y''$ | $-$ | $0$ | $+$ | $0$ | $-$ |
| $y$ | 上凸 | $\left(-\dfrac{\sqrt{3}}{3}, \dfrac{23}{18}\right)$ 拐点 | 下凸 | $\left(\dfrac{\sqrt{3}}{3}, \dfrac{23}{18}\right)$ 拐点 | 上凸 |

上凸区间：$\left(-\infty, -\dfrac{\sqrt{3}}{3}\right)$，$\left(\dfrac{\sqrt{3}}{3}, +\infty\right)$. 下凸区间：$\left(-\dfrac{\sqrt{3}}{3}, \dfrac{\sqrt{3}}{3}\right)$.

拐点：$\left(-\dfrac{\sqrt{3}}{3}, \dfrac{23}{18}\right)$，$\left(\dfrac{\sqrt{3}}{3}, \dfrac{23}{18}\right)$.

（2）$y' = \dfrac{2x}{1 + x^2}$，$y'' = \dfrac{2(1 + x^2) - 4x^2}{(1 + x^2)^2} = \dfrac{2(1 - x^2)}{(1 + x^2)^2}$. 列表如下.

| $x$ | $(-\infty, -1)$ | $-1$ | $(-1, 1)$ | $1$ | $(1, +\infty)$ |
|---|---|---|---|---|---|
| $y''$ | $-$ | $0$ | $+$ | $0$ | $-$ |
| $y$ | 上凸 | $(-1, \ln 2)$ 拐点 | 下凸 | $(1, \ln 2)$ 拐点 | 上凸 |

上凸区间：$(-\infty, -1)$，$(1, +\infty)$. 下凸区间：$(-1, 1)$. 拐点：$(-1, \ln 2)$，$(1, \ln 2)$.

（3）在 $x = 1$ 处该函数连续，当 $x > 1$ 时，$y' = \dfrac{1}{x} - 1$，$y'' = -\dfrac{1}{x^2} < 0$，即在 $(1, +\infty)$ 内是上凸的；当 $x < 1$ 时，$y' = 2x - 2$，$y'' = 2 > 0$，即在 $(-\infty, 1)$ 内是下凸的. 因此，上凸区间为 $(1, +\infty)$，下凸区间为 $(-\infty, 1)$，拐点为 $(1, -1)$.

（4）$y = x|x| = \begin{cases} x^2, & x \geq 0; \\ -x^2, & x < 0. \end{cases}$ 显然此函数在 $x = 0$ 处连续，当 $x > 0$ 时，$y'' = 2 > 0$；当 $x < 0$

时，$y'' = -2 < 0$. 故上凸区间为 $(-\infty, 0)$，下凸区间为 $(0, +\infty)$，拐点为 $(0, 0)$.

36. **解**　$y'_x = \dfrac{y'_t}{x'_t} = \dfrac{3 + 3t^2}{2t} = \dfrac{3}{2}\left(\dfrac{1}{t} + t\right)$，$y''_x = \dfrac{(y'_x)'_t}{x'_t} = \dfrac{\dfrac{3}{2}\left(-\dfrac{1}{t^2} + 1\right)}{2t} = \dfrac{3}{4t^3}(t^2 - 1)$.

当 $t = \pm 1$ 时，$x = 1$，$y''_x = 0$；

当 $t = 0$ 时，$y''_x$ 不存在；

当 $0 < t < 1$ 时，$0 < x < 1$，$y''_x < 0$；

当 $t > 1$ 时，$x > 1$，$y''_x > 0$.

所以，当 $t = 1$（此时 $x = 1$，$y = 4$）时，点 $(1, 4)$ 为拐点.

当 $-1 < t < 0$ 时，$0 < x < 1$，$y''_x > 0$；当 $t < -1$ 时，$x > 1$，$y''_x < 0$. 所以，当 $t = -1$（此时 $x = 1$，

$y = -4$），点 $(1, -4)$ 是拐点.

（注：当 $t = 0$ 时，点 $(0, 0)$ 是 $y = y(x)$ 的端点，即点 $(0, 0)$ 不是拐点. ）

**37. 解**   $y' = 3ax^2 + 2bx$，$y'' = 6ax + 2b$，则由 $\begin{cases} a + b = 3, \\ 6a + 2b = 0 \end{cases}$ 解得 $a = -\dfrac{3}{2}$，$b = \dfrac{9}{2}$.

于是 $y'' = -9x + 9 = 9(1 - x)$.

当 $x > 1$ 时，$y'' < 0$；当 $x < 1$ 时，$y'' > 0$. 所以当 $a = -\dfrac{3}{2}$，$b = \dfrac{9}{2}$ 时，点 $(1, 3)$ 是 $y = ax^3 + bx^2$ 的拐点.

**38. 解**   由 $f'' + f'^2 = x$，得 $f'' = x - f'^2$，$f''' = 1 - 2f'f''$.

因此，$f''(0) = 0 - [f'(0)]^2 = 0$，$f'''(0) = 1 - 2f'(0)f''(0) = 1$.

由结论易知 $f(0)$ 不是极值，点 $(0, f(0))$ 为拐点. 故选 C.

**39. 解**   （1）由 $\lim\limits_{x \to b} y = \lim\limits_{x \to b} \left[ \dfrac{a}{(x-b)^2} + c \right] = \infty$，知 $x = b$ 是铅直渐近线.

由 $\lim\limits_{x \to \infty} \left[ \dfrac{a}{(x-b)^2} + c \right] = c$，知 $y = c$ 是水平渐近线.

（2）由 $\lim\limits_{x \to 0^+} y = \lim\limits_{x \to 0^+} \left[ x + \dfrac{1}{x} \ln x \right] = -\infty$，知 $x = 0$ 是铅直渐近线.

由

$$a = \lim_{x \to +\infty} \frac{y}{x} = \lim_{x \to +\infty} \left( 1 + \frac{1}{x^2} \ln x \right) = 1, \quad b = \lim_{x \to +\infty} (y - ax) = \lim_{x \to +\infty} \frac{\ln x}{x} = 0,$$

知 $y = x$ 是斜渐近线.

（3）曲线 $y^2(x^2 + 1) = x^2(x^2 - 1)$ 是由两条曲线 $y = x\sqrt{\dfrac{x^2 - 1}{x^2 + 1}}$ 与 $y = -x\sqrt{\dfrac{x^2 - 1}{x^2 + 1}}$ 组成的. 对于

$y = x\sqrt{\dfrac{x^2 - 1}{x^2 + 1}}$，因为

$$a = \lim_{x \to \infty} \frac{y}{x} = \lim_{x \to \infty} \sqrt{\frac{x^2 - 1}{x^2 + 1}} = \lim_{x \to \infty} \sqrt{\frac{1 - \dfrac{1}{x^2}}{1 + \dfrac{1}{x^2}}} = 1,$$

$$b = \lim_{x \to \infty} (y - ax) = \lim_{x \to \infty} \left( x\sqrt{\frac{x^2 - 1}{x^2 + 1}} - x \right) = \lim_{x \to \infty} \frac{x}{\sqrt{x^2 + 1}} (\sqrt{x^2 - 1} - \sqrt{x^2 + 1})$$

$$= \lim_{x \to \infty} \frac{x}{\sqrt{x^2 + 1}} \frac{-2}{\sqrt{x^2 - 1} + \sqrt{x^2 + 1}} = 0,$$

所以，$y = x$ 是 $y = x\sqrt{\dfrac{x^2 - 1}{x^2 + 1}}$ 的斜渐近线.

类似可求 $y = -x$ 是 $y = -x\sqrt{\dfrac{x^2 - 1}{x^2 + 1}}$ 的斜渐近线.

（4）由 $\lim\limits_{x\to\left(-\frac{1}{e}\right)^-} y = \lim\limits_{x\to\left(-\frac{1}{e}\right)^-} x\ln\left(e+\frac{1}{x}\right) = +\infty$，知 $x = -\dfrac{1}{e}$ 是铅直渐近线. 因为

$$a = \lim_{x\to\infty}\frac{y}{x} = \lim_{x\to\infty}\ln\left(e+\frac{1}{x}\right) = \ln e = 1,$$

$$b = \lim_{x\to\infty}(y-ax) = \lim_{x\to\infty}\left[x\ln\left(e+\frac{1}{x}\right)-x\right] = \lim_{x\to\infty}\frac{\ln\left(e+\frac{1}{x}\right)-1}{\frac{1}{x}}$$

$$= \lim_{x\to\infty}\frac{\dfrac{1}{e+\dfrac{1}{x}}\left(-\dfrac{1}{x^2}\right)}{-\dfrac{1}{x^2}} = \lim_{x\to\infty}\frac{1}{e+\dfrac{1}{x}} = \frac{1}{e},$$

所以，$y = x+\dfrac{1}{e}$ 是斜渐近线.

**40. 解**　（1）$y = \sqrt[3]{x^2}+2$ 是偶函数，在 $(-\infty,+\infty)$ 内连续，有

$$y' = \frac{2}{3}\frac{1}{\sqrt[3]{x}}, \quad y'' = -\frac{2}{9}\frac{1}{\sqrt[3]{x^4}} < 0.$$

列表如下. 图形如右图所示.

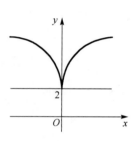

| $x$ | $(-\infty,0)$ | $0$ | $(0,+\infty)$ |
|---|---|---|---|
| $y'$ | $-$ | 不存在 | $+$ |
| $y''$ | $-$ | 不存在 | $-$ |
| $y$ | ↘ | 2（极小值） | ↗ |

（2）定义域为 $(-\infty,0)\cup(0,+\infty)$，而 $\lim\limits_{x\to 0^+} y = \lim\limits_{x\to 0^+} e^{-\frac{1}{x}} = 0$，又有

$$y' = \frac{1}{x^2}e^{-\frac{1}{x}} > 0, \quad y'' = -\frac{2}{x^3}e^{-\frac{1}{x}}+\frac{1}{x^4}e^{-\frac{1}{x}} = \frac{1-2x}{x^4}e^{-\frac{1}{x}}.$$

由 $\lim\limits_{x\to 0^-} y = \lim\limits_{x\to 0^-} e^{-\frac{1}{x}} = +\infty$，知 $x = 0$ 是铅直渐近线，

由 $\lim\limits_{x\to\infty} e^{-\frac{1}{x}} = e^0 = 1$，知 $y = 1$ 是水平渐近线.

列表如下. 图形如右图所示.

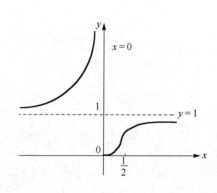

| $x$ | $(-\infty,0)$ | $0$ | $\left(0,\frac{1}{2}\right)$ | $\frac{1}{2}$ | $\left(\frac{1}{2},+\infty\right)$ |
|---|---|---|---|---|---|
| $y'$ | $+$ | 不存在 | $+$ | $+$ | $+$ |
| $y''$ | $+$ | 不存在 | $+$ | $0$ | $-$ |
| $y$ | ↗ | 间断点 | ↗ | $\left(\frac{1}{2},e^{-2}\right)$ 拐点 | ↗ |

（3）定义域 $(-\infty,1)\cup(1,+\infty)$，而 $y|_{x=-1} = 0$，

$$y' = \frac{3(x+1)^2(x-1)^2 - 2(x-1)(x+1)^3}{(x-1)^4} = \frac{(x+1)^2(x-5)}{(x-1)^3}, \qquad y'' = \frac{24(x+1)}{(x-1)^4}.$$

由 $\lim\limits_{x \to 1} y = \lim\limits_{x \to 1} \dfrac{(x+1)^3}{(x-1)^2} = +\infty$，知 $x=1$ 是铅直渐近线，因为

$$a = \lim_{x \to \infty} \frac{y}{x} = \lim_{x \to \infty} \frac{(x+1)^3}{x(x-1)^2} = \lim_{x \to \infty} \frac{\left(1+\dfrac{1}{x}\right)^3}{\left(1-\dfrac{1}{x}\right)^2} = 1,$$

$$b = \lim_{x \to \infty}(y - ax) = \lim_{x \to \infty} \frac{5x^2 + 2x + 1}{(x-1)^2} = \lim_{x \to \infty} \frac{5 + \dfrac{2}{x} + \dfrac{1}{x^2}}{\left(1-\dfrac{1}{x}\right)^2} = 5,$$

所以 $y = x + 5$ 为斜渐近线.

列表如下.

| $x$ | $(-\infty, -1)$ | $-1$ | $(-1, 1)$ | $1$ | $(1, 5)$ | $5$ | $(5, +\infty)$ |
|---|---|---|---|---|---|---|---|
| $y'$ | $+$ | $0$ | $+$ | 不存在 | $-$ | $0$ | $+$ |
| $y''$ | $-$ | $0$ | $+$ | 不存在 | $+$ | $+$ | $+$ |
| $y$ | ⤴ | $(-1, 0)$ 拐点 | ⤴ | 间断点 | ⤵ | $\dfrac{27}{2}$（极小值） | ⤴ |

图形如下图所示.

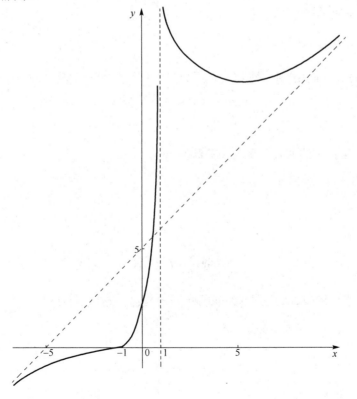

# 第**3**章

## 一元积分学

## 3.1 教学基本要求

1. 理解原函数、不定积分与定积分的概念，了解可积的条件. 掌握定积分的性质.

2. 理解微积分学基本定理，即理解变限积分函数及其求导法，掌握牛顿—莱布尼茨公式.

3. 掌握定积分的换元积分法与分部积分法，了解与奇偶函数、周期函数等定积分相关的公式.

4. 了解反常积分的概念，并会计算反常积分.

5. 了解定积分的近似计算，掌握用定积分表达和计算一些几何量（如平面区域的面积、平面曲线的弧长、旋转体的体积、已知平行截面面积的立体的体积等）.

## 3.2 内 容 总 结

### 3.2.1 基本概念

**1**. 定积分

设函数 $f(x)$ 在区间 $[a,b]$ 上有定义，用分点

$$a = x_1 < x_2 < \cdots < x_i < x_{i+1} < \cdots < x_n < x_{n+1} = b$$

将区间 $[a,b]$ 分为 $n$ 个小区间 $[x_i, x_{i+1}]$，记 $\Delta x_i = x_{i+1} - x_i$，$\lambda = \max\limits_{1 \leqslant i \leqslant n}\{|\Delta x_i|\}$. 任取 $\xi_i \in [x_i, x_{i+1}]$，$i = 1, 2, \cdots, n$，如果乘积的和式（称为**积分和**）

$$\sum_{i=1}^{n} f(\xi_i)\Delta x_i$$

的极限

$$\lim_{\lambda \to 0} \sum_{i=1}^{n} f(\xi_i)\Delta x_i$$

存在，且此极限值与 $x_i$ 和 $\xi_i$ 的取法无关，则称 $f(x)$ 在区间 $[a,b]$ 上**可积**，并称此极限值为 $f(x)$ 在区间 $[a,b]$ 上（或由 $a$ 到 $b$ 的）**定积分**，记为 $\displaystyle\int_a^b f(x)\mathrm{d}x$，即

$$\int_a^b f(x)\mathrm{d}x = \lim_{\lambda \to 0} \sum_{i=1}^{n} f(\xi_i)\Delta x_i.$$

## 2. 反常积分

（1）设对于任何大于 $a$ 的实数 $b$，$f(x)$ 在 $[a,b]$ 上均可积，则称极限

$$\lim_{b \to +\infty} \int_a^b f(x)\mathrm{d}x$$

为 $f(x)$ 在无穷区间 $[a,+\infty)$ 上的**反常积分**，记为 $\int_a^{+\infty} f(x)\mathrm{d}x$，即

$$\int_a^{+\infty} f(x)\mathrm{d}x = \lim_{b \to +\infty} \int_a^b f(x)\mathrm{d}x.$$

当此极限存在时，则说反常积分 $\int_a^{+\infty} f(x)\mathrm{d}x$ **收敛**（存在），否则说它**发散**.

类似地，定义反常积分

$$\int_{-\infty}^b f(x)\mathrm{d}x = \lim_{a \to -\infty} \int_a^b f(x)\mathrm{d}x,$$

$$\int_{-\infty}^{+\infty} f(x)\mathrm{d}x = \int_{-\infty}^c f(x)\mathrm{d}x + \int_c^{+\infty} f(x)\mathrm{d}x.$$

（2）若对 $\forall \varepsilon > 0$，$f(x)$ 在 $[a+\varepsilon, b]$ 上可积，在 $a$ 点的右邻域内 $f(x)$ 无界（称 $a$ 为瑕点），称极限

$$\lim_{\varepsilon \to 0^+} \int_{a+\varepsilon}^b f(x)\mathrm{d}x$$

为无界函数 $f(x)$ 在 $(a,b]$ 上的反常积分（或**瑕积分**），记为 $\int_a^b f(x)\mathrm{d}x$，即

$$\int_a^b f(x)\mathrm{d}x = \lim_{\varepsilon \to 0^+} \int_{a+\varepsilon}^b f(x)\mathrm{d}x.$$

当此极限存在时，则说反常积分 $\int_a^b f(x)\mathrm{d}x$ **收敛**，否则说它**发散**.

类似地，当 $b$ 为瑕点时，定义反常积分

$$\int_a^b f(x)\mathrm{d}x = \lim_{\varepsilon \to 0^+} \int_a^{b-\varepsilon} f(x)\mathrm{d}x.$$

当 $d \in (a,b)$ 为瑕点时，定义反常积分

$$\int_a^b f(x)\mathrm{d}x = \int_a^d f(x)\mathrm{d}x + \int_a^b f(x)\mathrm{d}x = \lim_{\varepsilon_1 \to 0^+} \int_a^{d-\varepsilon_1} f(x)\mathrm{d}x + \lim_{\varepsilon_2 \to 0^+} \int_{d+\varepsilon_2}^b f(x)\mathrm{d}x,$$

其中，$\varepsilon_1, \varepsilon_2$ 为两个独立的正数.

### 3.2.2 基本理论

定积分的性质（设下面涉及的定积分都存在）如下。

（1）（**有向性**）$\int_b^a f(x)\mathrm{d}x = -\int_a^b f(x)\mathrm{d}x.$

（2）$\int_a^a f(x)\mathrm{d}x = 0.$

（3）$\int_a^b 1\mathrm{d}x = b-a.$

（4）（线性）$\int_a^b [kf(x)+lg(x)]\mathrm{d}x = k\int_a^b f(x)\mathrm{d}x + l\int_a^b g(x)\mathrm{d}x$（$k,l$ 为常数）.

（5）（区间可加性）$\int_a^b f(x)\mathrm{d}x = \int_a^c f(x)\mathrm{d}x + \int_c^b f(x)\mathrm{d}x$（点 $c$ 可在区间 $(a,b)$ 内，也可在其外部）.

（6）（比较性）若 $f(x) \leqslant g(x), x \in [a,b]$，则有

$$\int_a^b f(x)\mathrm{d}x \leqslant \int_a^b g(x)\mathrm{d}x.$$

（7）（估值性）若 $m \leqslant f(x) \leqslant M, x \in [a,b]$，则有

$$m(b-a) \leqslant \int_a^b f(x)\mathrm{d}x \leqslant M(b-a).$$

（8）（绝对值性）$\left| \int_a^b f(x)\mathrm{d}x \right| \leqslant \int_a^b |f(x)|\,\mathrm{d}x$（$a<b$）.

（9）（与积分变量的记号无关性）$\int_a^b f(x)\mathrm{d}x = \int_a^b f(t)\mathrm{d}t$.

（10）（定积分中值定理）设 $f(x) \in C[a,b]$，则至少存在一点 $\xi \in [a,b]$，使得

$$\int_a^b f(x)\mathrm{d}x = f(\xi)(b-a).$$

### 3.2.3 基本方法

#### 1. 变限积分函数求导公式

若 $f(x) \in C[a,b]$，则变上限定积分函数 $\Phi(x) = \int_a^x f(t)\mathrm{d}t \in C^1[a,b]$，且

$$\Phi'(x) = \frac{\mathrm{d}}{\mathrm{d}x} \int_a^x f(t)\mathrm{d}t = f(x),$$

即 $\int_a^x f(t)\mathrm{d}t$ 是 $f(x)$ 的一个原函数，说明了连续函数必有原函数，在区间 $[a,b]$ 上，有

$$\int f(x)\mathrm{d}x = \int_a^x f(t)\mathrm{d}t + C$$

#### 2. 牛顿—莱布尼茨公式

如果 $F(x)$ 是区间 $[a,b]$ 上连续函数 $f(x)$ 的一个原函数，则

$$\int_a^b f(x)\mathrm{d}x = F(b) - F(a).$$

#### 3. 几个特殊的定积分公式

（1）设 $f(x)$ 在区间 $[-a,a]$ 上可积，则

$$\int_{-a}^a f(x)\mathrm{d}x = \int_0^a [f(x)+f(-x)]\mathrm{d}x.$$

（2）若 $f(x)$ 为可积的奇函数，则 $\int_{-a}^{a} f(x)\mathrm{d}x = 0$.

（3）若 $f(x)$ 为可积的偶函数，则 $\int_{-a}^{a} f(x)\mathrm{d}x = 2\int_{0}^{a} f(x)\mathrm{d}x$.

（4）若 $f(x)$ 是周期为 $T$ 的可积函数，则对任何实数 $a$，有

$$\int_{a}^{a+T} f(x)\mathrm{d}x = \int_{0}^{T} f(x)\mathrm{d}x.$$

### 4. 曲线的弧长和弧微分公式

（1）曲线 $y = f(x)$ 上，点 $A(a, f(a))$ 到点 $M(x, f(x))$ 的弧长为

$$s(x) = \int_{a}^{x} \sqrt{1 + f'^{2}(u)}\,\mathrm{d}u.$$

（2）曲线 $x = x(t),\ y = y(t)$，从 $t_0$ 到 $t$ 的对应点间的弧长为

$$s(t) = \int_{t_0}^{t} \sqrt{x'^{2}(t) + y'^{2}(t)}\,\mathrm{d}t.$$

（3）极坐标系下，曲线 $r = r(\theta)$，从 $\theta = \alpha$ 到 $\theta$ 的对应点间的弧长为

$$s(\theta) = \int_{\alpha}^{\theta} \sqrt{r^{2}(t) + r'^{2}(t)}\,\mathrm{d}t.$$

### 5. 平面区域的面积公式

（1）由不等式组 $\begin{cases} a \leqslant x \leqslant b, \\ y_1(x) \leqslant y \leqslant y_2(x) \end{cases}$ 确定的区域〔（见图 3.1（a）〕的面积为

$$S = \int_{a}^{b} [y_2(x) - y_1(x)]\mathrm{d}x.$$

（2）由不等式组 $\begin{cases} c \leqslant y \leqslant d, \\ x_1(y) \leqslant x \leqslant x_2(y) \end{cases}$ 确定的区域〔见图 3.1（b）〕的面积为

$$S = \int_{c}^{d} [x_2(y) - x_1(y)]\mathrm{d}y.$$

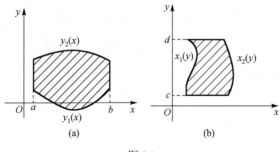

图 3.1

### 6. 已知截面面积的立体的体积与旋转体的体积公式

（1）位于区间 $[a, b]$ 上，垂直于 $x$ 的截面面积为 $S(x)$ 的立体的体积公式为

$$V = \int_{a}^{b} S(x)\mathrm{d}x.$$

（2）连续曲线 $y=f(x)$ 与直线 $x=a,x=b(a<b)$ 及 $x$ 轴围成的平面区域，绕 $x$ 轴旋转一周形成的旋转体的体积 $V$ 和侧面面积 $S$（见图 3.2）的公式分别为

$$V=\pi\int_{a}^{b}f^{2}(x)\mathrm{d}x,$$

$$S=2\pi\int_{a}^{b}|f(x)|\sqrt{1+f'^{2}(x)}\mathrm{d}x.$$

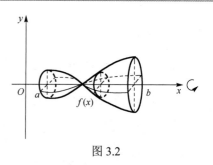

图 3.2

## 3.3 例 题 分 析

【例 3-1】 已知 $f(x)=\dfrac{1}{1+x^{2}}+\sqrt{1-x^{2}}\displaystyle\int_{0}^{1}f(x)\mathrm{d}x$ ，求 $\displaystyle\int_{0}^{1}f(x)\mathrm{d}x$ .

**分析** 定积分是由被积函数和积分区间确定的一个数. 设 $\displaystyle\int_{0}^{1}f(x)\mathrm{d}x=A$ ，将已知等式两边在 $[0,1]$ 上积分，得

$$A=\frac{\pi}{4}+\frac{\pi}{4}A,$$

故 $A=\dfrac{\pi}{4-\pi}$ .

【注】 若要解出 $f(x)$ ，由上面的运算知 $f(x)=\dfrac{1}{1+x^{2}}+\dfrac{\pi}{4-\pi}\sqrt{1-x^{2}}$ .

【例 3-2】 曲线 $y=x(x-1)(2-x)$ 与 $x$ 轴所围图形的面积可表示为（　　）.

（A） $-\displaystyle\int_{0}^{2}x(x-1)(2-x)\mathrm{d}x$ 　　　　　　（B） $\displaystyle\int_{0}^{2}x(x-1)(2-x)\mathrm{d}x$

（C） $\displaystyle\int_{0}^{1}x(x-1)(2-x)\mathrm{d}x-\int_{1}^{2}x(x-1)(2-x)\mathrm{d}x$

（D） $-\displaystyle\int_{0}^{1}x(x-1)(2-x)\mathrm{d}x+\int_{1}^{2}x(x-1)(2-x)\mathrm{d}x$

**分析** $y(x)$ 有三个零点 $x=0,x=1,x=2$（$y(x)$ 与 $x$ 轴的交点），可见图形在 $0\leqslant x\leqslant 2$ 范围内，$y(x)\in C[0,2]$. 根据定积分的几何意义，此面积用定积分表示为 $\displaystyle\int_{0}^{2}|y(x)|\mathrm{d}x$ . 还要分析出 $y(x)$ 的符号，当 $0<x<1$ 时，$y(x)<0$；当 $1<x<2$ 时，$y(x)>0$.

应选 D.

【例 3-3】 已知 $f(x)=\begin{cases}x^{2}, & -1\leqslant x\leqslant 1;\\ 2-x, & 1<x\leqslant 2.\end{cases}$ 设 $F(x)=\displaystyle\int_{0}^{x}f(t)\mathrm{d}t,\ -1\leqslant x\leqslant 2$ ，则 $F(x)$ 等于（　　）.

（A） $\begin{cases}0, & -1\leqslant x\leqslant 1;\\ -\dfrac{7}{6}+2x-\dfrac{x^{2}}{2}, & 1<x\leqslant 2\end{cases}$ 　　　　（B） $\begin{cases}\dfrac{x^{3}}{3}, & -1\leqslant x\leqslant 1;\\ -\dfrac{7}{6}+2x-\dfrac{x^{2}}{2}, & 1<x\leqslant 1\end{cases}$

$$(C) \begin{cases} \dfrac{2x^3}{3}, & -1 \leqslant x \leqslant 1; \\ 2x - \dfrac{x^2}{2}, & 1 < x \leqslant 2 \end{cases} \qquad (D) \begin{cases} \dfrac{x^3}{3}, & -1 \leqslant x \leqslant 1; \\ -\dfrac{3}{2} + 2x - \dfrac{x^2}{2}, & 1 < x \leqslant 2 \end{cases}$$

**分析** $F(x)$ 是分段函数 $f(x)$ 的一个变上限定积分. 当积分区间跨越分段点 $x = 1$ 时,要根据定积分的区间可加性分段用牛顿—莱布尼茨公式计算.

当 $-1 \leqslant x \leqslant 1$ 时,$F(x) = \displaystyle\int_0^x t^2 \mathrm{d}t = \dfrac{x^3}{3}$.

当 $1 < x \leqslant 2$ 时,

$$F(x) = \int_0^1 t^2 \mathrm{d}t + \int_1^x (2-t)\mathrm{d}t = \frac{1}{3} + 2x - \frac{x^2}{2} - \frac{3}{2} = -\frac{7}{6} + 2x - \frac{x^2}{2}.$$

应选 B.

**【例 3-4】** 设在闭区间 $[a,b]$ 上,$f(x) > 0$,$f'(x) < 0$,$f''(x) > 0$,令 $S_1 = \displaystyle\int_a^b f(x)\mathrm{d}x$,$S_2 = f(b)(b-a)$,$S_3 = \dfrac{1}{2}[f(a) + f(b)](b-a)$,则( ).

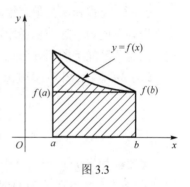

(A) $S_1 < S_2 < S_3$      (B) $S_2 < S_1 < S_3$

(C) $S_3 < S_1 < S_2$      (D) $S_2 < S_3 < S_1$

**分析** 在 $[a,b]$ 上 $f(x)$ 单调递减,且下凸,$S_1$ 为曲边梯形的面积;$S_2$ 为矩形面积,其高是 $f(x)$ 的最小值;$S_3$ 是分别以 $f(a)$、$f(b)$ 为上、下底,高为 $(b-a)$ 的梯形的面积(见图 3.3). 从几何上不难看出 $S_3 > S_1 > S_2$.

应选 B.

图 3.3

**【例 3-5】** 设 $I_1 = \displaystyle\int_0^{\frac{\pi}{4}} \dfrac{\tan x}{x}\mathrm{d}x$,$I_2 = \displaystyle\int_0^{\frac{\pi}{4}} \dfrac{x}{\tan x}\mathrm{d}x$,则有不等式( ).

(A) $I_1 > I_2 > 1$    (B) $1 > I_1 > I_2$    (C) $I_2 > I_1 > 1$    (D) $I_1 > 1 > I_2$

**分析** 在同一个积分区间上,定积分值的比较取决于被积函数,当 $x \in \left[0, \dfrac{\pi}{4}\right]$ 时,$y = \tan x$ 是下凸的,所以,曲线 $y = \tan x$ 在弦的下方,在切线的上方(见图 3.4). 因此,有

$$\frac{4}{\pi}x > \tan x, \quad x \in \left(0, \frac{\pi}{4}\right),$$

$$\frac{4}{\pi} > \frac{\tan x}{x} > \frac{x}{\tan x}, \quad x \in \left(0, \frac{\pi}{4}\right),$$

故

$$1 = \int_0^{\frac{\pi}{4}} \frac{4}{\pi}\mathrm{d}x > \int_0^{\frac{\pi}{4}} \frac{\tan x}{x}\mathrm{d}x > \int_0^{\frac{\pi}{4}} \frac{x}{\tan x}\mathrm{d}x.$$

应选 B.

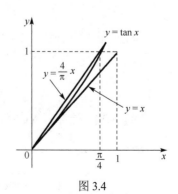

图 3.4

【**例 3-6**】 求 $\int_0^\pi \sqrt{1-\sin x}\mathrm{d}x$.

**解** 因为 $1-\sin x = \sin^2\dfrac{x}{2} + \cos^2\dfrac{x}{2} - 2\sin\dfrac{x}{2}\cos\dfrac{x}{2} = \left(\sin\dfrac{x}{2} - \cos\dfrac{x}{2}\right)^2$，所以

$$\int_0^\pi \sqrt{1-\sin x}\mathrm{d}x = \int_0^\pi \left|\sin\frac{x}{2} - \cos\frac{x}{2}\right|\mathrm{d}x = \int_0^{\frac{\pi}{2}}\left(\cos\frac{x}{2} - \sin\frac{x}{2}\right)\mathrm{d}x + \int_{\frac{\pi}{2}}^\pi \left(\sin\frac{x}{2} - \cos\frac{x}{2}\right)\mathrm{d}x = 4(\sqrt{2}-1).$$

【**例 3-7**】 计算 $\int_{-2}^3 \left|x^2 + 2|x| - 3\right|\mathrm{d}x$.

**解** 因被积函数是偶函数，故

$$\int_{-2}^3 \left|x^2 + 2|x| - 3\right|\mathrm{d}x = 2\int_0^2 \left|x^2 + 2x - 3\right|\mathrm{d}x + \int_2^3 \left|x^2 + 2x - 3\right|\mathrm{d}x.$$

又因为 $x^2 + 2x - 3 = (x-1)(x+3)$，当 $0 < x < 1$ 时为负；当 $x > 1$ 时为正，所以

原式 $= -2\int_0^1 (x^2 + 2x - 3)\mathrm{d}x + 2\int_1^2 (x^2 + 2x - 3)\mathrm{d}x + \int_2^3 (x^2 + 2x - 3)\mathrm{d}x = 16\dfrac{1}{3}.$

【**注**】 当被积函数带有绝对值符号时，要先去掉绝对值符号，根据绝对值内表达式的正负，用分段函数表达被积函数，分区间积分. 另外，若被积函数有奇偶性，可利用奇偶函数在原点对称区间上的积分公式，有时也可消除绝对值符号.

【**例 3-8**】 已知 $x > 0$ 时函数 $f(x) > 0$，且可积，满足关系

$$f^2(x) = \int_0^x f(t)\mathrm{d}t,$$

求 $f(x)$.

**思路** 如果 $f(x)$ 连续，则变限积分函数可导，对给定的关系式两边求导去掉积分符号，解出 $f(x)$，现关键在于 $f(x)$ 是否可导.

**解** 由 $f(x)$ 可积，知它的变限积分函数 $\int_0^x f(t)\mathrm{d}t$ 连续，题设的关系式说明 $f^2(x)$ 连续，又因为 $f(x) > 0$，所以 $f(x)$ 连续，且可导. 将关系式两边对 $x$ 求导得

$$2f(x)f'(x) = f(x).$$

因 $f(x) > 0$，于是有

$$f'(x) = \frac{1}{2}.$$

积分之，得 $f(x) = \dfrac{1}{2}x + C$，由关系式还知 $f(0) = 0$，从而 $C = 0$，即

$$f(x) = \frac{1}{2}x.$$

【**例 3-9**】 计算 $\int_0^6 x\sqrt{6x - x^2}\mathrm{d}x$.

**解**

$$\int_0^6 x\sqrt{6x - x^2}\mathrm{d}x = \int_0^6 x\sqrt{3^2 - (x-3)^2}\mathrm{d}x \xlongequal{\diamond t = x-3} \int_{-3}^3 (t+3)\sqrt{9 - t^2}\mathrm{d}t$$

$$= 6\int_0^3 \sqrt{9-t^2}\,\mathrm{d}t = \frac{27}{2}\pi.$$

【注】　通过变换，将积分化为原点对称区间上奇偶函数的积分，方法很巧妙. 最后用到了圆面积公式.

【例 3-10】　设 $f(x) \in C[a,b]\uparrow$，证明不等式

$$\int_a^b xf(x)\mathrm{d}x \geqslant \frac{a+b}{2}\int_a^b f(x)\mathrm{d}x.$$

证明　考察变限积分函数的最值. 设

$$F(x) = \int_a^x tf(t)\mathrm{d}t - \frac{a+x}{2}\int_a^x f(t)\mathrm{d}t, \quad x \in [a,b].$$

由 $f(x)\uparrow$，有

$$F'(x) = xf(x) - \frac{1}{2}\int_a^x f(t)\mathrm{d}t - \frac{a+x}{2}f(x) = \frac{x-a}{2}f(x) - \frac{1}{2}\int_a^x f(t)\mathrm{d}t$$

$$= \frac{1}{2}\int_a^x [f(x)-f(t)]\mathrm{d}t > 0, \quad x > a,$$

所以 $F(x)\uparrow$. 又 $F(a) = 0$，故

$$F(x) \geqslant F(a) = 0, \quad \text{当 } x \in [a,b].$$

【例 3-11】　曲线 $y = \sqrt{x-1}$ 与其过原点的切线及 $x$ 轴围成的平面区域，记为 $D$. （1）求 $D$ 的面积 $S_D$；（2）求 $D$ 绕 $x$ 轴旋转一周得到的旋转体的体积 $V_x$.

解　设切线方程为 $y = kx$，切点为 $(x_0, y_0)$，则由方程组

$$y_0 = kx_0, \quad y_0 = \sqrt{x_0 - 1}, \quad k = \frac{1}{2\sqrt{x_0 - 1}}$$

解得 $x_0 = 2$，$y_0 = 1$，$k = \dfrac{1}{2}$. 故切线方程为 $y = \dfrac{1}{2}x$

（见图 3.5）.

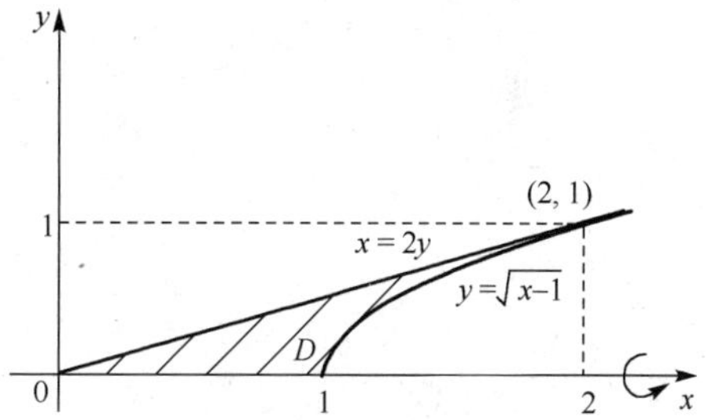

（1）$D$ 的面积为

$$S_D = \int_0^1 (y^2 + 1 - 2y)\mathrm{d}y = \frac{1}{3}.$$

图 3.5

（2）$D$ 绕 $x$ 轴的旋转体的体积为

$$V_x = \frac{2}{3}\pi - \pi\int_1^2 (x-1)\mathrm{d}x = \frac{\pi}{6}.$$

## 3.4　习　　题

1. 比较下列各组积分的大小.

（1）$\displaystyle\int_0^1 x^2\mathrm{d}x$ 与 $\displaystyle\int_0^1 x^3\mathrm{d}x$；

（2）$\displaystyle\int_1^2 x^2\mathrm{d}x$ 与 $\displaystyle\int_1^2 x^3\mathrm{d}x$；

（3）$\int_1^2 \ln x \mathrm{d}x$ 与 $\int_1^2 x \mathrm{d}x$ ；　　　　　　（4）$\int_0^\pi \sin x \mathrm{d}x$ 与 $\int_0^{2\pi} \sin x \mathrm{d}x$ ．

2．求下列函数的导数．

（1）$\int_1^x \dfrac{\sin t}{t} \mathrm{d}t$ $(x>0)$ ；　　　　　（2）$\int_x^0 \sqrt{1+t^4} \mathrm{d}t$ ；

（3）$\int_0^{x^2} \dfrac{t\sin t}{1+\cos^2 t} \mathrm{d}t$ ；　　　　　（4）$\int_x^{x^2} \mathrm{e}^{-t^2} \mathrm{d}t$ ；

（5）$\sin\left(\int_0^x \dfrac{\mathrm{d}t}{1+\sin^2 t}\right)$ ；　　　（6）$\int_0^x xf(t)\mathrm{d}t$ ．

3．求由 $\int_0^y \mathrm{e}^t \mathrm{d}t + \int_0^x \cos t \mathrm{d}t = 0$ 所确定的隐函数 $y$ 关于 $x$ 的导数．

4．求由参数方程 $x = \int_0^{t^2} u\ln u \mathrm{d}u,\ y = \int_{t^2}^1 u^2 \ln u \mathrm{d}u$ 所确定的函数 $y$ 关于 $x$ 的导数．

5．设 $f(x)$ 连续，且 $\int_0^x f(t)\mathrm{d}t = x^2(1+x)$ ，求 $f(x)$ 及 $f(2)$ ．

6．用牛顿—莱布尼茨公式计算下列定积分．

（1）$\int_0^3 2x\mathrm{d}x$ ；　　　　　　　　（2）$\int_0^1 \dfrac{\mathrm{d}x}{1+x^2}$ ；

（3）$\int_0^{\frac{\pi}{2}} \cos x\mathrm{d}x$ ；　　　　　　　（4）$\int_1^0 \mathrm{e}^x \mathrm{d}x$ ；

（5）$\int_{\frac{\pi}{4}}^{\frac{\pi}{2}} \dfrac{\mathrm{d}x}{\sin^2 x}$ ；　　　　　　（6）$\int_{-\frac{1}{2}}^{\frac{1}{2}} \dfrac{\mathrm{d}x}{\sqrt{1-x^2}}$ ；

（7）$\int_1^2 \dfrac{\mathrm{d}x}{x+x^3}$ ；　　　　　　　（8）$\int_1^\mathrm{e} \dfrac{1+\ln x}{x} \mathrm{d}x$ ．

7．设 $f(x) = \begin{cases} x^2, & 0 \leqslant x < 1; \\ 1+x, & 1 \leqslant x \leqslant 2. \end{cases}$ 求 $\int_{\frac{1}{2}}^{\frac{3}{2}} f(x)\mathrm{d}x$ ．

8．已知 $f(x) \in C[-1,1]$ ，$f(x) = 3x - \sqrt{1-x^2}\int_0^1 f^2(x)\mathrm{d}x$ ，求 $f(x)$ ．

9．讨论下列反常积分的敛散性，若收敛，求其值．

（1）$\int_1^\infty \dfrac{1}{x^4}\mathrm{d}x$ ；　　　　　　　（2）$\int_{-\infty}^{+\infty} \dfrac{\mathrm{d}x}{x^2+2x+2}$ ；

（3）$\int_{-2}^2 \dfrac{\mathrm{d}x}{x^2-1}$ ；　　　　　　（4）$\int_0^2 \dfrac{\mathrm{d}x}{x\ln x}$ ．

10．求曲线 $ax = y^2$ 及 $ay = x^2$ 围成图形的面积 $(a>0)$ ．

11．求曲线 $y = x(x-1)(x-2)$ 和 $x$ 轴围成图形的面积．

12．求摆线 $x = a(t-\sin t),\ y = a(1-\cos t)$ 的一拱与 $x$ 轴围成图形的面积．

13．求曲线 $y = \ln(1-x^2)$ 在区间 $\left[0,\dfrac{1}{2}\right]$ 上的弧长．

## 3.5　习题解答

**1. 解**　（1）当 $x \in (0,1)$ 时，$x^3 < x^2$，所以 $\int_0^1 x^2 \mathrm{d}x > \int_0^1 x^3 \mathrm{d}x$.

（2）当 $x \in (1,2)$ 时，$x^2 < x^3$，所以 $\int_1^2 x^2 \mathrm{d}x < \int_1^2 x^3 \mathrm{d}x$.

（3）当 $x \in (1,2)$ 时，$\ln x < x$，所以 $\int_1^2 \ln x \mathrm{d}x < \int_1^2 x \mathrm{d}x$.

（4）$\int_0^{2\pi} \sin x \mathrm{d}x = \int_0^{\pi} \sin x \mathrm{d}x + \int_{\pi}^{2\pi} \sin x \mathrm{d}x$，又当 $x \in (\pi, 2\pi)$ 时，$\sin x < 0$，故

$$\int_0^{2\pi} \sin x \mathrm{d}x < \int_0^{\pi} \sin x \mathrm{d}x.$$

**2. 解**　（1）$\left( \int_1^x \dfrac{\sin t}{t} \mathrm{d}t \right)' = \dfrac{\sin x}{x}$.

（2）$\left( \int_x^0 \sqrt{1+t^4} \mathrm{d}t \right)' = \left( -\int_0^x \sqrt{1+t^4} \mathrm{d}t \right)' = -\sqrt{1+x^4}$.

（3）$\left( \int_0^{x^2} \dfrac{t\sin t \mathrm{d}t}{1+\cos^2 t} \right)' = \dfrac{x^2 \sin x^2}{1+\cos^2 x^2}(x^2)' = \dfrac{2x^3 \sin x^2}{1+\cos^2 x^2}$.

（4）$\left( \int_x^{x^2} \mathrm{e}^{-t^2} \mathrm{d}t \right)' = \left( \int_0^{x^2} \mathrm{e}^{-t^2} \mathrm{d}t - \int_0^x \mathrm{e}^{-t^2} \mathrm{d}t \right)' = 2x\mathrm{e}^{-x^4} - \mathrm{e}^{-x^2}$.

（5）$\left( \sin\left( \int_0^x \dfrac{\mathrm{d}t}{1+\sin^2 t} \right) \right)' = \cos\left( \int_0^x \dfrac{\mathrm{d}t}{1+\sin^2 t} \right) \cdot \dfrac{1}{1+\sin^2 x}$.

（6）$\left( \int_0^x xf(t)\mathrm{d}t \right)' = \left( x\int_0^x f(t)\mathrm{d}t \right)' = xf(x) + \int_0^x f(t)\mathrm{d}t$.

**3. 解**　对方程两边关于 $x$ 求导，得

$$\mathrm{e}^{y^2} \dfrac{\mathrm{d}y}{\mathrm{d}x} + \cos x = 0, \quad \dfrac{\mathrm{d}y}{\mathrm{d}x} = -\mathrm{e}^{-y^2} \cos x.$$

**4. 解**　$\dfrac{\mathrm{d}y}{\mathrm{d}x} = \dfrac{y_t'}{x_t'} = \dfrac{\left( \int_{t^2}^1 u^2 \ln u \mathrm{d}u \right)'}{\left( \int_0^{t^2} u\ln u \mathrm{d}u \right)'} = \dfrac{-2t \cdot t^4 \ln t^2}{2t \cdot t^2 \ln t^2} = -t^2$.

**5. 解**　对方程两边关于 $x$ 求导，得

$$f(x) = 2x + 3x^2, \quad f(2) = 2 \times 2 + 3 \times 2^2 = 16.$$

**6. 解**　（1）$\int_0^3 2x \mathrm{d}x = x^2 \Big|_0^3 = 9$.　　　　（2）$\int_0^1 \dfrac{\mathrm{d}x}{1+x^2} = \arctan x \Big|_0^1 = \dfrac{\pi}{4}$.

（3）$\int_0^{\frac{\pi}{2}} \cos x dx = \sin x \Big|_0^{\frac{\pi}{2}} = 1.$

（4）$\int_1^0 e^x dx = e^x \Big|_1^0 = 1 - e.$

（5）$\int_{\frac{\pi}{4}}^{\frac{\pi}{2}} \frac{dx}{\sin^2 x} = -\cot x \Big|_{\frac{\pi}{4}}^{\frac{\pi}{2}} = 1.$

（6）$\int_{-\frac{1}{2}}^{\frac{1}{2}} \frac{dx}{\sqrt{1-x^2}} = \arcsin x \Big|_{-\frac{1}{2}}^{\frac{1}{2}} = \frac{\pi}{3}.$

（7）$\int_1^2 \frac{dx}{x+x^3} = \int_1^2 \left( \frac{1}{x} - \frac{x}{1+x^2} \right) dx = \ln x \Big|_1^2 - \frac{1}{2} \ln(1+x^2) \Big|_1^2 = \frac{1}{2} \ln \frac{8}{5}.$

（8）$\int_1^e \frac{1+\ln x}{x} dx = \int_1^e \frac{1}{x} dx + \int_1^e \frac{\ln x}{x} dx = \ln x \Big|_1^e + \frac{1}{2} \ln^2 x \Big|_1^e = \frac{3}{2}.$

**7. 解**　$\int_{\frac{1}{2}}^{\frac{3}{2}} f(x) dx = \int_{\frac{1}{2}}^1 f(x) dx + \int_1^{\frac{3}{2}} f(x) dx = \int_{\frac{1}{2}}^1 x^2 dx + \int_1^{\frac{3}{2}} (1+x) dx = \frac{17}{12}.$

**8. 解**　定积分是个数，记 $\int_0^1 f^2(x) dx = k$ ，则 $f(x) = 3x - k\sqrt{1-x^2}$ ，

$$f^2(x) = 9x^2 - 6kx\sqrt{1-x^2} + k^2(1-x^2),$$

$$k = \int_0^1 f^2(x) dx = \int_0^1 [9x^2 - 6kx\sqrt{1-x^2} + k^2(1-x^2)] dx = 3 - 2k + \frac{2}{3}k^2.$$

因为 $2k^2 - 9k + 9 = 0$，　$k = 3$ 或 $k = \frac{3}{2}$，　所以 $f(x) = 3x - \frac{3}{2}\sqrt{1-x^2}$ 或 $f(x) = 3x - 3\sqrt{1-x^2}$.

**9. 解**　（1）$\int_1^\infty \frac{1}{x^4} dx = -\frac{1}{3} x^{-3} \Big|_1^{+\infty} = \frac{1}{3}.$

（2）$\int_{-\infty}^{+\infty} \frac{dx}{x^2+2x+2} = \int_{-\infty}^{+\infty} \frac{d(1+x)}{1+(1+x)^2} = \arctan(1+x) \Big|_{-\infty}^{+\infty} = \pi.$

（3）$\int_{-2}^2 \frac{dx}{x^2-1}$，因 $\int_0^1 \frac{dx}{x^2-1} = \frac{1}{2} \ln \frac{x-1}{x+1} \Big|_0^1 = -\infty$，故 $\int_{-2}^2 \frac{dx}{x^2-1}$ 发散.

（4）$\int_0^2 \frac{dx}{x\ln x}$，$x=1$，$x=0$ 是瑕点，因 $\int_1^2 \frac{dx}{x\ln x} = \ln|\ln x| \Big|_1^2 = +\infty$，故 $\int_0^2 \frac{dx}{x\ln x}$ 发散.

**10. 解**　二曲线的交点为 $(0,0),(a,a)$ ，图形如右图所示，故

$$S = \int_0^a \left( \sqrt{ax} - \frac{x^2}{a} \right) dx$$

$$= \left( \frac{2}{3} \sqrt{a} x^{\frac{3}{2}} - \frac{x^3}{3a} \right) \Big|_0^a = \frac{a^2}{3}.$$

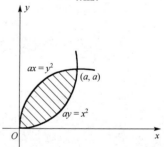

**11. 解**　由右图知

$$S = \int_0^1 x(x-1)(x-2) dx + \int_1^2 -x(x-1)(x-2) dx$$

$$= \frac{1}{2}.$$

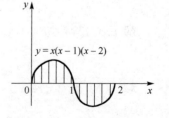

12. **解**　由右图可知

$$S = \int_0^{2\pi a} y \mathrm{d}x = \int_0^{2\pi} y(t) \cdot x'(t) \mathrm{d}t$$

$$= \int_0^{2\pi} a^2 (1 - \cos t)^2 \mathrm{d}t$$

$$= a^2 \int_0^{2\pi} (1 - 2\cos t + \cos^2 t)\, \mathrm{d}t$$

$$= a^2 \left[ t - 2\sin t + \frac{t}{2} - \frac{1}{4}\sin 2t \right]_0^{2\pi} = 3a^2\pi.$$

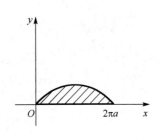

13. **解**　由 $y' = -\dfrac{2x}{1 - x^2}$,　$\sqrt{1 + y'^2} = \sqrt{1 + \dfrac{4x^2}{(1 - x^2)^2}} = \dfrac{1 + x^2}{1 - x^2}$,

有 $\displaystyle\int_0^{\frac{1}{2}} \sqrt{1 + y'^2}\,\mathrm{d}x = \int_0^{\frac{1}{2}} \frac{1 + x^2}{1 - x^2}\,\mathrm{d}x = \int_0^{\frac{1}{2}} \left(-1 + \frac{2}{1 - x^2}\right)\mathrm{d}x = \left(-x + \ln\frac{1 + x}{1 - x}\right)_0^{\frac{1}{2}} = \ln 3 - \frac{1}{2}$, 故 $\ln 3 - \dfrac{1}{2}$ 为所求弧长.

# 第4章

## 无穷级数

## 4.1 教学基本要求

1. 理解常数项级数的收敛、发散以及收敛级数的概念，掌握级数的基本性质及收敛的必要条件.

2. 掌握等比级数（几何级数）与 $P$ – 级数的敛散性.

3. 掌握正项级数敛散性的比较判别法和比值判别法，会用根值判别法.

4. 掌握交错级数的 Leibniz 判别法.

5. 理解任意项级数绝对收敛和条件收敛的概念，以及绝对收敛与条件收敛的关系.

6. 了解函数项级数的收敛域及和函数的概念.

7. 掌握幂级数的收敛半径、收敛区间及收敛域的求法.

8. 了解幂级数在收敛区间内的基本运算性质（代数的、分析的），会求一些幂级数在收敛域内的和函数，并会求某些数项级数的和.

9. 了解函数展开为 Taylor 级数的充要条件.

10. 掌握 $e^x$, $\sin x$, $\cos x$, $\ln(1+x)$ 和 $(1+x)^\alpha$ 的 Maclaurin 展开式，会用它们将一些简单函数间接展开成幂级数.了解幂级数在近似计算上的简单应用.

## 4.2 内 容 总 结

### 4.2.1 无穷级数的概念与性质

#### 1. 无穷级数

无穷序列 $\{u_n\}$ 依次用 " + " 符号连接的式子

$$\sum_{n=1}^{\infty} u_n = u_1 + u_2 + \cdots + u_n + \cdots \tag{4.1}$$

称为无穷级数.

#### 2. 收敛与发散

若无穷级数（4.1）的部分和序列 $S_n = u_1 + u_2 + \cdots + u_n$ 有极限，则说无穷级数（4.1）**收敛**，并称此极限值为无穷级数（4.1）的**和**，否则说无穷级数（4.1）**发散**.

$$\sum_{n=1}^{n} u_n \text{ 收敛} \Leftrightarrow \lim_{n\to\infty} S_n \text{ 存在}$$

## 3. 性质

（1）收敛级数具有线性.

$$\sum_{n=1}^{\infty}(au_n \pm bv_n) = a\sum_{n=1}^{\infty}u_n \pm b\sum_{n=1}^{\infty}v_n$$

一个收敛和一个发散的无穷级数，对应项的和（差）构成的无穷级数必发散.

（2）$\sum_{n=1}^{\infty}u_n$ 收敛的必要条件是 $\lim_{n\to\infty}u_n = 0$（$u_n \nrightarrow 0$，级数必发散）.

（3）收敛级数可以任意加括号（发散级数可以任意去掉括号；若加括号后级数发散，则原级数必发散）.

（4）改变有限项，不影响级数敛散性.

### 4. 三个常用的重要级数

（1）等比级数（几何级数）$\sum_{n=0}^{\infty}ar^n(a \neq 0)$，当 $|r| < 1$ 时，收敛；当 $|r| \geq 1$ 时，发散.

（2）$P$ – 级数 $\sum_{n=1}^{\infty}\dfrac{1}{n^p}$，当 $p > 1$ 时，收敛；当 $p \leq 1$ 时，发散（当 $p = 1$ 时，称为调和级数，发散）.

（3）$\sum_{n=2}^{\infty}\dfrac{1}{n(\ln n)^p}$，当 $p > 1$ 时，收敛；当 $p \leq 1$ 时，发散.

## ▶▶ 4.2.2　数项级数的分类及敛散性判别法

### 1. 正项级数 $\sum_{n=1}^{\infty}u_n(u_n > 0)$

（1）正项级数 $\sum_{n=1}^{\infty}u_n$ 收敛 $\Leftrightarrow$ 部分和序列 $\{S_n\}$ 有界.

（2）比较判别法. 设 $\sum_{n=1}^{\infty}u_n$，$\sum_{n=1}^{\infty}v_n$ 为两个正项级数，满足不等式

$$u_n \leq cv_n \quad (n > N, c \text{ 为正的常数}),$$

则当 $\sum_{n=1}^{\infty}v_n$ 收敛时，$\sum_{n=1}^{\infty}u_n$ 也收敛；当 $\sum_{n=1}^{\infty}u_n$ 发散时，$\sum_{n=1}^{\infty}v_n$ 也发散.

（3）比较判别法的极限形式. 设 $\sum_{n=1}^{\infty}u_n$，$\sum_{n=1}^{\infty}v_n$ 为两个正项级数，如果

$$\lim_{n\to\infty}\frac{u_n}{v_n} = c,$$

则当 $0 < c < +\infty$ 时，两级数敛散性相同；当 $c = 0$ 时，若 $\sum_{n=1}^{\infty}v_n$ 收敛，则 $\sum_{n=1}^{\infty}u_n$ 也收敛；当 $c = \infty$

时，若 $\displaystyle\sum_{n=1}^{\infty} v_n$ 发散，则 $\displaystyle\sum_{n=1}^{\infty} u_n$ 也发散.

（4）比值判别法与根值判别法. 正项级数 $\displaystyle\sum_{n=1}^{\infty} u_n$，若

$$\lim_{n\to\infty}\frac{u_{n+1}}{u_n}=\rho \qquad \text{或} \qquad \lim_{n\to\infty}\sqrt[n]{u_n}=\rho,$$

则当 $\rho<1$ 时，级数收敛；当 $\rho>1$（或 $\rho=+\infty$）时，级数发散，且此时有 $\displaystyle\lim_{n\to\infty} u_n \neq 0$.

**2. 任意项级数**

（1）用正项级数敛散性判别法，考察任意项级数的绝对收敛性. 绝对收敛 $\Rightarrow$ 收敛.

（2）对条件收敛和发散的判定.

① 如果用比值判别法或根值判别法判定级数不绝对收敛，则它必发散.

② 交错级数 $\displaystyle\sum_{n=1}^{\infty}(-1)^{n-1} u_n$ 的 Laibniz 判别法. 若

$$\lim_{n\to\infty} u_n = 0 \qquad \text{且} \qquad u_n \geqslant u_{n+1}\ (n=1,\ 2,\ \cdots),$$

则级数收敛，其和 $s \leqslant u_1$，余和 $r_n = s - s_n$，满足 $|r_n| \leqslant u_{n+1}$.

③ 用级数敛散性定义及性质判定.

## 4.2.3　幂级数 $\displaystyle\sum_{n=0}^{\infty} a_n x^n$（$\displaystyle\sum_{n=0}^{\infty} a_n(x-x_0)^n$）

**1. Abel 引理**

如果幂级数 $\displaystyle\sum_{n=0}^{\infty} a_n x^n$ 在点 $x_0(x_0 \neq 0)$ 处收敛，则当 $|x|<|x_0|$ 时，级数绝对收敛；如果在点 $x_0$ 处发散，则当 $|x|>|x_0|$ 时，级数发散.

**2. 幂级数 $\displaystyle\sum_{n=0}^{\infty} a_n x^n$ 的收敛半径、收敛区间、收敛域的求法**

（1）收敛半径的求法有如下几种.

① 用公式

$$R=\lim_{n\to\infty}\left|\frac{a_n}{a_{n+1}}\right| \qquad \text{或} \qquad R=\lim_{n\to\infty}\frac{1}{\sqrt[n]{a_n}}.$$

② 作变换或直接利用数项级数的比值判别法、根值判别法.

③ 利用幂级数的运算性质（逐项积分、微分后的级数收敛半径不变）.

④ 利用 Abel 引理.

（2）收敛区间为 $(-R,\ R)$（$\displaystyle\sum_{n=1}^{\infty} a_n(x-x_0)^n$ 的收敛区间为 $(x_0-R,\ x_0+R)$），在收敛区间内

幂级数绝对收敛. 使幂级数条件收敛的点（如果有）只能是收敛区间的端点.

（3）当 $0 < R < +\infty$ 时，还要讨论收敛区间端点 $x = \pm R$ 处级数的敛散性，来确定收敛域，当 $R = 0$ 或 $R = +\infty$ 时，收域区间就是收敛域.

### 3. 函数的幂级数展开与某些幂级数求和

（1）函数 $f(x)$ 在 $\bigcup_\delta(x_0)$ 可展开为幂级数的条件：①在 $\bigcup_\delta(x_0)$ 内，$f(x)$ 的各阶导数都存在；②在 $\bigcup_\delta(x_0)$ 内，$f(x)$ 的 Taylor 公式的余项 $R_n(x) \to 0$ （当 $n \to \infty$ 时）.

（2）展开式是唯一的，即 Taylor 级数：

$$f(x) = f(x_0) + f'(x_0)(x - x_0) + \cdots + \frac{f^{(n)}(x_0)}{n!}(x - x_0)^n + \cdots, \ x \in \bigcup_\delta(x_0).$$

① **直接展开法**  先求 $f^{(n)}(x)$, $f^{(n)}(x_0)$，写出 Taylor 级数，求收敛域；再在收敛域内求 $\lim\limits_{n \to \infty} R_n(x) = 0$ 的区间，就是展开区间.

② **间接展开法**  利用已知的展开公式，通过幂级数的运算等手段将函数展开为幂级数的方法.

（3）某些幂级数求和函数问题. 通过对幂级数进行适当的运算、变换等手段，将它化为熟知和函数的级数，如等比级数 $\sum\limits_{n=0}^{\infty} ax^n = \dfrac{a}{1-x}$ 及 $\sum\limits_{n=0}^{\infty} \dfrac{x^n}{n!} = \mathrm{e}^x$ 等，求出和函数，再作逆运算、变换，求出给定的幂级数的和函数.

## 4.3  例 题 分 析

【例 4-1】 若数列 $\{na_n\}$ 收敛，且级数 $\sum\limits_{n=1}^{\infty} n(a_n - a_{n-1})$ 收敛，则级数 $\sum\limits_{n=0}^{\infty} a_n$ _____.

**分析**  根据给定的条件，用级数收敛和发散的定义判定. 设 $\sum\limits_{n=0}^{\infty} n(a_n - a_{n-1})$ 的部分和为 $S_n$，$\sum\limits_{n=0}^{\infty} a_n$ 的部分和为 $\sigma_n$，则

$$S_n = (a_1 - a_0) + 2(a_2 - a_1) + \cdots + n(a_n - a_{n-1})$$

$$= -(a_0 + a_1 + \cdots + a_{n-1}) + na_n = -\sigma_n + na_n,$$

即

$$\sigma_n = na_n - S_n,$$

等式两边取极限知，级数 $\sum\limits_{n=0}^{\infty} a_n$ 收敛.

应填收敛.

【例 4-2】 若 $\{a_n\}$ 是等差数列，则级数 $\sum\limits_{n=1}^{\infty} \dfrac{(-1)^n}{a_n}$ （      ）.

（A）绝对收敛　　（B）条件收敛　　（C）发散　　（D）敛散性与公差有关

**分析**　当 $n$ 充分大后，$\displaystyle\sum_{n=1}^{\infty}\frac{(-1)^n}{a_n}$ 为交错级数. 设 $d$ 为公差，$a_n = a_1 + (n-1)d$ （$n = 1, 2, \cdots$）.

$$\sum_{n=1}^{\infty}\frac{1}{|a_n|} = \sum_{n=1}^{\infty}\frac{1}{|a_1 + (n-1)d|}$$

与 $\displaystyle\sum_{n=2}^{\infty}\frac{1}{n-1}$ 比较知，$\displaystyle\sum_{n=1}^{\infty}\frac{(-1)^n}{a_n}$ 不绝对收敛. 当 $n$ 充分大时，$\dfrac{1}{a_n}$ 符号不变，$\dfrac{1}{|a_n|}$ 单调递减，且

$$\lim_{n\to\infty}\frac{1}{|a_n|} = 0,$$

由 Leibniz 判别法知，级数 $\displaystyle\sum_{n=1}^{\infty}\frac{(-1)^n}{a_n}$ 条件收敛. 应选 B.

**【例 4-3】**　若级数 $\displaystyle\sum_{n=1}^{\infty}u_n$ 和 $\displaystyle\sum_{n=1}^{\infty}v_n$ 都发散，则下列级数中，必发散的是（　　）.

（A）$\displaystyle\sum_{n=1}^{\infty}(u_n + v_n)$ 　　　　　　　　（B）$\displaystyle\sum_{n=1}^{\infty}u_n v_n$

（C）$\displaystyle\sum_{n=1}^{\infty}(|u_n| + |v_n|)$ 　　　　　　（D）$\displaystyle\sum_{n=1}^{\infty}(u_n^2 + v_n^2)$

**分析**　由条件知 $\displaystyle\sum_{n=1}^{\infty}|u_n|$，$\displaystyle\sum_{n=1}^{\infty}|v_n|$ 是发散的正项级数，其部分和均无界，所以 $\displaystyle\sum_{n=1}^{\infty}(|u_n| + |v_n|)$ 的部分和无界，故级数 C 发散.

因两个发散级数的和差可能收敛也可能发散，故否定了 A；又 $\displaystyle\sum_{n=1}^{\infty}\frac{1}{n}$ 发散，但 $\displaystyle\sum_{n=1}^{\infty}\frac{1}{n^2}$ 收敛，否定了 B 和 D. 应选 C.

**【例 4-4】**　设 $\alpha$ 为常数，则级数 $\displaystyle\sum_{n=1}^{\infty}\left[\frac{\sin(n\alpha)}{n^2} - \frac{1}{\sqrt{n}}\right]$ （　　）.

（A）绝对收敛　　（B）条件收敛　　（C）发散　　（D）敛散性与 $\alpha$ 有关

**分析 1**　（拆项法）$\displaystyle\sum_{n=1}^{\infty}\frac{\sin(n\alpha)}{n^2}$ 绝对收敛，$\displaystyle\sum_{n=1}^{\infty}\frac{1}{\sqrt{n}}$ 发散，故原级数发散.

**分析 2**　因 $\left|\dfrac{\sin(n\alpha)}{n^2}\right| \leqslant \dfrac{1}{n^2} < \dfrac{1}{\sqrt{n}}$ （$n > 1$），故原级数是负项级数，变号后，用比较判别法得

$$\lim_{n\to\infty}\frac{\dfrac{1}{\sqrt{n}} - \dfrac{\sin(n\alpha)}{n^2}}{\dfrac{1}{\sqrt{n}}} = 1,$$

又 $\displaystyle\sum_{n=1}^{\infty}\frac{1}{\sqrt{n}}$ 发散，于是原级数发散. 应选 C.

【例 4-5】 设 $a_n > 0$，$\displaystyle\sum_{n=1}^{\infty}(-1)^{n-1}a_n = 2$，$\displaystyle\sum_{n=1}^{\infty}a_{2n-1} = 5$，则级数 $\displaystyle\sum_{n=1}^{\infty}a_n$ 的和为（　　）.

(A) 12　　　　(B) 8　　　　(C) 7　　　　(D) 3

**分析**　$\displaystyle\sum_{n=1}^{\infty}a_n = 2\sum_{n=1}^{\infty}a_{2n-1} - \sum_{n=1}^{\infty}(-1)^{n-1}a_n = 10 - 2 = 8.$

应选 B.

【例 4-6】 判定下列级数的敛散性.

(1) $\displaystyle\sum_{n=1}^{\infty}\frac{2^n \cdot n!}{n^n}$；　　　　　　　　　　(2) $\displaystyle\sum_{n=1}^{\infty}\frac{e^n n^{n^2}}{(n+1)^{n^2}}$.

**解**

(1) 通项中带有 $n!$ 和多个因式乘除，首选比值判别法.

$$\lim_{n\to\infty}\frac{u_{n+1}}{u_n} = \lim_{n\to\infty}\frac{2^{n+1}\cdot(n+1)!}{(n+1)^{n+1}}\bigg/\frac{2^n \cdot n!}{n^n} = \lim_{n\to\infty}\frac{2}{\left(1+\dfrac{1}{n}\right)^n} = \frac{2}{e} < 1,$$

故级数（1）收敛.

(2) 通项为一个表达式的 $n$ 次幂，优先考虑根值判别法. 由于

$$\sqrt[n]{u_n} = \frac{e n^n}{(n+1)^n} = \frac{e}{\left(1+\dfrac{1}{n}\right)^n} > 1,$$

根据根值判别法的一般形式知，级数（2）发散.

【例 4-7】 判定 $\displaystyle\sum_{n=2}^{\infty}\frac{(-1)^n}{\sqrt{n}+(-1)^n}$ 的敛散性.

**解**　因为

$$(-1)^n\frac{1}{\sqrt{n}+(-1)^n} = (-1)^n\frac{\sqrt{n}-(-1)^n}{n-1} = (-1)^n\frac{\sqrt{n}}{n-1} - \frac{1}{n-1},$$

而且级数 $\displaystyle\sum_{n=1}^{\infty}(-1)^n\frac{\sqrt{n}}{n-1}$ 满足 Leibniz 判别法条件，收敛；而 $\displaystyle\sum_{n=2}^{\infty}\frac{1}{n-1}$ 发散，所以原级数发散.

【例 4-8】 讨论 $\displaystyle\sum_{n=1}^{\infty}(-1)^n\frac{\ln(1+n)}{1+n}$ 的敛散性.

**解**　这是交错级数. 因为 $n > 2$ 时，有

$$\frac{\ln(1+n)}{1+n} > \frac{1}{1+n},$$

所以级数不绝对收敛，但由

$$\lim_{n\to\infty}\frac{\ln(1+n)}{1+n} = 0,$$

又由当 $x > 2$ 时，

$$\left[\frac{\ln(1+x)}{1+x}\right]' = \frac{1-\ln(1+x)}{(1+x)^2} < 0,$$

所以当 $n > 2$ 时，$\left\{\dfrac{\ln(1+n)}{1+n}\right\}$ 单调递减. 根据 Leibniz 判别法知，原级数条件收敛.

【例 4-9】 设级数 $\displaystyle\sum_{n=1}^{\infty} a_n$ 与 $\displaystyle\sum_{n=1}^{\infty} b_n$ 均收敛，且 $a_n \le c_n \le b_n$ $(n=1,2,\cdots)$，证明级数 $\displaystyle\sum_{n=1}^{\infty} c_n$ 收敛.

**思路** 由不等式想到比较判别法，但所涉及的级数未见是正项的，所以不能直接用比较判别法，能否创造条件来使用呢？另一个想法是用级数收敛定义和极限的夹挤定理.

**证明** 由条件知 $0 \le c_n - a_n \le b_n - a_n$，$n=1,2,\cdots$. 因为 $\displaystyle\sum_{n=1}^{\infty} a_n$，$\displaystyle\sum_{n=1}^{\infty} b_n$ 都收敛，它们的和差级数是收敛的，所以

$$\sum_{n=1}^{\infty} (b_n - a_n)$$

收敛，由此及比较判别法知

$$\sum_{n=1}^{\infty} (c_n - a_n)$$

收敛. 而

$$c_n = (c_n - a_n) + a_n,$$

故 $\displaystyle\sum_{n=1}^{\infty} c_n$ 收敛.

【例 4-10】 将 $f(x) = \dfrac{x}{x^2 - 2x - 3}$ 展开为 $(x-1)$ 的幂级数.

**思路** 将有理函数分解为最简分式之和，作变换，令 $t = x-1$；然后利用等比级数公式展开.

**解** 令 $t = x-1$，则 $x = t+1$，

$$f(x) = \frac{x}{(x-3)(x+1)} = \frac{\frac{1}{4}}{x+1} + \frac{\frac{3}{4}}{x-3} = \frac{1}{8}\frac{1}{1+\frac{t}{2}} - \frac{3}{8}\frac{1}{1-\frac{t}{2}}$$

$$= \frac{1}{8}\sum_{n=0}^{\infty}\left(-\frac{t}{2}\right)^n - \frac{3}{8}\sum_{n=0}^{\infty}\left(\frac{t}{2}\right)^n, \quad |t| < 2,$$

故

$$f(x) = \frac{1}{8}\sum_{n=0}^{\infty}\frac{(-1)^n - 3}{2^n}t^n = \frac{1}{8}\sum_{n=0}^{\infty}\frac{(-1)^n - 3}{2^n}(x-1)^n, \quad -1 < x < 3.$$

## 4.4 习    题

1. 已知 $\displaystyle\sum_{n=1}^{\infty}\frac{1}{n^2}=\frac{\pi^2}{6}$，求级数 $\displaystyle\sum_{n=1}^{\infty}\frac{1}{(2n-1)^2}$ 的和.

2. 用比较判别法判定下列级数的敛散性.

（1） $\dfrac{1}{2}+\dfrac{1}{5}+\dfrac{1}{10}+\dfrac{1}{17}+\cdots$ ；    （2） $1+\dfrac{1+2}{1+2^2}+\dfrac{1+3}{1+3^2}+\cdots$ ；

（3） $\displaystyle\sum_{n=1}^{\infty}\sin\frac{\pi}{2^n}$ ；    （4） $\displaystyle\sum_{n=1}^{\infty}\left[\frac{1}{n}-\ln\left(1+\frac{1}{n}\right)\right]$ .

3. 用比值判别法判定下列级数的敛散性.

（1） $\displaystyle\sum_{n=0}^{\infty}\frac{n!}{n^n}$ ；（2） $\displaystyle\sum_{n=0}^{\infty}\frac{5^n}{n!}$ ；（3） $\displaystyle\sum_{n=1}^{\infty}\frac{2^n\cdot n!}{n^n}$ ；（4） $\displaystyle\sum_{n=1}^{\infty}\frac{2\times5\times\cdots\times(3n-1)}{1\times5\times\cdots\times(4n-3)}$ .

4. 用根值判别法判定下列级数的敛散性.

（1） $\displaystyle\sum_{n=1}^{\infty}\left(\frac{n}{3n+1}\right)^n$ ；（2） $\dfrac{3}{1\times2}+\dfrac{3^2}{2\times2^2}+\dfrac{3^3}{3\times2^3}+\cdots$ .

5. 设常数 $k>0$ ，则级数 $\displaystyle\sum_{n=1}^{\infty}(-1)^n\frac{k+n}{n^2}$ （        ）.

（A）发散    （B）绝对收敛    （C）条件收敛    （D）收敛或发散与 $k$ 的取值有关

6. 设部分和 $s_n=\displaystyle\sum_{k=1}^{n}u_k$ ，则数列 $\{s_n\}$ 有界是级数 $\displaystyle\sum_{n=1}^{\infty}u_n$ 收敛的（        ）.

（A）充分条件，但非必要条件    （B）必要条件，但非充分条件
（C）充要条件    （D）非充分条件，又非必要条件

7. 求下列幂级数的收敛域.

（1） $\displaystyle\sum_{n=1}^{\infty}\frac{2^n}{n^2+1}x^n$ ；（2） $\displaystyle\sum_{n=1}^{\infty}\left(\frac{x}{n}\right)^n$ ；（3） $\displaystyle\sum_{n=1}^{\infty}\frac{x^n}{(n+1)^p}$ ；

（4） $\displaystyle\sum_{n=1}^{\infty}\frac{2^n+3^n}{n}x^n$ ；（5） $\displaystyle\sum_{n=0}^{\infty}\frac{3^{-\sqrt{n}}x^n}{\sqrt{n^2+1}}$ ；（6） $\displaystyle\sum_{n=1}^{\infty}\frac{(2x+1)^n}{n}$ .

8. 用间接展开法将下列函数展为 $x$ 的幂级数.

（1） $\sin^2 x$ ；（2） $\sin\left(x+\dfrac{\pi}{4}\right)$ ；（3） $\ln(1+x-2x^2)$ .

## 4.5 习 题 解 答

1. **解**  因为 $\displaystyle\sum_{n=1}^{\infty}\frac{1}{n^2}=\sum_{n=1}^{\infty}\left(\frac{1}{(2n-1)^2}+\frac{1}{(2n)^2}\right)=\sum_{n=1}^{\infty}\frac{1}{(2n-1)^2}+\frac{1}{4}\sum_{n=1}^{\infty}\frac{1}{n^2}$ ，

所以 $\displaystyle\sum_{n=1}^{\infty}\frac{1}{(2n-1)^2}=\frac{3}{4}\sum_{n=1}^{\infty}\frac{1}{n^2}=\frac{3}{4}\times\frac{\pi^2}{6}=\frac{\pi^2}{8}$ .

**2. 解** （1）因为 $\dfrac{1}{n^2+1} < \dfrac{1}{n^2}$，而 $\displaystyle\sum_{n=1}^{\infty}\dfrac{1}{n^2}$ 收敛，所以 $\dfrac{1}{2} + \dfrac{1}{5} + \dfrac{1}{10} + \dfrac{1}{17} + \cdots = \displaystyle\sum_{n=1}^{\infty}\dfrac{1}{n^2+1}$ 收敛.

（2）$\dfrac{1+n}{1+n^2} > \dfrac{n}{n^2+n^2} = \dfrac{1}{2}\cdot\dfrac{1}{n}$，因为 $\displaystyle\sum_{n=1}^{\infty}\dfrac{1}{n}$ 发散，所以 $1 + \dfrac{1+2}{1+2^2} + \dfrac{1+3}{1+3^2} + \cdots = \displaystyle\sum_{n=1}^{\infty}\dfrac{1+n}{1+n^2}$ 发散.

（3）当 $0 < x \leqslant \dfrac{\pi}{2}$ 时，$\sin x < x$，所以 $\sin\dfrac{\pi}{2^n} < \dfrac{\pi}{2^n}$，而 $\displaystyle\sum_{n=1}^{\infty}\dfrac{\pi}{2^n}$ 收敛，所以 $\displaystyle\sum_{n=1}^{\infty}\sin\dfrac{\pi}{2^n}$ 收敛.

（4）因为 $\dfrac{1}{n+1} < \ln\left(1+\dfrac{1}{n}\right) < \dfrac{1}{n}$，所以 $0 < \dfrac{1}{n} - \ln\left(1+\dfrac{1}{n}\right) < \dfrac{1}{n(n+1)} < \dfrac{1}{n^2}$. 由 $\displaystyle\sum_{n=1}^{\infty}\dfrac{1}{n^2}$ 收敛，知 $\displaystyle\sum_{n=1}^{\infty}\left[\dfrac{1}{n} - \ln\left(1+\dfrac{1}{n}\right)\right]$ 收敛.

**3. 解** （1）$\displaystyle\lim_{n\to\infty}\dfrac{u_{n+1}}{u_n} = \lim_{n\to\infty}\dfrac{\dfrac{(n+1)!}{(n+1)^{n+1}}}{\dfrac{n!}{n^n}} = \lim_{n\to\infty}\dfrac{1}{\left(1+\dfrac{1}{n}\right)^n} = \dfrac{1}{e} < 1$，级数 $\displaystyle\sum_{n=0}^{\infty}\dfrac{n!}{n^n}$ 收敛.

（2）$\displaystyle\lim_{n\to\infty}\dfrac{\dfrac{5^{n+1}}{(n+1)!}}{\dfrac{5^n}{n!}} = \lim_{n\to\infty}\dfrac{5}{n+1} = 0 < 1$，收敛.

（3）$\displaystyle\lim_{n=1}\dfrac{\dfrac{2^{n+1}(n+1)!}{(n+1)^{n+1}}}{\dfrac{2^n n!}{n^n}} = \lim_{n\to\infty}\dfrac{2}{\left(1+\dfrac{1}{n}\right)^n} = \dfrac{2}{e} < 1$，收敛.

（4）$\displaystyle\lim_{n\to\infty}\dfrac{\dfrac{2\times5\times\cdots\times(3n+2)}{1\times5\times\cdots\times(4n+1)}}{\dfrac{2\times5\times\cdots\times(3n-1)}{1\times5\times\cdots\times(4n-3)}} = \lim_{n\to\infty}\dfrac{3n+2}{4n+1} = \dfrac{3}{4} < 1$，收敛.

**4. 解** （1）$\displaystyle\lim_{n\to\infty}\sqrt[n]{u_n} = \lim_{n\to\infty}\sqrt[n]{\left(\dfrac{n}{3n+1}\right)^n} = \lim_{n\to\infty}\dfrac{1}{3+\dfrac{1}{n}} = \dfrac{1}{3} < 1$，收敛.

（2）$\displaystyle\lim_{n\to\infty}\sqrt[n]{\dfrac{3^n}{n\cdot2^n}} = \lim_{n\to\infty}\dfrac{3}{2}\cdot\dfrac{1}{\sqrt[n]{n}} = \dfrac{3}{2} > 1$，发散.

**5. 解** 因为 $\dfrac{k+n}{n^2} > \dfrac{n}{n^2} = \dfrac{1}{n}$，所以 $\displaystyle\sum_{n=1}^{\infty}\left|(-1)^n\dfrac{k+n}{n^2}\right| = \sum_{n=1}^{\infty}\dfrac{k+n}{n^2}$ 发散，又

$\dfrac{k+n}{n^2} = \dfrac{k}{n^2} + \dfrac{1}{n} > \dfrac{k}{(n+1)^2} + \dfrac{1}{n+1} = \dfrac{k+(n+1)}{(n+1)^2}$，且 $\displaystyle\lim_{n\to\infty}\dfrac{k+n}{n^2} = 0$，所以，$\displaystyle\sum_{n=1}^{\infty}(-1)^n\cdot\dfrac{k+n}{n^2}$ 条件收敛. 选择 C.

**6. 解** 若 $\displaystyle\sum_{n=1}^{\infty}u_n$ 收敛，则 $\displaystyle\lim_{n\to\infty}s_n$ 存在，即知 $\{s_n\}$ 有界，又 $s_n = \displaystyle\sum_{k=1}^{n}(-1)^k$，$|s_n| < 2$，但

$\displaystyle\sum_{n=1}^{\infty}(-1)^n$ 发散. 选择 B.

**7. 解** （1） $R=\lim\limits_{n\to\infty}\left|\dfrac{a_n}{a_{n+1}}\right|=\lim\limits_{n\to\infty}\left|\dfrac{\dfrac{2^n}{n^2+1}}{\dfrac{2^{n+1}}{(n+1)^2+1}}\right|=\lim\limits_{n\to\infty}\dfrac{\left(1+\dfrac{1}{n}\right)^2+\dfrac{1}{n^2}}{2\left(1+\dfrac{1}{n^2}\right)}=\dfrac{1}{2}.$

当 $|x|<\dfrac{1}{2}$ 时, $\displaystyle\sum_{n=1}^{\infty}\dfrac{2^n}{n^2+1}x^n$ 绝对收敛; 当 $x=\dfrac{1}{2}$ 时, $\displaystyle\sum_{n=1}^{\infty}\dfrac{1}{n^2+1}$ 收敛; 当 $x=-\dfrac{1}{2}$ 时, $\displaystyle\sum_{n=1}^{\infty}\dfrac{(-1)^n}{n^2+1}$ 收敛, 所以收敛域为 $\left[-\dfrac{1}{2},\dfrac{1}{2}\right].$

（2） $R=\lim\limits_{n\to\infty}\left|\dfrac{a_n}{a_{n+1}}\right|=\lim\limits_{n\to\infty}\dfrac{\dfrac{1}{n^n}}{\dfrac{1}{(n+1)^{n+1}}}=\lim\limits_{n\to\infty}(n+1)\left(1+\dfrac{1}{n}\right)^n=+\infty,$

收敛域为 $(-\infty,+\infty).$

（3） $R=\lim\limits_{n\to\infty}\left|\dfrac{a_n}{a_{n+1}}\right|=\lim\limits_{n\to\infty}\left|\dfrac{\dfrac{1}{(n+1)^p}}{\dfrac{1}{(n+2)^p}}\right|=\lim\limits_{n\to\infty}\left(\dfrac{1+\dfrac{2}{n}}{1+\dfrac{1}{n}}\right)^p=1.$

当 $x=1$ 时, $\displaystyle\sum_{n=1}^{\infty}\dfrac{1}{(n+1)^p}$, 当 $p>1$ 时收敛, 当 $p\leqslant 1$ 时发散;

当 $x=-1$ 时, $\displaystyle\sum_{n=1}^{\infty}\dfrac{(-1)^n}{(n+1)^p}$, 当 $p>0$ 时收敛, 当 $p\leqslant 0$ 时发散.

从而当 $p>1$ 时, 收敛域为 $[-1,1]$; 当 $0<p\leqslant 1$ 时, 收敛域为 $[-1,1)$; 当 $p\leqslant 0$ 时, 收敛域为 $(-1,1).$

（4） $R=\lim\limits_{n\to\infty}\left|\dfrac{a_n}{a_{n+1}}\right|=\lim\limits_{n\to\infty}\left|\dfrac{\dfrac{2^n+3^n}{n}}{\dfrac{2^{n+1}+3^{n+1}}{n+1}}\right|=\lim\limits_{n\to\infty}\left(1+\dfrac{1}{n}\right)\dfrac{\left(\dfrac{2}{3}\right)^n+1}{2\left(\dfrac{2}{3}\right)^n+3}=\dfrac{1}{3}.$

当 $|x|<\dfrac{1}{3}$, 即 $-\dfrac{1}{3}<x<\dfrac{1}{3}$ 时, $\displaystyle\sum_{n=1}^{\infty}\dfrac{2^n+3^n}{n}x^n$ 绝对收敛;

当 $x=\dfrac{1}{3}$ 时, $\dfrac{2^n+3^n}{n}\cdot\left(\dfrac{1}{3}\right)^n=\dfrac{\left(\dfrac{2}{3}\right)^n+1}{n}>\dfrac{1}{n}$, 所以 $\displaystyle\sum_{n=1}^{\infty}\dfrac{2^n+3^n}{n}\cdot\left(\dfrac{1}{3}\right)^n$ 发散;

当 $x=-\dfrac{1}{3}$ 时, 因为 $\displaystyle\sum_{n=1}^{\infty}(-1)^n\cdot\dfrac{1}{n}\left(\dfrac{2}{3}\right)^n$ 绝对收敛, 而 $\displaystyle\sum_{n=1}^{\infty}(-1)^n\cdot\dfrac{1}{n}$ 条件收敛, 所以

$\displaystyle\sum_{n=1}^{\infty}\dfrac{2^n+3^n}{n}\left(-\dfrac{1}{3}\right)^n=\sum_{n=1}^{\infty}(-1)^n\cdot\dfrac{1}{n}\cdot\left(\dfrac{2}{3}\right)^n+\sum_{n=1}^{\infty}(-1)^n\dfrac{1}{n}$ 收敛, 于是收敛域为 $\left[-\dfrac{1}{3},\dfrac{1}{3}\right).$

（注：也可求 $\displaystyle\sum_{n=1}^{\infty}\frac{2^n}{n}x^n$ 与 $\displaystyle\sum_{n=1}^{\infty}\frac{3^n}{n}\cdot x^n$ 的收敛域的交集. ）

（5） $R=\lim\limits_{n\to\infty}\left|\dfrac{a_n}{a_{n+1}}\right|=\lim\limits_{n\to\infty}\left|\dfrac{\dfrac{3^{-\sqrt{n}}}{\sqrt{n^2+1}}}{\dfrac{3^{-\sqrt{n+1}}}{\sqrt{(n+1)^2+1}}}\right|=\lim\limits_{n\to\infty}\sqrt{\dfrac{1+\dfrac{1}{n^2}}{\left(1+\dfrac{1}{n}\right)^2+\dfrac{1}{n^2}}}\cdot 3^{\frac{1}{\sqrt{n+1}+\sqrt{n}}}=1.$

当 $x=1$ 时，因 $\dfrac{3^{-\sqrt{n}}}{\sqrt{n^2+1}}=\dfrac{1}{\sqrt{n^2+1}}\cdot\dfrac{1}{3^{\sqrt{n}}}<\dfrac{1}{\sqrt{n^2}}\cdot\dfrac{1}{n}=\dfrac{1}{n^2}$，而 $\displaystyle\sum_{n=1}^{\infty}\dfrac{1}{n^2}$ 收敛，所以 $\displaystyle\sum_{n=1}^{\infty}\dfrac{3^{-\sqrt{n}}}{\sqrt{n^2+1}}$ 收

敛；当 $x=-1$ 时，$\displaystyle\sum_{n=1}^{\infty}(-1)^n\dfrac{3^{-\sqrt{n}}}{\sqrt{n^2+1}}$ 绝对收敛.

故收敛域为 $[-1,1]$.

（6） $R=\lim\limits_{n\to\infty}\left|\dfrac{a_n}{a_{n+1}}\right|=\lim\limits_{n\to\infty}\left|\dfrac{\dfrac{1}{n}}{\dfrac{1}{n+1}}\right|=1.$

当 $|2x+1|<1$，即 $-1<x<0$ 时，$\displaystyle\sum_{n=1}^{\infty}\dfrac{(2x+1)^n}{n}$ 绝对收敛；

当 $x=0$ 时，$\displaystyle\sum_{n=1}^{\infty}\dfrac{1}{n}$ 发散；当 $x=-1$ 时，$\displaystyle\sum_{n=1}^{\infty}\dfrac{(-1)^n}{n}$ 条件收敛.

所以收敛域为 $[-1,0)$.

8. 解 （1） $\sin^2 x=\dfrac{1}{2}-\dfrac{1}{2}\cos 2x=\dfrac{1}{2}-\dfrac{1}{2}\displaystyle\sum_{n=0}^{\infty}(-1)^n\dfrac{(2x)^{2n}}{(2n)!}=\displaystyle\sum_{n=1}^{\infty}(-1)^{n-1}\dfrac{2^{2n-1}}{(2n)!}x^{2n},$

因为 $\lim\limits_{n\to\infty}\left|\dfrac{u_{n+1}(x)}{u_n(x)}\right|=\lim\limits_{n\to\infty}\dfrac{\dfrac{2^{2n+1}}{(2n+2)!}\cdot x^{2n+2}}{\dfrac{2^{2n-1}}{(2n)!}\cdot x^{2n}}=\lim\limits_{n\to\infty}\dfrac{4}{(2n+2)(2n+1)}x^2=0,$

所以当 $-\infty<x<+\infty$ 时，$\displaystyle\sum_{n=1}^{\infty}(-1)^{n-1}\dfrac{2^{2n-1}}{(2n)!}x^{2n}$ 绝对收敛，即

$$\sin^2 x=\sum_{n=1}^{\infty}(-1)^{n-1}\frac{2^{2n-1}}{(2n)!}x^{2n},\quad x\in(-\infty,+\infty).$$

（2） $\sin\left(\dfrac{\pi}{4}+x\right)=\dfrac{\sqrt{2}}{2}\cos x+\dfrac{\sqrt{2}}{2}\sin x=\dfrac{\sqrt{2}}{2}\displaystyle\sum_{n=0}^{\infty}\dfrac{(-1)^n}{(2n)!}x^{2n}+\dfrac{\sqrt{2}}{2}\displaystyle\sum_{n=0}^{\infty}\dfrac{(-1)^n x^{2n+1}}{(2n+1)!}$

$\qquad\qquad =\dfrac{\sqrt{2}}{2}\cdot\displaystyle\sum_{n=0}^{\infty}(-1)^n\cdot\left[\dfrac{x^{2n}}{(2n)!}+\dfrac{x^{2n+1}}{(2n+1)!}\right],\quad x\in(-\infty,+\infty).$

（3） $\ln(1+x-2x^2)=\ln(1-x)(1+2x)=\ln(1-x)+\ln(1+2x)$

$\qquad =\displaystyle\sum_{n=0}^{\infty}(-1)^n\dfrac{(-x)^{n+1}}{n+1}+\displaystyle\sum_{n=0}^{\infty}(-1)^n\dfrac{(2x)^{n+1}}{n+1}=\displaystyle\sum_{n=0}^{\infty}\dfrac{(-1)^n 2^{n+1}-1}{n+1}x^{n+1}$

$$= \sum_{n=1}^{\infty} \frac{(-1)^{n-1}2^n - 1}{n} x^n = -\sum_{n=1}^{\infty} \frac{(-1)^n \cdot 2^n + 1}{n} x^n.$$

对于幂级数 $\sum_{n=1}^{\infty} \frac{(-1)^n 2^n + 1}{n} x^n$，有

$$R = \lim_{n\to\infty}\left|\frac{a_n}{a_{n+1}}\right| = \lim_{n\to\infty}\left|\frac{\frac{(-1)^n 2^n + 1}{n}}{\frac{(-1)^{n+1}2^{n+1}+1}{n+1}}\right| = \lim_{n\to\infty}\left|\frac{(-2)^n + 1}{(-2)^{n+1}+1}\right| = \lim_{n\to\infty}\left|\frac{-\frac{1}{2}+\frac{1}{(-2)^{n+1}}}{1+\frac{1}{(-2)^{n+1}}}\right| = \frac{1}{2},$$

所以当 $-\frac{1}{2} < x < \frac{1}{2}$ 时，幂级数绝对收敛.

当 $x = \frac{1}{2}$ 时，级数为 $\sum_{n=1}^{\infty} \frac{(-2)^n + 1}{n} \cdot \frac{1}{2^n} = \sum_{n=1}^{\infty}\left((-1)^n \frac{1}{n} + \frac{1}{n \cdot 2^n}\right).$

因 $\sum_{n=1}^{\infty}(-1)^n \frac{1}{n}$ 收敛，$\sum_{n=1}^{\infty} \frac{1}{n2^n}$ 收敛，故级数 $\sum_{n=1}^{\infty}\left((-1)^n \frac{1}{n} + \frac{1}{n \cdot 2^n}\right)$ 收敛.

又当 $x = -\frac{1}{2}$ 时，$1 + x - 2x^2 = 0$，$\ln(1 + x - 2x^2)$ 无意义，所以

$$\ln(1 + x - x^2) = -\sum_{n=1}^{\infty} \frac{(-1)^n 2^2 + 1}{n} x^n, \ x \in \left(-\frac{1}{2}, \frac{1}{2}\right].$$

# 第 **5** 章

## 微积分模拟试卷与参考答案

 微积分模拟试卷（一）

### 一、填空题

1. 设 $f(x)$ 在 $[0,1]$ 上连续，且 $f(x) = 3x - 2x^2 \int_0^1 f(x)\mathrm{d}x$ ，则 $f(x) = $ _____.

2. 圆 $x^2 + y^2 = 4$ 上一点 $M_0(-\sqrt{2}, \sqrt{2})$ 处的切线方程为_____.

3. 曲线 $y = \dfrac{2x-1}{(x-1)^2}$ 的拐点为_____，凸区间为_____.

4. $\int_0^1 \tan^2 x\,\mathrm{d}x = $ _____.

5. 设 $f(x) = \begin{cases} a + bx^2, & x \leq 0; \\ \dfrac{\sin bx}{x}, & x > 0 \end{cases}$ 在 $x = 0$ 处间断，则常数 $a$ 与 $b$ 的关系是_____.

6. 抛物线 $y^2 = 2x$ 与直线 $y = x - 4$ 所围成的图形的面积是_____.

### 二、选择题

1. $f(x) = \begin{cases} x\sin\dfrac{1}{x}, & x \neq 0; \\ 0, & x = 0 \end{cases}$ 在 $x = 0$ 处（　　　）.

   （A）不连续　　　　　　　　　　　　（B）连续但不可导
   （C）可导，但导数在该点处不连续　　（D）导函数在该点处连续

2. 设 $f(x) = |x - 1|$ ，则 $\lim\limits_{x \to 0} f(x) = $ （　　　）.

   （A）0　　　　　（B）-1　　　　　（C）1　　　　　（D）不存在

3. 若 $\lim\limits_{x \to a} \dfrac{f(x) - f(a)}{(x-a)^2} = 3$ ，则在 $x = a$ 处（　　　）.

   （A）$f(x)$ 的导数存在，且 $f'(a) \neq 0$　　（B）$f(x)$ 的导数不存在
   （C）$f(x)$ 取得极大值　　　　　　　　　　（D）$f(x)$ 取得极小值

4. 设 $f(x)$ 在 $x = x_0$ 处连续，若 $x_0$ 为 $f(x)$ 的极值点，则必有（　　　）.

   （A）$f'(x_0) = 0$　　　　　　　　　　　　（B）$f'(x_0) \neq 0$
   （C）$f'(x_0) = 0$ 或 $f'(x_0)$ 不存在　　　（D）$f'(x_0)$ 不存在

5. 曲线 $y = \dfrac{1}{x}$ 及直线 $y = x$，$x = 2$ 所围成的图形的面积为 $S$，则 $S =$（　　）.

（A）$\displaystyle\int_1^2 \left( \dfrac{1}{x} - x \right) \mathrm{d}x$ 　　　　（B）$\displaystyle\int_2^1 \left( \dfrac{1}{x} - x \right) \mathrm{d}x$

（C）$\displaystyle\int_1^2 \left( 2 - \dfrac{1}{y} \right) \mathrm{d}y + \int_0^1 (2-x)\mathrm{d}x$ 　　（D）$\displaystyle\int_1^2 \left( 2 - \dfrac{1}{y} \right) \mathrm{d}y + \int_1^2 (2-x)\mathrm{d}x$

三、设 $y = \ln(x + \sqrt{x^2+1})$，求 $\mathrm{d}y$.

四、设 $f(x) = \begin{cases} x^2 \sin \dfrac{1}{x} + \sin x, & x \neq 0; \\ 0, & x = 0. \end{cases}$ 求 $f'(x)$.

五、设 $f(x) = \begin{cases} 1 + x^2, & x < 0; \\ a, & x = 0; \\ \dfrac{\sin bx}{x}, & x > 0. \end{cases}$ 试问：（1）$a, b$ 为何值时，$\lim\limits_{x \to 0} f(x)$ 存在？（2）$a, b$ 为何值时，$f(x)$ 在 $x = 0$ 处连续？

六、将边长为 $a$ 的正方形铁皮于四角处剪去相同的小正方形，然后折起各边焊成一个无盖的盒，问剪去的小正方形边长为多少时，盒的容积最大？

七、求 $\displaystyle\sum_{n=1}^{\infty} (-1)^{n-1} \dfrac{(x-1)^n}{5n}$ 的收敛域.

# 微积分模拟试卷（二）

## 一、填空题

1. $\lim\limits_{x \to 0} \dfrac{\sin x}{\tan 2x} = $ _____.

2. 设 $y = y(x)$ 是由方程 $xy + \mathrm{e}^y = 1$ 所确定的隐函数，则 $y''(0) = $ _____.

3. $\displaystyle\int_1^{+\infty} \dfrac{\mathrm{d}x}{x(x+1)} = $ _____.

4. 曲线 $x^2 y + \ln y = 1$ 在点 $(1, 1)$ 处的法线方程是_____.

5. 设 $\begin{cases} x = \mathrm{e}^t + t, \\ y = \arctan t, \end{cases}$ 则 $\left. \dfrac{\mathrm{d}y}{\mathrm{d}x} \right|_{t=1} = $ _____.

## 二、选择题

1. 设 $f(x) = \ln(x+1)$，则该函数的定义域是（　　）.

（A）$(0, +\infty)$ 　　　　（B）$\left( \dfrac{1}{\mathrm{e}} - 1, -\infty \right)$

（C）$(-1, +\infty)$ 　　　　（D）$(0, \mathrm{e})$

2. 设点 $(0,1)$ 是曲线 $y=ax^3+bx^2+c$ 的拐点，则系数 $a,b,c$ 满足（    ）.

（A）$a=-1$，$b=2$，$c=1$　　　　（B）$a\neq0$，$b=0$，$c=1$

（C）$a=1$，$b=1$，$c=0$　　　　（D）$a$ 可为任何实数，$b=\dfrac{1}{2}$，$c=1$

3. 设 $f(x)=\begin{cases}\dfrac{x^3}{3}, & x\leqslant1;\\ x^2, & x>1.\end{cases}$ 则 $f(x)$ 在 $x=1$ 处（    ）.

（A）左导数存在，右导数不存在　　　（B）左、右导数均存在

（C）左、右导数都不存在　　　　　　（D）左导数不存在，右导数存在

4. 设 $f(x)$ 连续，则下列等式中不正确的是（    ）.

（A）$\dfrac{\mathrm{d}}{\mathrm{d}x}\displaystyle\int_a^b f(x)\,\mathrm{d}x=0$ 　　　　（B）$\dfrac{\mathrm{d}}{\mathrm{d}x}\displaystyle\int_0^{x^2} f(t)\,\mathrm{d}t=f(x^2)$

（C）$\dfrac{\mathrm{d}}{\mathrm{d}x}\displaystyle\int_x^0 f(x)\,\mathrm{d}x=-f(x)$ 　　（D）$\dfrac{\mathrm{d}}{\mathrm{d}x}\displaystyle\int_0^x f(t)\,\mathrm{d}t=f(x)$

5. 极限 $\lim\limits_{x\to0}(1+x)^{\frac{1}{x}}$ 为（    ）.

（A）1　　　　　　　　　　　　　（B）e

（C）不存在　　　　　　　　　　　（D）以上均不对

三、计算 $\lim\limits_{x\to+\infty}\left(\dfrac{x-4}{x+1}\right)^{2x-1}$.

四、确定常数 $a$，使函数 $f(x)=\begin{cases}\mathrm{e}^x, & x\leqslant0;\\ x+a, & x>0\end{cases}$ 连续.

五、已知函数 $y=\dfrac{2x-1}{(x-1)^2}$，求：

（1）函数的增减区间和极值；

（2）函数图形的凹凸区间及拐点.

六、求 $\displaystyle\sum_{n=1}^{\infty}\dfrac{(x-5)^n}{\sqrt{n}}$ 的收敛域.

七、求函数 $f(x)=\dfrac{x-1}{x+1}$ 在给定区间 $[0,4]$ 上的最大值与最小值.

## 微积分模拟试卷（三）

一、填空题

1. $\lim\limits_{x\to0}\dfrac{\sqrt{1+x}-\sqrt{1-x}}{x}=$ _____.

2. $y = \sqrt[3]{\dfrac{(x-3)^2}{(1-2x)(4+x)}}$，$y'|_{x=0} = $＿＿＿＿＿＿.

3. 计算定积分 $\displaystyle\int_{-1}^{1} x\cos^2 x\,\mathrm{d}x = $＿＿＿＿＿＿.

4. 设 $f(x) = x - \displaystyle\int_{0}^{\pi} f(x)\cos x\,\mathrm{d}x$，则 $f(x) = $＿＿＿＿＿＿.

5. $\displaystyle\lim_{x\to 0}\dfrac{\displaystyle\int_{0}^{x} \mathrm{e}^{t^2}\,\mathrm{d}t}{x} = $＿＿＿＿＿＿.

## 二、选择题

1. 对 $\forall\, x \in (a,b)$，有 $f'(x) > 0$，$f''(x) > 0$，则 $f(x)$ 在 $(a,b)$ 内是（　　）.

　（A）单调递增，凸的　　　　　　　（B）单调递增，凹的

　（C）单调递减，凸的　　　　　　　（D）单调递减，凹的

2. $\displaystyle\int_{a}^{x} f'(2t)\,\mathrm{d}t = $（　　）.

　（A）$2[f(x) - f(a)]$　　　　　　　（B）$f(2x) - f(2a)$

　（C）$2[f(2x) - f(2a)]$　　　　　　（D）$\dfrac{1}{2}[f(2x) - f(2a)]$

3. 曲线 $y = \dfrac{1}{x}$ 与直线 $y = x$ 及 $y = 2$ 所围图形的面积为（　　）.

　（A）$\displaystyle\int_{1}^{2}\left(\dfrac{1}{x} - x\right)\mathrm{d}x$　　　　　　（B）$\displaystyle\int_{1}^{2}\left(2 - \dfrac{1}{x}\right)\mathrm{d}x$

　（C）$\displaystyle\int_{1}^{2}\left(y - \dfrac{1}{y}\right)\mathrm{d}y$　　　　　　（D）$\displaystyle\int_{1}^{2}\left(2 - \dfrac{1}{y}\right)\mathrm{d}y$

4. 对 $\forall\, x \in (a,b)$，$f'(x) > 0$ 是 $f(x)$ 在 $(a,b)$ 内单调递增的（　　）条件.

　（A）必要　　　　（B）充要　　　　（C）充分　　　　（D）无关

5. 设 $\displaystyle\lim_{x\to+\infty}\left(1 + \dfrac{2}{x}\right)^{kx} = \mathrm{e}^{-3}$，则 $k = $（　　）.

　（A）$\dfrac{3}{2}$　　　　（B）$\dfrac{2}{3}$　　　　（C）$-\dfrac{3}{2}$　　　　（D）$-\dfrac{2}{3}$

三、设 $y = (\ln x)^x$，求 $y'$.

四、设 $y = (1 + x^2)\arctan\dfrac{1}{x}$，求 $y''|_{x=1}$.

五、确定函数 $y = x^3 - 5x^2 + 3x + 5$ 的凹凸区间与拐点.

六、设 $y = \dfrac{x^3 + 4}{x^2}$，求函数的单调递减区间.

七、求 $\displaystyle\sum_{n=1}^{\infty}\dfrac{(x^2 + x + 1)^n}{n(n+1)}$ 的收敛域.

# 微积分模拟试卷（四）

## 一、填空题

1. $\lim\limits_{x \to 1}\left(\dfrac{2x}{x+1}\right)^{\frac{4x}{x-1}} = $ _____.

2. 函数 $y = 2x^3 - 6x^2 - 18x - 7$ 的单调递增区间是 _____.

3. 函数 $y = x^3 - 5x^2 + 3x + 5$ 的图形的上凸区间为 _____.

4. $f(x) = \sqrt{4 - x^2} + \int_0^2 f(x)\mathrm{d}x$，则 $f(x) = $ _____.

5. 由曲线 $y = \dfrac{1}{x}$，$y = x$，$x = 2$ 所围成的平面图形的面积为 _____.

## 二、选择题

1. 可导偶函数的导函数是（ 　 ）.

   （A）偶函数 　　　　　　　　（B）奇函数

   （C）非奇非偶函数 　　　　　（D）可能是奇函数，也可能是偶函数

2. 若函数 $f(x)$ 和 $g(x)$ 在 $(a,b)$ 内的每一点 $x$ 处都有 $f'(x) = g'(x)$，则在 $(a,b)$ 内必有（ 　 ）.

   （A）$f(x) = g(x)$ 　　　　　（B）$f(x) = g(x) + C$（$C$ 为某一常数）

   （C）$f(x) = g(x) = c$ 　　　（D）$f(x) = g(x) + C$（$C$ 为任意常数）

3. 设 $f(x) = \begin{cases} x^2, & x > 0; \\ x, & x \leqslant 0. \end{cases}$ 则 $\int_{-1}^{1} f(x)\mathrm{d}x = $（ 　 ）.

   （A）$2\int_{-1}^{0} x\mathrm{d}x$ 　　　　　　（B）$2\int_{0}^{1} x^2\mathrm{d}x$

   （C）$\int_{0}^{1} x^2\mathrm{d}x + \int_{-1}^{0} x\mathrm{d}x$ 　　（D）$\int_{0}^{1} x\mathrm{d}x + \int_{-1}^{0} x^2\mathrm{d}x$

4. 下列极限中正确的是（ 　 ）.

   （A）$\lim\limits_{x \to 0} 2^{\frac{1}{x}} = \infty$ 　　　　（B）$\lim\limits_{x \to \infty} \dfrac{\sin x}{x} = 1$

   （C）$\lim\limits_{x \to \infty} \dfrac{1}{x} = 1$ 　　　　（D）$\lim\limits_{x \to \infty} x \sin \dfrac{1}{x} = 1$

5. 下列积分中计算结果错误的是（ 　 ）.

   （A）$\int_{-1}^{1} x \cos x \mathrm{d}x = 0$ 　　　（B）$\int_{-1}^{1} \dfrac{\mathrm{d}x}{x^3} = 0$

   （C）$\int_{-1}^{1} \sqrt{1 - x^2}\mathrm{d}x = \dfrac{\pi}{2}$ 　　（D）$\int_{-1}^{1} \mathrm{e}^x \mathrm{d}x = \mathrm{e} - \mathrm{e}^{-1}$

三、讨论函数 $f(x)=\begin{cases}x^2, & x>0;\\ x, & x\le 0\end{cases}$ 在分点 $x_0=0$ 处的连续性与可导性.

四、设 $y=\cos^2\sqrt{2x+1}$，求 $\mathrm{d}y$.

五、求函数 $y=(x-2)^2\sqrt[3]{(x+1)^2}$ 的单调区间，并求极值点与极值.

六、求曲线 $y=x^3-3x^2+3x+5$ 的凹凸区间与拐点.

七、将函数 $\sin^2 x$ 展为 $x$ 的幂级数.

# 微积分模拟试卷（一）参考答案

一、1. $3x-\dfrac{9}{5}x^2$；2. $x-y+2\sqrt{2}=0$；3. $\left(-\dfrac{1}{2},-\dfrac{8}{9}\right)$，$\left(-\infty,-\dfrac{1}{2}\right)$；4. $\tan 1-1$；5. $a=b$；

6. 18.

二、1. B　2. C　3. D　4. C　5. A

三、解　$y=\ln(x+\sqrt{x^2+1})$，$\mathrm{d}y=\dfrac{1}{\sqrt{x^2+1}}$.

四、解　$f(x)=\begin{cases}x^2\sin\dfrac{1}{x}+\sin x, & x\ne 0;\\ 0, & x=0.\end{cases}$

当 $x\ne 0$ 时，$f'(x)=2x\sin\dfrac{1}{x}-\cos\dfrac{1}{x}+\cos x$；

当 $x=0$ 时，$f'(0)=\lim\limits_{x\to 0}\dfrac{x^2\sin\dfrac{1}{x}+\sin x}{x}=1$，

故 $f'(x)=\begin{cases}2x\sin\dfrac{1}{x}-\cos\dfrac{1}{x}+\cos x, & x\ne 0;\\ 1, & x=0.\end{cases}$

五、解　（1）$\lim\limits_{x\to 0^-}f(x)=1=\lim\limits_{x\to 0^+}\dfrac{\sin bx}{x}=b$，故当 $b=1$ 时极限存在，$a$ 可以为任何实数.

（2）当 $a=1$ 时，函数 $f(x)$ 在 $x=0$ 处连续.

六、解　设剪去小正方形边长为 $x$，容积为 $V$.则

$$V=(a-2x)^2 x=4x^3-4ax^2+a^2x, x\in\left[0,\dfrac{a}{2}\right],$$

$$V'=12x^2-8ax+a^2=(2x-a)(6x-a)=0，$$

得 $x_1=\dfrac{a}{2}$，$x_2=\dfrac{a}{6}$.

$$V(0)=0, V\left(\dfrac{a}{2}\right)=0, V\left(\dfrac{a}{6}\right)=\dfrac{2}{27}a^3,$$

故边长为 $\dfrac{a}{6}$ 时容积最大，为 $\dfrac{2}{27}a^3$.

**七、解** $\quad R=\lim\limits_{n\to\infty}\left|\dfrac{a_n}{a_{n+1}}\right|=\lim\limits_{n\to\infty}\left|\dfrac{\dfrac{(-1)^{n-1}}{5n}}{\dfrac{(-1)^n}{5(n+1)}}\right|=1.$

当 $|x-1|<1$，即 $0<x<2$ 时，$\sum\limits_{n=1}^{\infty}(-1)^{n-1}\dfrac{(x-1)^n}{5n}$ 绝对收敛；

当 $x=2$ 时，$\sum\limits_{n=1}^{\infty}\dfrac{(-1)^{n-1}}{5n}$ 条件收敛；

当 $x=0$ 时，$\sum\limits_{n=1}^{\infty}(-1)^{n-1}\dfrac{(-1)^n}{5n}=\sum\limits_{n=1}^{\infty}\dfrac{(-1)}{5n}$ 发散，

所以收敛域为 $(0,2]$.

## 微积分模拟试卷（二）参考答案

**一、** 1. $\dfrac{1}{2}$；　2. 0；　3. $\ln 2$；　4. $y=x$；　5. $\dfrac{1}{2(\mathrm{e}+1)}$.

**二、** 1. C　2. D　3. A　4. B　5. B

**三、解** $\quad\lim\limits_{x\to+\infty}\left(\dfrac{x-4}{x+1}\right)^{2x-1}=\lim\limits_{x\to+\infty}\left[\left(1-\dfrac{5}{x+1}\right)^{-\frac{x+1}{5}}\right]^{-\frac{5}{x+1}\cdot 2x-1}=\mathrm{e}^{-10}.$

**四、解** $\quad\lim\limits_{x\to 0^+}f(x)=a=\mathrm{e}^0=1=\lim\limits_{x\to 0^-}f(x)$，故 $a=1$.

**五、解** （1）$y=\dfrac{2x-1}{(x-1)^2}$，$y'=\dfrac{2(x-1)^2-2(x-1)(2x-1)}{(x-1)^4}=\dfrac{-2x}{(x-1)^3}$，

故当 $x\in(-\infty,0)\bigcup(1,+\infty)$ 时，函数递减；当 $x\in(0,1)$ 时，函数递增；当 $x=0$ 时，取到极大值 1.

（2）$y''=\dfrac{4x+2}{(x-1)^4}=0$，$x=-\dfrac{1}{2}$，故拐点为 $\left(-\dfrac{1}{2},-\dfrac{8}{9}\right)$. 凸区间为 $\left(-\infty,-\dfrac{1}{2}\right)$，凹区间为 $\left(-\dfrac{1}{2},+\infty\right)$.

**六、解** $\quad R=\lim\limits_{n\to\infty}\left|\dfrac{a_n}{a_{n+1}}\right|=\lim\limits_{n\to\infty}\left|\dfrac{\sqrt{n+1}}{\sqrt{n}}\right|=1.$

当 $|x-5|<1$，即 $4<x<6$ 时，$\sum\limits_{n=1}^{\infty}\dfrac{(x-5)^n}{\sqrt{n}}$ 绝对收敛；当 $x-5=1$，即 $x=6$ 时，$\sum\limits_{n=1}^{\infty}\dfrac{1}{\sqrt{n}}$ 发散；当 $x=4$ 时，$\sum\limits_{n=1}^{\infty}(-1)^n\dfrac{1}{\sqrt{n}}$ 条件收敛. 所以收敛域为 $[4,6)$.

七、解　$f(x) = 1 - \dfrac{2}{x+1}, f'(x) = \dfrac{2}{(x+1)^2} > 0$，函数 $f(x)$ 单调递增. 最大值为 $f(4) = \dfrac{3}{5}$，

最小值为 $f(0) = -1$.

## 微积分模拟试卷（三）参考答案

一、1. 1；　2. $y' = \dfrac{13}{24}$；　3. 0；　4. $x + 2$；　5. 1.

二、1. B　2. D　3. C　4. C　5. C

三、解　$y' = (\ln x)^x (x \ln \ln x)' = (\ln x)^x \left( \ln \ln x + \dfrac{1}{\ln x} \right)$.

四、解　$y' = 2x \arctan \dfrac{1}{x} + (1 + x^2) \dfrac{1}{1 + \dfrac{1}{x^2}} \left( -\dfrac{1}{x^2} \right) = 2x \arctan \dfrac{1}{x} - 1$，

$\quad\quad y'' = 2 \arctan \dfrac{1}{x} - \dfrac{2x}{1 + x^2}, \ y''|_{x=1} = \dfrac{\pi}{2} - 1$.

五、解　$y' = 3x^2 - 10x + 3, \ y'' = 6x - 10 = 0$，得 $x = \dfrac{5}{3}$ 为拐点，凸区间为 $\left( -\infty, \dfrac{5}{3} \right)$，凹区

间为 $\left( \dfrac{5}{3}, +\infty \right)$.

六、解　$y' = 1 - 8x^{-3} > 0$，得当 $x > 2$ 或 $x < 0$ 时，函数单调递增；当 $0 < x < 2$ 时，函数

单调递减.

七、解　$x^2 + x + 1 = \left( x + \dfrac{1}{2} \right)^2 + \dfrac{3}{4} > 0$，$R = \lim\limits_{n \to \infty} \left| \dfrac{a_n}{a_{n+1}} \right| = \lim\limits_{n \to \infty} \left| \dfrac{\dfrac{1}{n(n+1)}}{\dfrac{1}{(n+1)(n+2)}} \right| = 1$.

当 $x^2 + x + 1 < 1$，即 $-1 < x < 0$ 时，$\sum\limits_{n=1}^{\infty} \dfrac{(x^2 + x + 1)^n}{n(n+1)}$ 绝对收敛；

当 $x^2 + x + 1 = 1$，即 $x = -1$ 或 $x = 0$ 时，$\sum\limits_{n=1}^{\infty} \dfrac{1}{n(n+1)}$ 收敛. 所以收敛域为 $[-1, 0]$.

## 微积分模拟试卷（四）参考答案

一、1. 6；　2. $(-\infty, -1) \cup (3, +\infty)$；　3. $\left( -\infty, \dfrac{5}{3} \right)$；　4. $\sqrt{4 - x^2} - \pi$；　5. $3 - \ln 4$.

二、1. B　2. D　3. C　4. D　5. B

三、解　$f(x_0^+) = f(x_0^-)$，故函数连续. 而 $f'(x_0^+) \neq f'(x_0^-)$，故函数不可导.

**四、解**　$\mathrm{d}y = -2\cos\sqrt{2x+1}\sin\sqrt{2x+1}(2x+1)^{-\frac{1}{2}}\mathrm{d}x$.

**五、解**　$y' = 2(x-2)\sqrt[3]{(x+1)^2} + \dfrac{2}{3}(x-2)^2(x+1)^{-\frac{1}{3}}$

$$= \frac{2(x-2)}{(x+1)^{\frac{1}{3}}}\left(x+1+\frac{1}{3}x-\frac{2}{3}\right) = \frac{2(x-2)}{(x+1)^{\frac{1}{3}}}\left(\frac{4}{3}x+\frac{1}{3}\right) = \frac{2}{3}\frac{(x-2)(4x+1)}{(x+1)^{\frac{1}{3}}} > 0.$$

当 $x>2$ 或 $-1<x<-\dfrac{1}{4}$ 时，函数单调递增. 当 $x<-1$ 或 $-\dfrac{1}{4}<x<2$ 时，函数单调递减.

当 $x=-\dfrac{1}{4}$ 时，取极大值；当 $x=2$ 时，取极小值.

**六、解**　$y' = 3x^2 - 6x + 3$，$y'' = 6x - 6 = 0$，得 $x=1$ 为拐点，凹区间为 $(1,+\infty)$，凸区间为 $(-\infty,1)$.

**七、解**　$\sin^2 x = \dfrac{1}{2} - \dfrac{1}{2}\cos 2x = \dfrac{1}{2} - \dfrac{1}{2}\sum_{n=0}^{\infty}(-1)^n\dfrac{(2x)^{2n}}{(2n)!} = \sum_{n=1}^{\infty}(-1)^{n-1}\dfrac{2^{2n-1}}{(2n)!}x^{2n}$,

因为　$\lim_{n\to\infty}\left|\dfrac{u_{n+1}(x)}{u_n(x)}\right| = \lim_{n\to\infty}\dfrac{\dfrac{2^{2n+1}}{(2n+2)!}\cdot x^{2n+2}}{\dfrac{2^{2n-1}}{(2n)!}\cdot x^{2n}} = \lim_{n\to\infty}\dfrac{4}{(2n+2)(2n+1)}x^2 = 0,$

所以，当 $-\infty < x < +\infty$ 时，$\sum_{n=1}^{\infty}(-1)^{n-1}\dfrac{2^{2n-1}}{(2n)!}x^{2n}$ 绝对收敛，即

$$\sin^2 x = \sum_{n=1}^{\infty}(-1)^{n-1}\frac{2^{2n-1}}{(2n)!}x^{2n}, \quad x \in (-\infty,+\infty).$$

# 第6章

# 矩阵

## 6.1 教学基本要求

1. 理解矩阵的概念，了解单位矩阵、对角矩阵、三角形矩阵及其性质.
2. 熟练掌握矩阵的加法、数乘、乘法及其运算规律，了解方阵的幂运算.
3. 理解逆矩阵的概念，掌握逆矩阵的性质.
4. 理解矩阵初等变换的概念，掌握用行初等变换求逆矩阵的方法.

线性代数是代数学的一个分支，历史悠久，早在东汉初年的《九章算术》中已有相关论述. 但直到 18 世纪，随着线性方程组和线性变换问题的研究深入，才先后产生了行列式和矩阵的概念，从而推动了线性代数的发展. 线性代数以矩阵、行列式、线性方程组为知识主线，它们之间关系密切. 本章主要介绍矩阵的相关概念，重点介绍矩阵的基本运算.

## 6.2 内 容 总 结

### 6.2.1 基本概念

#### 1. 矩阵

由 $m \times n$ 个数 $a_{ij}(i=1,2,\cdots,m; j=1,2,\cdots,n)$ 排成的如下 $m$ 行 $n$ 列的数表：

$$\begin{bmatrix} a_{11} & a_{12} & \cdots & a_{1n} \\ a_{21} & a_{22} & \cdots & a_{2n} \\ \vdots & \vdots & & \vdots \\ a_{m1} & a_{m2} & \cdots & a_{mn} \end{bmatrix}$$

称为一个 $m \times n$ **矩阵**，简记为 $[a_{ij}]_{m \times n}$，称 $a_{ij}$ 为此矩阵的第 $i$ 行第 $j$ 列**元素**.

#### 2. 几类特殊的矩阵

（1）只有一行的矩阵 $\boldsymbol{A} = [a_1 \ a_2 \ \cdots \ a_n]$ 称为**行矩阵**，又称**行向量**.

（2）只有一列的矩阵

$$B = \begin{bmatrix} b_1 \\ b_2 \\ \vdots \\ b_m \end{bmatrix}$$

称为**列矩阵**，又称**列向量**.

（3）元素都为 0 的 $m \times n$ 矩阵称为**零矩阵**，记作 $\mathbf{0}_{m \times n}$，即

$$\mathbf{0}_{m \times n} = \begin{bmatrix} 0 & 0 & \cdots & 0 \\ 0 & 0 & \cdots & 0 \\ \vdots & \vdots & & \vdots \\ 0 & 0 & \cdots & 0 \end{bmatrix}.$$

（4）行数和列数相同的矩阵 $A_{n \times n}$ 称为 $n$ **阶矩阵**，或称 $n$ **阶方阵**，简记为 $A_n$，即

$$A_n = \begin{bmatrix} a_{11} & a_{12} & \cdots & a_{1n} \\ a_{21} & a_{22} & \cdots & a_{2n} \\ \vdots & \vdots & & \vdots \\ a_{n1} & a_{n2} & \cdots & a_{nn} \end{bmatrix}.$$

（5）主对角线之外的元素都为 0 的方阵称为**对角矩阵**，即

$$\begin{bmatrix} a_1 & 0 & \cdots & 0 \\ 0 & a_2 & \cdots & 0 \\ \vdots & \vdots & & \vdots \\ 0 & 0 & \cdots & a_n \end{bmatrix}.$$

（6）主对角线元素都为 1 的对角矩阵称为**单位矩阵**，记为 $E$ 或 $I$，即

$$E = \begin{bmatrix} 1 & 0 & \cdots & 0 \\ 0 & 1 & \cdots & 0 \\ \vdots & \vdots & & \vdots \\ 0 & 0 & \cdots & 1 \end{bmatrix}.$$

（7）主对角线以下的元素都为 0 的方阵称为**上三角矩阵**，即

$$\begin{bmatrix} a_{11} & a_{12} & \cdots & a_{1n} \\ 0 & a_{22} & \cdots & a_{2n} \\ \vdots & \vdots & & \vdots \\ 0 & 0 & \cdots & a_{nn} \end{bmatrix}.$$

（8）主对角线以上的元素都为 0 的方阵称为**下三角矩阵**，即

$$\begin{bmatrix} a_{11} & 0 & \cdots & 0 \\ a_{21} & a_{22} & \cdots & 0 \\ \vdots & \vdots & & \vdots \\ a_{n1} & a_{n2} & \cdots & a_{nn} \end{bmatrix}.$$

## 6.2.2 矩阵的运算

### 1. 矩阵相等

若两个矩阵都是 $m \times n$ 矩阵，则称它们为**同型矩阵**；若两个同型矩阵

$$A = [a_{ij}]_{m \times n}, \quad B = [b_{ij}]_{m \times n}$$

的对应元素相等，即

$$a_{ij} = b_{ij} \ (i = 1, 2, \cdots, m; j = 1, 2, \cdots, n),$$

则称 $A$ 与 $B$ 相等，记作 $A = B$.

### 2. 矩阵的加法和减法

设 $A = [a_{ij}]_{m \times n}$，$B = [b_{ij}]_{m \times n}$ 为两个 $m \times n$ 矩阵，则

$$A + B = [a_{ij} + b_{ij}]_{m \times n}, \quad A - B = [a_{ij} - b_{ij}]_{m \times n}$$

分别称为 $A$ 与 $B$ 的和、差.

【注】 只有同型矩阵才可以相加或相减.

### 3. 数乘矩阵

设 $k$ 为一个数，$A = [a_{ij}]_{m \times n}$，则矩阵

$$kA = [ka_{ij}]_{m \times n}$$

称为 $k$ 与 $A$ 的**数量乘积**，即数乘矩阵相当于用数 $k$ 乘矩阵中的每一个元素；约定 $-A = (-1)A$.

### 4. 矩阵乘法

设矩阵 $A = [a_{ij}]_{m \times n}$，$B = [b_{ij}]_{n \times s}$，则 $A$ 可以左乘 $B$，其乘积矩阵 $AB$ 是一个 $m \times s$ 矩阵 $C$. $C$ 的第 $i$ 行第 $j$ 列元素 $c_{ij}$ 是 $A$ 的第 $i$ 行元素 $a_{i1}, a_{i2}, \cdots, a_{in}$ 与 $B$ 的第 $j$ 列元素 $b_{1j}, b_{2j}, \cdots, b_{nj}$ 对应乘积的和：

$$\begin{bmatrix} & \vdots & \\ \cdots & c_{ij} & \cdots \\ & \vdots & \end{bmatrix} = \begin{bmatrix} \vdots & \vdots & & \vdots \\ a_{i1} & a_{i2} & \cdots & a_{in} \\ \vdots & \vdots & & \vdots \end{bmatrix} \begin{bmatrix} \cdots & b_{1j} & \cdots \\ \cdots & b_{2j} & \cdots \\ & \vdots & \\ \cdots & b_{nj} & \cdots \end{bmatrix},$$

即

$$c_{ij} = a_{i1}b_{1j} + a_{i2}b_{2j} + \cdots + a_{in}b_{nj} \ (i = 1, 2, \cdots, m; j = 1, 2, \cdots, s).$$

【注】 不是任何两个矩阵都可以相乘，即矩阵 $A$ 左乘矩阵 $B$ 时，$A$ 的列数必须与 $B$ 的行数相同.

### 5. 方阵的幂

若 $A$ 为方阵，我们用 $A^n$ 表示 $n$ 个 $A$ 的连续乘积，称其为 $A$ 的 $n$ 次幂. 同时为了方便，还约定 $A^0 = E$.

【注】 由于矩阵的乘法满足结合律，此约定是明确的.

### 6. 矩阵的逆

对于 $n$ 阶方阵 $A$，若存在 $n$ 阶方阵 $B$ 满足

$$AB = BA = E,$$

则称 $A$ 可逆，并将矩阵 $B$ 称为 $A$ 的逆矩阵，记作 $A^{-1}$.

【注】 由矩阵的乘法法则可知，只有方阵才能有逆矩阵. 然而，并非所有方阵都有逆矩阵. 特别地，如果一个矩阵可逆，则其逆矩阵是唯一的.

## 6.2.3 矩阵运算的性质

**1. 矩阵加减法的基本性质**（假设 $A, B, C$ 均为 $m \times n$ 矩阵）

（1） $A + B = B + A$ （交换律）；

（2） $(A + B) + C = A + (B + C)$ （结合律）；

（3） $A + 0_{m \times n} = 0_{m \times n} + A = A$；

（4） $A - A = 0_{m \times n}$.

**2. 数乘矩阵的基本性质**（假设 $A, B$ 均为矩阵，$k, l$ 均为数）

（1） $(kl)A = k(lA)$；

（2） $(k + l)A = kA + lA$ （结合律）；

（3） $k(A + B) = kA + kB$.

**3. 矩阵乘法的基本性质**（假设运算可行）

（1） $(AB)C = A(BC)$ （结合律）；

（2） $A(B + C) = AB + AC, (B + C)A = BA + BC$ （分配律）；

（3） $(kA)B = A(kB) = k(AB)$ （$k$ 为常数）；

（4） $EA = AE = A$；

（5） $0A = 0, A0 = 0$；

（6） $AB + kA = A(B + kE), BA + kA = (B + kE)A$ （$k$ 为常数）.

【注】 我们一般不区分 $1 \times 1$ 矩阵 $a$ 与数 $a$. 另外，零矩阵和单位矩阵在矩阵的乘法运算中类似于数的乘法运算中的 0 和 1.

**4. 矩阵乘法的特殊性**

（1）矩阵的乘法一般不满足交换律，即 $AB = BA$ 不总成立，即使 $A, B$ 为同阶方阵；

（2）矩阵的乘法运算无消去律，即由 $AB = 0$ 推不出 $A = 0$ 或 $B = 0$，也即当 $A \neq 0, B \neq 0$ 时，可能有 $AB = 0$；同样地，由 $AB = AC$ 也推不出 $B = C$，即使 $A \neq 0$.

**5. 方阵幂运算的基本性质**（假设运算可行）

对于方阵 $A$ 及任意自然数 $m, n$，有

（1）$A^m A^n = A^{m+n}$；

（2）$(A^m)^n = A^{mn}$；

（3）特别地，因为矩阵乘法不满足交换律，所以 $(AB)^k$ 与 $A^k B^k$ 不一定相等． 实际上，

$(AB)^k = (AB)(AB)\cdots(AB) = A(BA)(BA)\cdots(BA)B = A(BA)^{k-1}B$．

**6. 逆矩阵运算的基本性质**

（1）$(A^{-1})^{-1} = A$；

（2）$(AB)^{-1} = B^{-1}A^{-1}$．

### 6.2.4　矩阵求逆的方法

**1. 矩阵的初等变换**

对矩阵进行下列三种变换称为**矩阵的行初等变换**：

（1）交换矩阵中两行的位置；

（2）用一个非零常数乘矩阵的某一行的所有元素；

（3）将矩阵某一行的所有元素乘某一常数，再对应地加到另一行上．

上面的变换如果是对矩阵的列进行的，则称为**矩阵的列初等变换**． 矩阵的行初等变换和矩阵的列初等变换称为**矩阵的初等变换**．

**2. 初等变换法求逆矩阵**

设 $A$ 为 $n$ 阶方阵． 若

$$[A \mid E]_{n\times 2n} \xrightarrow{\quad\text{行初等变换}\quad} [E \mid B]_{n\times 2n},$$

则 $A$ 可逆，且 $B = A^{-1}$．

## 6.3　例　题　分　析

【例 6-1】　设 $A, B$ 均为 $n$ 阶方阵，则下列中正确的是（　　）．

（A）$(AB)^k = A^k B^k$　　　　　　（B）若 $A$ 可逆，$(kA)$ 可逆

（C）$B^2 - A^2 = (B-A)(B+A)$　　（D）若 $A, B$ 可逆，则 $(A^{-1}B^{-1})^{-1} = BA$

**分析**　$(AB)^k$ 表示 $k$ 个 $AB$ 相乘，因为矩阵乘法无交换律，所以 A 和 C 错． 当 $A$ 可逆时，进一步若 $k \neq 0$，则 $(kA)\left(\dfrac{1}{k}A\right) = \left(\dfrac{1}{k}A\right)(kA) = E$，此时 $kA$ 可逆；然而当 $k=0$ 时，$kA = 0$ 不可逆，故 B 错． 因 $A, B$ 可逆，则 $(A^{-1}B^{-1})(BA) = (BA)(A^{-1}B^{-1}) = E$，故 $(A^{-1}B^{-1})^{-1}$ 可逆且 $(A^{-1}B^{-1})^{-1} = BA$，选择 D．

【例 6-2】　设 $A, B$ 为 $n$ 阶方阵，下述论断中不正确的是（　　）．

（A）$A$ 可逆，且 $AB = 0$，则 $B = 0$

（B）$AB$ 不可逆，则 $A, B$ 中至少有一个不可逆

（C）$A, B$ 可逆，则 $A + B$ 可逆

（D）$A, B$ 可逆，则 $AB$ 可逆

**分析** 当矩阵 $A$ 可逆时，则可在 $AB = 0$ 的两端同时左乘 $A^{-1}$，故有 $A^{-1}AB = A^{-1}0 = 0$，又因为 $A^{-1}A = AA^{-1} = E$，所以有 $EB = 0$，即 $B = 0$，故 A 对. 当 $A, B$ 可逆时，有 $A^{-1}A = AA^{-1} = E, B^{-1}B = BB^{-1} = E$，则 $(AB)(B^{-1}A^{-1}) = (B^{-1}A^{-1})(AB) = E$，于是由矩阵逆的定义易知 $AB$ 可逆，故 D 对. 此时，由 D 的逆否命题可知，当 $AB$ 不可逆时，$A, B$ 中至少有一个不可逆，故 B 对. 对于选项 C，当令 $A = E$，$B = -E$ 时，$A, B$ 均可逆，然而 $A + B = 0$ 不可逆，故 C 错.

**【例 6-3】** 设 $A, B$ 都是可逆矩阵，且 $AB = BA$，则必有（　　）.

（A）$A^{-1}B = B^{-1}A$　　　　　　（B）$AB^{-1} = B^{-1}A$

（C）$AB = B^{-1}A^{-1}$　　　　　　（D）$(A^{-1} + B^{-1})(A + B) = E$

**分析** 当 $A, B$ 可逆时，有 $AA^{-1} = A^{-1}A = E$，$BB^{-1} = B^{-1}B = E$. 又因为 $AB = BA$，则 $B^{-1}ABB^{-1} = B^{-1}BAB^{-1}$，即 $B^{-1}A = AB^{-1}$，故 B 对.

**【例 6-4】** 如果 $A, B$ 均为 $n$ 阶方阵，则下列中正确的是（　　）.

（A）$(A + B)^2 = A^2 + 2AB + B^2$　　（B）$(AB)^2 = A^2B^2$

（C）当 $AB = 0$ 时，$A = 0$ 或 $B = 0$　　（D）当 $AB = BA$ 时，$A^2 - B^2 = (A + B)(A - B)$

**分析** 需熟练掌握矩阵乘法的特殊性，即无交换律、无消去律、有零因子. 故选项 A、B、C 都不对. 当题目给出了 $AB = BA$ 这一条件时，此时 $A$ 与 $B$ 相乘具有乘法的交换律，则 D 对.

**【例 6-5】** 若 $A, B$ 都是 $n$ 阶方阵，且 $AB$ 不可逆，则（　　）.

（A）$A$ 不可逆　　　　　　　　（B）$B$ 不可逆

（C）$A, B$ 都不可逆　　　　　　（D）$A, B$ 中至少有一个不可逆

**分析** 本题考察矩阵逆的性质，即若 $A, B$ 是同阶可逆方阵，则 $AB$ 可逆且 $(AB)^{-1} = B^{-1}A^{-1}$. 该结论的逆否命题就是本题的结论，故 D 对.

**【例 6-6】** 设

$$A = \begin{bmatrix} a_{11} & a_{12} & a_{13} \\ a_{21} & a_{22} & a_{23} \\ a_{31} & a_{32} & a_{33} \end{bmatrix}, \quad B = \begin{bmatrix} a_{21} & a_{22} & a_{23} \\ a_{11} & a_{12} & a_{13} \\ a_{31} + a_{11} & a_{32} + a_{12} & a_{33} + a_{13} \end{bmatrix}, \quad P_1 = \begin{bmatrix} 0 & 1 & 0 \\ 1 & 0 & 0 \\ 0 & 0 & 1 \end{bmatrix}, \quad P_2 = \begin{bmatrix} 1 & 0 & 0 \\ 0 & 1 & 0 \\ 1 & 0 & 1 \end{bmatrix},$$

则必有（　　）.

（A）$AP_1P_2 = B$　　　　（B）$AP_2P_1 = B$　　　　（C）$P_1P_2A = B$　　　　（D）$P_2P_1A = B$

**分析** 本题考察矩阵的乘法，直接计算就可得出结论，故 C 对.

**【例 6-7】** 设 $A = \begin{bmatrix} 2 & 2 \\ -3 & 5 \end{bmatrix}$，$B = \begin{bmatrix} -1 & 2 \\ 4 & 3 \end{bmatrix}$，$C = \begin{bmatrix} 5 & 4 \\ 13 & -1 \end{bmatrix}$. 计算：

（1）$A + B$；（2）$A - B$；（3）$2A + 3C + B$.

**解** （1）$A+B=\begin{bmatrix}2&2\\-3&5\end{bmatrix}+\begin{bmatrix}-1&2\\4&3\end{bmatrix}=\begin{bmatrix}1&4\\1&8\end{bmatrix}$；

（2）$A+B=\begin{bmatrix}2&2\\-3&5\end{bmatrix}-\begin{bmatrix}-1&2\\4&3\end{bmatrix}=\begin{bmatrix}3&0\\-7&2\end{bmatrix}$；

（3）$2A+3C+B=2\begin{bmatrix}2&2\\-3&5\end{bmatrix}+3\begin{bmatrix}5&4\\13&-1\end{bmatrix}+\begin{bmatrix}-1&2\\4&3\end{bmatrix}=\begin{bmatrix}18&18\\37&10\end{bmatrix}$．

**【注】** 本题考察矩阵的加法、减法和数乘的运算规律，矩阵的加法（减法）是对应位置的元素相加（相减），数乘矩阵是用数乘以矩阵的每个元素．

**【例6-8】** 计算：

（1）$\begin{bmatrix}4&3&1\\1&-2&3\\5&7&0\end{bmatrix}\begin{bmatrix}7\\2\\1\end{bmatrix}$；  （2）$\begin{bmatrix}1\\4\\1\\1\end{bmatrix}\begin{bmatrix}1&3&2&1\end{bmatrix}$；

（3）$\begin{bmatrix}k_1&0&0\\0&k_2&0\\0&0&k_3\end{bmatrix}\begin{bmatrix}a_{11}&a_{12}\\a_{21}&a_{22}\\a_{31}&a_{32}\end{bmatrix}$；  （4）$\begin{bmatrix}a_{11}&a_{12}&a_{13}\\a_{21}&a_{22}&a_{23}\end{bmatrix}\begin{bmatrix}k_1&0&0\\0&k_2&0\\0&0&k_3\end{bmatrix}$．

**解** （1）$\begin{bmatrix}4&3&1\\1&-2&3\\5&7&0\end{bmatrix}\begin{bmatrix}7\\2\\1\end{bmatrix}=\begin{bmatrix}35\\6\\49\end{bmatrix}$；

（2）$\begin{bmatrix}1\\4\\1\\1\end{bmatrix}\begin{bmatrix}1&3&2&1\end{bmatrix}=\begin{bmatrix}1&3&2&1\\4&12&8&4\\1&3&2&1\\1&3&2&1\end{bmatrix}$；

（3）$\begin{bmatrix}k_1&0&0\\0&k_2&0\\0&0&k_3\end{bmatrix}\begin{bmatrix}a_{11}&a_{12}\\a_{21}&a_{22}\\a_{31}&a_{32}\end{bmatrix}=\begin{bmatrix}k_1a_{11}&k_1a_{12}\\k_2a_{21}&k_2a_{22}\\k_3a_{31}&k_3a_{32}\end{bmatrix}$；

（4）$\begin{bmatrix}a_{11}&a_{12}&a_{13}\\a_{21}&a_{22}&a_{23}\end{bmatrix}\begin{bmatrix}k_1&0&0\\0&k_2&0\\0&0&k_3\end{bmatrix}=\begin{bmatrix}k_1a_{11}&k_2a_{12}&k_3a_{13}\\k_1a_{21}&k_2a_{22}&k_3a_{23}\end{bmatrix}$．

**【注】** 本题考察矩阵的乘法运算，矩阵 $A$ 乘以矩阵 $B$（若可以相乘）得到的是一个矩阵 $C$，矩阵 $C$ 的行由矩阵 $A$ 的行确定，矩阵 $C$ 的列由矩阵 $B$ 的列确定，矩阵 $C$ 的第 $i$ 行第 $j$ 列元素等于矩阵 $A$ 的第 $i$ 行与矩阵 $B$ 的第 $j$ 列对应位置的元素相乘再求和．特别地，矩阵乘法无交换律、无消去律、有零因子．

**【例6-9】** 计算（$n$ 为正整数）：

（1）$\begin{bmatrix}k_1&&\\&k_2&\\&&k_3\end{bmatrix}^n$；（2）$\begin{bmatrix}1&1\\0&1\end{bmatrix}^n$；（3）$\begin{bmatrix}3&4\\4&-3\end{bmatrix}^n$．

**解** （1）用数学归纳法证明

$$\begin{bmatrix} k_1 & & \\ & k_2 & \\ & & k_3 \end{bmatrix}^n = \begin{bmatrix} k_1^n & & \\ & k_2^n & \\ & & k_3^n \end{bmatrix}.$$

当 $n=1$ 时，显然. 归纳假设当 $n=m$ 时，结论成立.

当 $n=m+1$ 时，有

$$\begin{bmatrix} k_1 & & \\ & k_2 & \\ & & k_3 \end{bmatrix}^{m+1} = \begin{bmatrix} k_1 & & \\ & k_2 & \\ & & k_3 \end{bmatrix}^{m} \begin{bmatrix} k_1 & & \\ & k_2 & \\ & & k_3 \end{bmatrix}$$

$$= \begin{bmatrix} k_1^m & & \\ & k_2^m & \\ & & k_3^m \end{bmatrix} \begin{bmatrix} k_1 & & \\ & k_2 & \\ & & k_3 \end{bmatrix} = \begin{bmatrix} k_1^{m+1} & & \\ & k_2^{m+1} & \\ & & k_3^{m+1} \end{bmatrix}.$$

由数学归纳法，对一切自然数 $n$，结论都成立.

（2）用数学归纳法证明

$$\begin{bmatrix} 1 & 1 \\ 0 & 1 \end{bmatrix}^n = \begin{bmatrix} 1 & n \\ 0 & 1 \end{bmatrix}.$$

当 $n=1$ 时，显然. 归纳假设当 $n=k$ 时，结论成立.

当 $n=m+1$ 时，有

$$\begin{bmatrix} 1 & 1 \\ 0 & 1 \end{bmatrix}^{k+1} = \begin{bmatrix} 1 & 1 \\ 0 & 1 \end{bmatrix}^{k} \begin{bmatrix} 1 & 1 \\ 0 & 1 \end{bmatrix} = \begin{bmatrix} 1 & k \\ 0 & 1 \end{bmatrix} \begin{bmatrix} 1 & 1 \\ 0 & 1 \end{bmatrix} = \begin{bmatrix} 1 & k+1 \\ 0 & 1 \end{bmatrix}.$$

由数学归纳法，对一切自然数 $n$，结论都成立.

（3）$\begin{bmatrix} 3 & 4 \\ 4 & -3 \end{bmatrix}^2 = \begin{bmatrix} 3 & 4 \\ 4 & -3 \end{bmatrix} \begin{bmatrix} 3 & 4 \\ 4 & -3 \end{bmatrix} = \begin{bmatrix} 25 & 0 \\ 0 & 25 \end{bmatrix} = 5^2 \begin{bmatrix} 1 & 0 \\ 0 & 1 \end{bmatrix} = 5^2 \boldsymbol{E}_2.$

当 $n=2k,\ k \in \mathbb{N}$ 时，有

$$\begin{bmatrix} 3 & 4 \\ 4 & -3 \end{bmatrix}^n = \left( \begin{bmatrix} 3 & 4 \\ 4 & -3 \end{bmatrix}^2 \right)^k = (5^2 \boldsymbol{E}_2)^k = 5^{2k} \boldsymbol{E}_2;$$

当 $n=2k+1,\ k \in \mathbb{N}$ 时，

$$\begin{bmatrix} 3 & 4 \\ 4 & -3 \end{bmatrix}^n = \begin{bmatrix} 3 & 4 \\ 4 & -3 \end{bmatrix}^{2k} \begin{bmatrix} 3 & 4 \\ 4 & -3 \end{bmatrix} = 5^{2k} \begin{bmatrix} 3 & 4 \\ 4 & -3 \end{bmatrix}.$$

所以

$$\begin{bmatrix} 3 & 4 \\ 4 & -3 \end{bmatrix}^n = \begin{cases} 5^{2k} \boldsymbol{E}_2, & n=2k,\ k \in \mathbb{N}; \\ 5^{2k} \begin{bmatrix} 3 & 4 \\ 4 & -3 \end{bmatrix}, & n=2k+1,\ k \in \mathbb{N}. \end{cases}$$

【注】 本题考察矩阵的幂运算. 首先, 只有方阵才可以定义幂运算; 其次, 对于抽象矩阵, 可用 $A^n(n \in \mathbb{N})$ 表示方阵 $A$ 的 $n$ 次幂; 而对于具体的矩阵, 则可以借助观察法、数学归纳法等分析其幂.

【例 6-10】 设 $A, B$ 都是 $n$ 阶方阵, 证明:

(1) 当且仅当 $AB = BA$ 时, $(A \pm B)^2 = A^2 \pm 2AB + B^2$;

(2) 当且仅当 $AB = BA$ 时, $A^2 - B^2 = (A + B)(A - B)$;

(3) 如果 $AB = BA$, 则 $(A + B)^m = \sum_{k=0}^{m} C_m^k A^k B^{m-k} (m \geqslant 1)$, 其中 $C_m^k$ 表示从 $m$ 个不同元素中取出 $k$ 个不同元素的组合数.

**证明** (1) $(A \pm B)^2 = A^2 \pm AB \pm BA + B^2$, 则当且仅当 $AB = BA$ 时, 有

$$(A \pm B)^2 = A^2 \pm 2AB + B^2.$$

(2) $(A + B)(A - B) = A^2 - AB + BA - B^2$, 则当且仅当 $AB = BA$ 时, 有

$$A^2 - B^2 = (A + B)(A - B).$$

(3) (利用数学归纳法证明) 当 $m = 1$ 时,

$$\sum_{k=0}^{1} C_1^k A^k B^{1-k} = C_1^0 A^0 B^1 + C_1^1 A^1 B^0 = A + B,$$

结论成立.

假设当 $m = l$ 时, 结论

$$(A + B)^l = \sum_{k=0}^{l} C_l^k A^k B^{l-k} \quad (l \geqslant 1)$$

成立, 则当 $m = l + 1$ 时, 有

$$(A + B)^{l+1} = (A + B)^l (A + B) = \left( \sum_{k=0}^{l} C_l^k A^k B^{l-k} \right) (A + B)$$

$$= (C_l^0 B^l + C_l^1 AB^{l-1} + C_l^2 A^2 B^{l-2} + \cdots + C_l^{l-1} A^{l-1} B + C_l^l A^l)(A + B)$$

$$= C_l^0 B^l A + C_l^1 AB^{l-1} A + C_l^2 A^2 B^{l-2} A + \cdots + C_l^{l-1} A^{l-1} BA + C_l^l A^{l+1} +$$

$$\quad C_l^0 B^{l+1} + C_l^1 AB^l + C_l^2 A^2 B^{l-1} + \cdots + C_l^{l-1} A^{l-1} B^2 + C_l^l A^l B$$

(由 $AB = BA$)

$$= C_l^0 B^l A + C_l^1 A^2 B^{l-1} + C_l^2 A^3 B^{l-2} + \cdots + C_l^l A^l B + C_l^l A^{l+1} +$$

$$\quad C_l^0 B^{l+1} + C_l^1 AB^l + C_l^2 A^2 B^{l-1} + \cdots + C_l^{l-1} A^{l-1} B^2 + C_l^l A^l B$$

$$= C_l^0 B^{l+1} + (C_l^0 + C_l^1)AB^l + (C_l^1 + C_l^2)A^2 B^{l-1} + \cdots + (C_l^{l-1} + C_l^l)A^l B + C_{l+1}^{l+1} A^{l+1}$$

(由 $C_{l+1}^m = C_l^m + C_l^{m-1}$)

$$= C_{l+1}^0 B^{l+1} + C_{l+1}^1 AB^l + C_{l+1}^2 A^2 B^{l-1} + \cdots + C_{l+1}^l A^l B + C_{l+1}^{l+1} A^{l+1}$$

$$= \sum_{k=0}^{l+1} C_{l+1}^k A^k B^{l+1-k}.$$

由数学归纳法，对一切自然数 $m$，结论都成立.

【注】 我们知道，矩阵的乘法无交换律. 然而当矩阵 $A$ 与 $B$ 乘积可换时，对于数的一些结果可以推广到矩阵，如二项式公式.

【例6-11】 求下列矩阵的逆矩阵.

$$（1）\begin{bmatrix} 1 & 2 & -1 \\ 3 & 4 & -2 \\ 5 & -4 & 1 \end{bmatrix}；（2）\begin{bmatrix} 1 & 0 & 2 & 3 \\ 0 & 1 & 4 & 5 \\ 0 & 0 & 1 & 0 \\ 0 & 0 & 0 & 1 \end{bmatrix}.$$

**解** （1）因为

$$\left[\begin{array}{ccc|ccc} 1 & 2 & -1 & 1 & 0 & 0 \\ 3 & 4 & -2 & 0 & 1 & 0 \\ 5 & -4 & 1 & 0 & 0 & 1 \end{array}\right] \xrightarrow{行} \left[\begin{array}{ccc|ccc} 1 & 2 & -1 & -1 & 0 & 0 \\ 0 & -2 & 1 & -3 & 1 & 0 \\ 0 & -14 & 6 & -5 & 0 & 1 \end{array}\right] \xrightarrow{行} \left[\begin{array}{ccc|ccc} 1 & 2 & -1 & 1 & 1 & 0 \\ 0 & -2 & 1 & -3 & 1 & 0 \\ 0 & 0 & -1 & 16 & -7 & 1 \end{array}\right]$$

$$\xrightarrow{行} \left[\begin{array}{ccc|ccc} 1 & 2 & 0 & -15 & 7 & -1 \\ 0 & -2 & 0 & 13 & -6 & 1 \\ 0 & 0 & -1 & 16 & -7 & 1 \end{array}\right] \xrightarrow{行} \left[\begin{array}{ccc|ccc} 1 & 0 & 0 & -2 & 1 & 0 \\ 0 & -2 & 0 & 13 & -6 & 1 \\ 0 & 0 & -1 & 16 & -7 & 1 \end{array}\right]$$

$$\xrightarrow{行} \left[\begin{array}{ccc|ccc} 1 & 0 & 0 & -2 & 1 & 0 \\ 0 & 1 & 0 & -\dfrac{13}{2} & 3 & -\dfrac{1}{2} \\ 0 & 0 & 1 & -16 & 7 & -1 \end{array}\right],$$

所以

$$\begin{bmatrix} 1 & 2 & -1 \\ 3 & 4 & -2 \\ 5 & -4 & 1 \end{bmatrix}^{-1} = \begin{bmatrix} -2 & 1 & 0 \\ -\dfrac{13}{2} & 3 & -\dfrac{1}{2} \\ -16 & 7 & -1 \end{bmatrix}.$$

（2）因为

$$\left[\begin{array}{cccc|cccc} 1 & 0 & 2 & 3 & 1 & 0 & 0 & 0 \\ 0 & 1 & 4 & 5 & 0 & 1 & 0 & 0 \\ 0 & 0 & 1 & 0 & 0 & 0 & 1 & 0 \\ 0 & 0 & 0 & 1 & 0 & 0 & 0 & 1 \end{array}\right] \xrightarrow{行} \left[\begin{array}{cccc|cccc} 1 & 0 & 2 & 0 & 1 & 0 & 0 & -3 \\ 0 & 1 & 4 & 0 & 0 & 1 & 0 & -5 \\ 0 & 0 & 1 & 0 & 0 & 0 & 1 & 0 \\ 0 & 0 & 0 & 1 & 0 & 0 & 0 & 1 \end{array}\right]$$

$$\xrightarrow{行} \left[\begin{array}{cccc|cccc} 1 & 0 & 0 & 0 & 1 & 0 & -2 & -3 \\ 0 & 1 & 0 & 0 & 0 & 1 & -4 & -5 \\ 0 & 0 & 1 & 0 & 0 & 0 & 1 & 0 \\ 0 & 0 & 0 & 1 & 0 & 0 & 0 & 1 \end{array}\right],$$

所以

$$\begin{bmatrix} 1 & 0 & 2 & 3 \\ 0 & 1 & 4 & 5 \\ 0 & 0 & 1 & 0 \\ 0 & 0 & 0 & 1 \end{bmatrix}^{-1} = \begin{bmatrix} 1 & 0 & -2 & -3 \\ 0 & 1 & -4 & -5 \\ 0 & 0 & 1 & 0 \\ 0 & 0 & 0 & 1 \end{bmatrix}.$$

**【注】** 利用行初等变换求具体矩阵的逆是非常有效的方式，其具体过程为

$$[A \mid E]_{n \times 2n} \xrightarrow{\text{行初等变换}} [E \mid B]_{n \times 2n}.$$

**【例 6-12】** 已知 $AP = PB$，其中 $B = \begin{bmatrix} 1 & 0 & 0 \\ 0 & 0 & 0 \\ 0 & 0 & -1 \end{bmatrix}$，$P = \begin{bmatrix} 1 & 0 & 0 \\ 2 & -1 & 0 \\ 2 & 1 & 2 \end{bmatrix}$，求 $A$ 及 $A^9$.

**解**　由 $AP = PB$ 及 $P$ 可逆，得

$$A = PBP^{-1},$$

故

$$A = \begin{bmatrix} 1 & 0 & 0 \\ 2 & -1 & 0 \\ 2 & 1 & 2 \end{bmatrix} \begin{bmatrix} 1 & 0 & 0 \\ 0 & 0 & 0 \\ 0 & 0 & -1 \end{bmatrix} \begin{bmatrix} 1 & 0 & 0 \\ 2 & -1 & 0 \\ -4 & 1 & 1 \end{bmatrix} = \begin{bmatrix} 1 & 0 & 0 \\ 2 & 0 & 0 \\ 6 & -1 & -1 \end{bmatrix},$$

$$A^9 = (PBP^{-1})^9 = PBP^{-1}PBP^{-1} \cdots PBP^{-1} = PB^9 P^{-1}$$

$$= \begin{bmatrix} 1 & 0 & 0 \\ 2 & -1 & 0 \\ 2 & 1 & 2 \end{bmatrix} \begin{bmatrix} 1 & 0 & 0 \\ 0 & 0 & 0 \\ 0 & 0 & -1 \end{bmatrix}^9 \begin{bmatrix} 1 & 0 & 0 \\ 2 & -1 & 0 \\ -4 & 1 & 1 \end{bmatrix}$$

$$= \begin{bmatrix} 1 & 0 & 0 \\ 2 & -1 & 0 \\ 2 & 1 & 2 \end{bmatrix} \begin{bmatrix} 1^9 & 0 & 0 \\ 0 & 0 & 0 \\ 0 & 0 & (-1)^9 \end{bmatrix} \begin{bmatrix} 1 & 0 & 0 \\ 2 & -1 & 0 \\ -4 & 1 & 1 \end{bmatrix} = \begin{bmatrix} 1 & 0 & 0 \\ 2 & 0 & 0 \\ 6 & -1 & -1 \end{bmatrix}.$$

**【例 6-13】** 设 $A = \begin{bmatrix} 2 & 0 & 0 \\ 1 & 2 & 0 \\ 1 & 1 & 2 \end{bmatrix}$，满足 $AB = A + B$，求 $B$.

**解**　由 $AB = A + B$，得

$$(A - E)B = A.$$

而

$$A - E = \begin{bmatrix} 1 & 0 & 0 \\ 1 & 1 & 0 \\ 1 & 1 & 1 \end{bmatrix},$$

且

$$(A - E)^{-1} = \begin{bmatrix} 1 & 0 & 0 \\ -1 & 1 & 0 \\ 0 & -1 & 1 \end{bmatrix},$$

所以

$$B = (A - E)^{-1} A = \begin{bmatrix} 1 & 0 & 0 \\ -1 & 1 & 0 \\ 0 & -1 & 1 \end{bmatrix} \begin{bmatrix} 2 & 0 & 0 \\ 1 & 2 & 0 \\ 1 & 1 & 2 \end{bmatrix} = \begin{bmatrix} 2 & 0 & 0 \\ -1 & 2 & 0 \\ 0 & -1 & 2 \end{bmatrix}.$$

【例 6-14】 试证：若对某正整数 $k$ ，方阵 $A^k = 0$ ，则

$$(E - A)^{-1} = E + A + \cdots + A^{k-1}.$$

证明 $(E - A)(E + A + \cdots + A^{k-1}) = E + A + A^2 + \cdots + A^{k-1} - A - \cdots - A^{k-1} - A^k = E$ .
同理

$$(E + A + \cdots + A^{k-1})(E - A) = E,$$

所以

$$(E - A)^{-1} = (E + A + \cdots + A^{k-1}).$$

【注】 本题考察利用矩阵逆的定义证明矩阵可逆，即 $AB = BA = E$ . 这是证明抽象矩阵可逆的有效手段.

## 6.4 习　　题

1. 设 $A_1 = \begin{bmatrix} 1 \\ 2 \\ 3 \end{bmatrix}$ , $A_2 = \begin{bmatrix} -1 \\ 0 \\ -3 \end{bmatrix}$ , $A_3 = \begin{bmatrix} 2 \\ 1 \\ 1 \end{bmatrix}$ , 求 $\dfrac{1}{3}A_1 + \dfrac{1}{4}A_2 + \dfrac{1}{12}A_3$ .

2. 计算：

（1）$\begin{bmatrix} 1 & 3 & 2 & 1 \end{bmatrix} \begin{bmatrix} 1 \\ 4 \\ 1 \\ 1 \end{bmatrix}$ ;　　（2）$\begin{bmatrix} 2 & 1 & 3 \\ 0 & 1 & -1 \\ 1 & 2 & 0 \end{bmatrix} \begin{bmatrix} 1 & 0 \\ 2 & 3 \\ 3 & 1 \end{bmatrix}$ ;

（3）$\begin{bmatrix} a_{11} & a_{12} & a_{13} \\ a_{21} & a_{22} & a_{23} \\ a_{31} & a_{32} & a_{33} \end{bmatrix} \begin{bmatrix} x_1 \\ x_2 \\ x_3 \end{bmatrix}$ ;　　（4）$\begin{bmatrix} x_1 & x_2 & x_3 \end{bmatrix} \begin{bmatrix} a_{11} & a_{12} & a_{13} \\ a_{21} & a_{22} & a_{23} \\ a_{31} & a_{32} & a_{33} \end{bmatrix} \begin{bmatrix} x_1 \\ x_2 \\ x_3 \end{bmatrix}$ .

3. 计算（$n$ 为正整数）：

（1）$\begin{bmatrix} 0 & a & b \\ 0 & 0 & c \\ 0 & 0 & 0 \end{bmatrix}^n$ ;（2）$\begin{bmatrix} 1 & a & 0 \\ 0 & 1 & a \\ 0 & 0 & 1 \end{bmatrix}^n$ ;（3）$\left( \begin{bmatrix} 1 \\ -3 \\ 2 \end{bmatrix} \begin{bmatrix} 2 & 1 & 2 \end{bmatrix} \right)^n$ .

4. 求 $A^n$ ，其中 $A = \begin{bmatrix} 1 & 1 & 0 \\ 0 & 1 & 1 \\ 0 & 0 & 1 \end{bmatrix} \begin{bmatrix} 1 & 0 & 0 \\ 0 & -1 & 0 \\ 0 & 0 & 1 \end{bmatrix} \begin{bmatrix} 1 & -1 & 1 \\ 0 & 1 & -1 \\ 0 & 0 & 1 \end{bmatrix}$ .

5. 求下列矩阵的逆矩阵：

（1）$\begin{bmatrix} 0 & 1 \\ 1 & 0 \end{bmatrix}$；　　（2）$\begin{bmatrix} 2 & -1 \\ -1 & 2 \end{bmatrix}$；　（3）$\begin{bmatrix} 2 & -1 & 0 \\ -1 & 2 & -1 \\ 0 & -1 & 2 \end{bmatrix}$；　（4）$\begin{bmatrix} 1 & 0 & 0 & 0 \\ 0 & 2 & 0 & 0 \\ 0 & 0 & 3 & 0 \\ 0 & 0 & 0 & 4 \end{bmatrix}$.

6. 求下列等式中的矩阵 $X$：

（1）$\begin{bmatrix} 2 & 5 \\ 1 & 3 \end{bmatrix} X = \begin{bmatrix} 4 & -6 \\ 2 & 1 \end{bmatrix}$；　　　　（2）$X \begin{bmatrix} 2 & 1 & -1 \\ 2 & 1 & 0 \\ 1 & -1 & 1 \end{bmatrix} = \begin{bmatrix} 1 & -1 & 3 \\ 4 & 3 & 2 \end{bmatrix}$；

（3）$\begin{bmatrix} 1 & 4 \\ -1 & 2 \end{bmatrix} X \begin{bmatrix} 2 & 0 \\ -1 & -1 \end{bmatrix} = \begin{bmatrix} 3 & 1 \\ 0 & -1 \end{bmatrix}$.

7. 设 $A = \begin{bmatrix} 1 & 0 & 1 \\ 0 & 2 & 0 \\ 0 & 0 & 1 \end{bmatrix}$，求 $(A+3E)^{-1}(A^2 - 9E)$.

8. 设 $A, B$ 为三阶方阵，且 $A^2 - AB = E$，其中 $A = \begin{bmatrix} 1 & 1 & -1 \\ 0 & 1 & 1 \\ 0 & 0 & -1 \end{bmatrix}$，求 $B$.

9. 设三阶方阵 $A, B$ 满足 $A^{-1}BA = 6A + BA$，其中 $A = \begin{bmatrix} \dfrac{1}{3} & 0 & 0 \\ 0 & \dfrac{1}{4} & 0 \\ 0 & 0 & \dfrac{1}{7} \end{bmatrix}$，求 $B$.

10. 已知 $A = \begin{bmatrix} -3 & 4 & 0 & 0 \\ 4 & 3 & 0 & 0 \\ 0 & 0 & -1 & 1 \\ 0 & 0 & -3 & 2 \end{bmatrix}$，矩阵 $B$ 满足 $AB = A + B$，求 $B$.

11. 设 $C(E - C^{-1}B)A = E$，$B = \begin{bmatrix} 1 & -1 & 0 & 0 \\ 0 & 1 & -1 & 0 \\ 0 & 0 & 1 & -1 \\ 0 & 0 & 0 & 1 \end{bmatrix}$，$C = \begin{bmatrix} 2 & 1 & 3 & 4 \\ 0 & 2 & 1 & 3 \\ 0 & 0 & 2 & 1 \\ 0 & 0 & 0 & 2 \end{bmatrix}$，求 $A$.

12. 设 $n$ 阶方阵 $A$ 满足 $A^2 = A$，证明 $E - 2A$ 可逆.

13. 设 $A$ 为 $n$ 阶方阵，且满足 $A^4 - 5A^2 + 4E = 0$. 试证 $A$ 可逆.

14. 若 $A, B, AB - E$ 均为可逆矩阵，证明：$A - B^{-1}, (A - B^{-1})^{-1} - A^{-1}$ 均可逆.

15. 设 $A$ 为 $n$ 阶方阵，$f(x) = x^m + a_{m-1}x^{m-1} + \cdots + a_1 x + a_0$，$a_0 \neq 0$ 且 $f(A) = 0$，试证 $A$ 可逆，并用 $A$ 表示 $A^{-1}$.

16. 设 $A, B$ 为 $n$ 阶方阵，$AB + BA = E$，则 $A^3 B + BA^3 = A^2$.

## 6.5　习　题　解　答

**1. 解**　$\dfrac{1}{3}A_1 + \dfrac{1}{4}A_2 + \dfrac{1}{12}A_3 = \dfrac{1}{3}\begin{bmatrix} 1 \\ 2 \\ 3 \end{bmatrix} + \dfrac{1}{4}\begin{bmatrix} -1 \\ 0 \\ -3 \end{bmatrix} + \dfrac{1}{12}\begin{bmatrix} 2 \\ 1 \\ 1 \end{bmatrix} = \begin{bmatrix} \dfrac{1}{4} \\ \dfrac{3}{4} \\ \dfrac{1}{3} \end{bmatrix}$ .

**2. 解**　（1）$\begin{bmatrix} 1 & 3 & 2 & 1 \end{bmatrix}\begin{bmatrix} 1 \\ 4 \\ 1 \\ 1 \end{bmatrix} = 16$ ；

（2）$\begin{bmatrix} 2 & 1 & 3 \\ 0 & 1 & -1 \\ 1 & 2 & 0 \end{bmatrix}\begin{bmatrix} 1 & 0 \\ 2 & 3 \\ 3 & 1 \end{bmatrix} = \begin{bmatrix} 13 & 6 \\ -1 & 2 \\ 5 & 6 \end{bmatrix}$ ；

（3）$\begin{bmatrix} a_{11} & a_{12} & a_{13} \\ a_{21} & a_{22} & a_{23} \\ a_{31} & a_{32} & a_{33} \end{bmatrix}\begin{bmatrix} x_1 \\ x_2 \\ x_3 \end{bmatrix} = \begin{bmatrix} a_{11}x_1 + a_{12}x_2 + a_{13}x_3 \\ a_{21}x_1 + a_{22}x_2 + a_{23}x_3 \\ a_{31}x_1 + a_{32}x_2 + a_{33}x_3 \end{bmatrix}$ ；

（4）$\begin{bmatrix} x_1 & x_2 & x_3 \end{bmatrix}\begin{bmatrix} a_{11} & a_{12} & a_{13} \\ a_{21} & a_{22} & a_{23} \\ a_{31} & a_{32} & a_{33} \end{bmatrix}\begin{bmatrix} x_1 \\ x_2 \\ x_3 \end{bmatrix} = \begin{bmatrix} x_1 & x_2 & x_3 \end{bmatrix}\begin{bmatrix} a_{11}x_1 + a_{12}x_2 + a_{13}x_3 \\ a_{21}x_1 + a_{22}x_2 + a_{23}x_3 \\ a_{31}x_1 + a_{32}x_2 + a_{33}x_3 \end{bmatrix}$

$= x_1(a_{11}x_1 + a_{12}x_2 + a_{13}x_3) + x_2(a_{21}x_1 + a_{22}x_2 + a_{23}x_3) + x_3(a_{31}x_1 + a_{32}x_2 + a_{33}x_3)$

$= a_{11}x_1^2 + a_{22}x_2^2 + a_{33}x_3^2 + (a_{12} + a_{21})x_1x_2 + (a_{13} + a_{31})x_1x_3 + (a_{23} + a_{32})x_2x_3.$

**3. 解**　（1）当 $n = 2$ 时，

$$\begin{bmatrix} 0 & a & b \\ 0 & 0 & c \\ 0 & 0 & 0 \end{bmatrix}^2 = \begin{bmatrix} 0 & a & b \\ 0 & 0 & c \\ 0 & 0 & 0 \end{bmatrix}\begin{bmatrix} 0 & a & b \\ 0 & 0 & c \\ 0 & 0 & 0 \end{bmatrix} = \begin{bmatrix} 0 & 0 & ac \\ 0 & 0 & 0 \\ 0 & 0 & 0 \end{bmatrix} ;$$

当 $n = 3$ 时，

$$\begin{bmatrix} 0 & a & b \\ 0 & 0 & c \\ 0 & 0 & 0 \end{bmatrix}^3 = \begin{bmatrix} 0 & a & b \\ 0 & 0 & c \\ 0 & 0 & 0 \end{bmatrix}^2\begin{bmatrix} 0 & a & b \\ 0 & 0 & c \\ 0 & 0 & 0 \end{bmatrix} = \begin{bmatrix} 0 & 0 & ac \\ 0 & 0 & 0 \\ 0 & 0 & 0 \end{bmatrix}\begin{bmatrix} 0 & a & b \\ 0 & 0 & c \\ 0 & 0 & 0 \end{bmatrix} = \begin{bmatrix} 0 & 0 & 0 \\ 0 & 0 & 0 \\ 0 & 0 & 0 \end{bmatrix} .$$

所以

$$\begin{bmatrix} 0 & a & b \\ 0 & 0 & c \\ 0 & 0 & 0 \end{bmatrix}^n = \begin{cases} \begin{bmatrix} 0 & a & b \\ 0 & 0 & c \\ 0 & 0 & 0 \end{bmatrix}, & n=1; \\[12pt] \begin{bmatrix} 0 & 0 & ac \\ 0 & 0 & 0 \\ 0 & 0 & 0 \end{bmatrix}, & n=2; \\[12pt] \mathbf{0}_{3\times3}, & n\geqslant 3. \end{cases}$$

（2）记

$$A = \begin{bmatrix} 0 & a & 0 \\ 0 & 0 & a \\ 0 & 0 & 0 \end{bmatrix}, \quad B = \begin{bmatrix} 1 & 0 & 0 \\ 0 & 1 & 0 \\ 0 & 0 & 1 \end{bmatrix},$$

则 $AB = BA$，于是

$$\begin{bmatrix} 1 & a & 0 \\ 0 & 1 & a \\ 0 & 0 & 1 \end{bmatrix}^n = (A+B)^n = \sum_{k=0}^{n} C_n^k A^k B^{n-k} \quad \text{［由例 6-10（3）］}$$

$$= C_n^0 A^0 B^n + C_n^1 A^1 B^{n-1} + C_n^2 A^2 B^{n-2} \quad \text{（由 } A^3 = \mathbf{0} \text{）}$$

$$= \begin{bmatrix} 1 & 0 & 0 \\ 0 & 1 & 0 \\ 0 & 0 & 1 \end{bmatrix} + n\begin{bmatrix} 0 & a & 0 \\ 0 & 0 & a \\ 0 & 0 & 0 \end{bmatrix} + \frac{n(n-1)}{2}\begin{bmatrix} 0 & 0 & a^2 \\ 0 & 0 & 0 \\ 0 & 0 & 0 \end{bmatrix}$$

$$= \begin{bmatrix} 1 & na & \dfrac{n(n-1)}{2}a^2 \\ 0 & 1 & na \\ 0 & 0 & 1 \end{bmatrix}.$$

（3）原式 $= \begin{bmatrix} 1 \\ -3 \\ 2 \end{bmatrix}[2 \quad 1 \quad 2]\begin{bmatrix} 1 \\ -3 \\ 2 \end{bmatrix}[2 \quad 1 \quad 2]\cdots\begin{bmatrix} 1 \\ -3 \\ 2 \end{bmatrix}[2 \quad 1 \quad 2]$

$$= \begin{bmatrix} 1 \\ -3 \\ 2 \end{bmatrix}^{n-1}[2 \quad 1 \quad 2] = 3^{n-1}\begin{bmatrix} 1 \\ -3 \\ 2 \end{bmatrix}[2 \quad 1 \quad 2] = 3^{n-1}\begin{bmatrix} 2 & 1 & 2 \\ -6 & -3 & -6 \\ 4 & 2 & 4 \end{bmatrix}.$$

**4. 解**　因为

$$\begin{bmatrix} 1 & -1 & 1 \\ 0 & 1 & -1 \\ 0 & 0 & 1 \end{bmatrix}\begin{bmatrix} 1 & 1 & 0 \\ 0 & 1 & 1 \\ 0 & 0 & 1 \end{bmatrix} = \begin{bmatrix} 1 & 1 & 0 \\ 0 & 1 & 1 \\ 0 & 0 & 1 \end{bmatrix}\begin{bmatrix} 1 & -1 & 1 \\ 0 & 1 & -1 \\ 0 & 0 & 1 \end{bmatrix} = E_3,$$

则当 $n = 2k (k \in \mathbb{N})$ 时，有

$$A^n = \left( \begin{bmatrix} 1 & 1 & 0 \\ 0 & 1 & 1 \\ 0 & 0 & 1 \end{bmatrix} \begin{bmatrix} 1 & 0 & 0 \\ 0 & -1 & 0 \\ 0 & 0 & 1 \end{bmatrix} \begin{bmatrix} 1 & -1 & 1 \\ 0 & 1 & -1 \\ 0 & 0 & 1 \end{bmatrix} \right)^n = \left( \left( \begin{bmatrix} 1 & 1 & 0 \\ 0 & 1 & 1 \\ 0 & 0 & 1 \end{bmatrix} \begin{bmatrix} 1 & 0 & 0 \\ 0 & -1 & 0 \\ 0 & 0 & 1 \end{bmatrix} \begin{bmatrix} 1 & -1 & 1 \\ 0 & 1 & -1 \\ 0 & 0 & 1 \end{bmatrix} \right)^2 \right)^k$$

$$= \left( \begin{bmatrix} 1 & 1 & 0 \\ 0 & 1 & 1 \\ 0 & 0 & 1 \end{bmatrix} \begin{bmatrix} 1 & 0 & 0 \\ 0 & -1 & 0 \\ 0 & 0 & 1 \end{bmatrix} \begin{bmatrix} 1 & -1 & 1 \\ 0 & 1 & -1 \\ 0 & 0 & 1 \end{bmatrix} \begin{bmatrix} 1 & 1 & 0 \\ 0 & 1 & 1 \\ 0 & 0 & 1 \end{bmatrix} \begin{bmatrix} 1 & 0 & 0 \\ 0 & -1 & 0 \\ 0 & 0 & 1 \end{bmatrix} \begin{bmatrix} 1 & -1 & 1 \\ 0 & 1 & -1 \\ 0 & 0 & 1 \end{bmatrix} \right)^k$$

$$= \left( \begin{bmatrix} 1 & 1 & 0 \\ 0 & 1 & 1 \\ 0 & 0 & 1 \end{bmatrix} \begin{bmatrix} 1 & 0 & 0 \\ 0 & -1 & 0 \\ 0 & 0 & 1 \end{bmatrix} \begin{bmatrix} 1 & 0 & 0 \\ 0 & -1 & 0 \\ 0 & 0 & 1 \end{bmatrix} \begin{bmatrix} 1 & -1 & 1 \\ 0 & 1 & -1 \\ 0 & 0 & 1 \end{bmatrix} \right)^k = E_3^k = E_3;$$

当 $n = 2k+1 (k \in \mathbb{N})$ 时，有

$$A^n = A^{2k+1} = A^{2k} A = E_3 A = \begin{bmatrix} 1 & -2 & 2 \\ 0 & -1 & 2 \\ 0 & 0 & 1 \end{bmatrix};$$

于是

$$A^n = \begin{cases} E_3, & n = 2k, \ k \in \mathbb{N}; \\ \begin{bmatrix} 1 & -2 & 2 \\ 0 & -1 & 2 \\ 0 & 0 & 1 \end{bmatrix}, & n = 2k+1, \ k \in \mathbb{N}. \end{cases}$$

5. **解**　（1）因为

$$\begin{bmatrix} 0 & 1 \\ 1 & 0 \end{bmatrix} \begin{bmatrix} 1 & 0 \\ 0 & 1 \end{bmatrix} \xrightarrow{\text{行}} \begin{bmatrix} 1 & 0 \\ 0 & 1 \end{bmatrix} \begin{bmatrix} 0 & 1 \\ 1 & 0 \end{bmatrix},$$

所以

$$\begin{bmatrix} 0 & 1 \\ 1 & 0 \end{bmatrix}^{-1} = \begin{bmatrix} 0 & 1 \\ 1 & 0 \end{bmatrix}.$$

（2）因为

$$\begin{bmatrix} 2 & -1 \\ -1 & 2 \end{bmatrix} \begin{bmatrix} 1 & 0 \\ 0 & 1 \end{bmatrix} \xrightarrow{\text{行}} \begin{bmatrix} 2 & -1 & 1 & 0 \\ 0 & \frac{3}{2} & \frac{1}{2} & 1 \end{bmatrix} \xrightarrow{\text{行}} \begin{bmatrix} 2 & -1 & 1 & 0 \\ 0 & 1 & \frac{1}{3} & \frac{2}{3} \end{bmatrix}$$

$$\xrightarrow{\text{行}} \begin{bmatrix} 2 & 0 & \frac{4}{3} & \frac{2}{3} \\ 0 & 1 & \frac{1}{3} & \frac{2}{3} \end{bmatrix} \xrightarrow{\text{行}} \begin{bmatrix} 1 & 0 & \frac{2}{3} & \frac{1}{3} \\ 0 & 1 & \frac{1}{3} & \frac{2}{3} \end{bmatrix},$$

所以

$$\begin{bmatrix} 2 & -1 \\ -1 & 2 \end{bmatrix}^{-1} = \begin{bmatrix} \dfrac{2}{3} & \dfrac{1}{3} \\ \dfrac{1}{3} & \dfrac{2}{3} \end{bmatrix}.$$

（3）因为

$$\begin{bmatrix} 2 & -1 & 0 & | & 1 & 0 & 0 \\ -1 & 2 & -1 & | & 0 & 1 & 0 \\ 0 & -1 & 2 & | & 0 & 0 & 1 \end{bmatrix} \xrightarrow{行} \begin{bmatrix} 1 & 1 & -1 & | & 1 & 1 & 0 \\ -1 & 2 & -1 & | & 0 & 1 & 0 \\ 0 & -1 & 2 & | & 0 & 0 & 1 \end{bmatrix} \xrightarrow{行} \begin{bmatrix} 1 & 1 & -1 & | & 1 & 1 & 0 \\ 0 & 3 & -2 & | & 1 & 2 & 0 \\ 0 & -1 & 2 & | & 0 & 0 & 1 \end{bmatrix}$$

$$\xrightarrow{行} \begin{bmatrix} 1 & 1 & -1 & | & 1 & 1 & 0 \\ 0 & 1 & 2 & | & 1 & 2 & 2 \\ 0 & -1 & 2 & | & 0 & 0 & 1 \end{bmatrix} \xrightarrow{行} \begin{bmatrix} 1 & 1 & -1 & | & 1 & 1 & 0 \\ 0 & 1 & 2 & | & 1 & 2 & 2 \\ 0 & 0 & 4 & | & 1 & 2 & 3 \end{bmatrix}$$

$$\xrightarrow{行} \begin{bmatrix} 1 & 0 & 0 & | & \dfrac{3}{4} & \dfrac{1}{2} & \dfrac{1}{4} \\ 0 & 1 & 0 & | & \dfrac{1}{2} & 1 & \dfrac{1}{2} \\ 0 & 0 & 1 & | & \dfrac{1}{4} & \dfrac{1}{2} & \dfrac{3}{4} \end{bmatrix},$$

所以

$$\begin{bmatrix} 2 & -1 & 0 \\ -1 & 2 & -1 \\ 0 & -1 & 2 \end{bmatrix}^{-1} = \begin{bmatrix} \dfrac{3}{4} & \dfrac{1}{2} & \dfrac{1}{4} \\ \dfrac{1}{2} & 1 & \dfrac{1}{2} \\ \dfrac{1}{4} & \dfrac{1}{2} & \dfrac{3}{4} \end{bmatrix}.$$

（4）因为

$$\begin{bmatrix} 1 & 0 & 0 & 0 \\ 0 & 2 & 0 & 0 \\ 0 & 0 & 3 & 0 \\ 0 & 0 & 0 & 4 \end{bmatrix}\begin{bmatrix} 1 & 0 & 0 & 0 \\ 0 & \dfrac{1}{2} & 0 & 0 \\ 0 & 0 & \dfrac{1}{3} & 0 \\ 0 & 0 & 0 & \dfrac{1}{4} \end{bmatrix} = \begin{bmatrix} 1 & 0 & 0 & 0 \\ 0 & \dfrac{1}{2} & 0 & 0 \\ 0 & 0 & \dfrac{1}{3} & 0 \\ 0 & 0 & 0 & \dfrac{1}{4} \end{bmatrix}\begin{bmatrix} 1 & 0 & 0 & 0 \\ 0 & 2 & 0 & 0 \\ 0 & 0 & 3 & 0 \\ 0 & 0 & 0 & 4 \end{bmatrix} = \begin{bmatrix} 1 & 0 & 0 & 0 \\ 0 & 1 & 0 & 0 \\ 0 & 0 & 1 & 0 \\ 0 & 0 & 0 & 1 \end{bmatrix},$$

所以

$$\begin{bmatrix} 1 & 0 & 0 & 0 \\ 0 & 2 & 0 & 0 \\ 0 & 0 & 3 & 0 \\ 0 & 0 & 0 & 4 \end{bmatrix}^{-1} = \begin{bmatrix} 1 & 0 & 0 & 0 \\ 0 & 2 & 0 & 0 \\ 0 & 0 & 3 & 0 \\ 0 & 0 & 0 & 4 \end{bmatrix}.$$

6. **解**　（1）$X = \begin{bmatrix} 2 & 5 \\ 1 & 3 \end{bmatrix}^{-1} \begin{bmatrix} 4 & -6 \\ 2 & 1 \end{bmatrix} = \begin{bmatrix} 3 & -5 \\ -1 & 2 \end{bmatrix} \begin{bmatrix} 4 & -6 \\ 2 & 1 \end{bmatrix} = \begin{bmatrix} 2 & -23 \\ 0 & 8 \end{bmatrix}$.

（2）$X = \begin{bmatrix} 1 & -1 & 3 \\ 4 & 3 & 2 \end{bmatrix} \begin{bmatrix} 2 & 1 & -1 \\ 2 & 1 & 0 \\ 1 & -1 & 1 \end{bmatrix}^{-1} = \begin{bmatrix} 1 & -1 & 3 \\ 4 & 3 & 2 \end{bmatrix} \begin{bmatrix} \dfrac{1}{3} & 0 & \dfrac{1}{3} \\ -\dfrac{2}{3} & 1 & -\dfrac{3}{3} \\ -1 & 1 & 0 \end{bmatrix} = \begin{bmatrix} -2 & 2 & 1 \\ -\dfrac{8}{3} & 5 & -\dfrac{2}{3} \end{bmatrix}$.

（3）$X = \begin{bmatrix} 1 & 4 \\ -1 & 2 \end{bmatrix}^{-1} \begin{bmatrix} 3 & 1 \\ 0 & -1 \end{bmatrix} \begin{bmatrix} 2 & 0 \\ -1 & -1 \end{bmatrix}^{-1} = \dfrac{1}{6} \begin{bmatrix} 2 & -4 \\ 1 & 1 \end{bmatrix}^{-1} \begin{bmatrix} 3 & 1 \\ 0 & -1 \end{bmatrix} \begin{bmatrix} \dfrac{1}{2} & 0 \\ -\dfrac{1}{2} & -1 \end{bmatrix}^{-1} = \begin{bmatrix} 0 & -1 \\ \dfrac{1}{4} & 0 \end{bmatrix}$.

7. **解**　$(A+3E)^{-1}(A^2-9E) = (A+3E)^{-1}(A+3E)(A-3E) = A-3E$，故

$$A-3E = \begin{bmatrix} 1 & 0 & 1 \\ 0 & 2 & 0 \\ 0 & 0 & 1 \end{bmatrix} - 3 \begin{bmatrix} 1 & 0 & 0 \\ 0 & 1 & 0 \\ 0 & 0 & 1 \end{bmatrix} = \begin{bmatrix} -2 & 0 & 1 \\ 0 & -1 & 0 \\ 0 & 0 & -2 \end{bmatrix}.$$

8. **解**　由于 $A$ 可逆且 $A^2-AB=E$，则 $A-B=A^{-1}$，于是，

$$B = A-A^{-1} = \begin{bmatrix} 1 & 1 & -1 \\ 0 & 1 & 1 \\ 0 & 0 & -1 \end{bmatrix} - \begin{bmatrix} 1 & -1 & -2 \\ 0 & 1 & 1 \\ 0 & 0 & -1 \end{bmatrix} = \begin{bmatrix} 0 & 2 & 1 \\ 0 & 0 & 0 \\ 0 & 0 & 0 \end{bmatrix}.$$

9. **解**　由于 $A$ 可逆，所以由 $A^{-1}BA = 6A+BA$，有

$$A^{-1}B = 6E+B \Rightarrow (A^{-1}-E)B = 6E,$$

故 $B = 6(A^{-1}-E)^{-1}$. 又由于 $A^{-1} = \begin{bmatrix} 3 & 0 & 0 \\ 0 & 4 & 0 \\ 0 & 0 & 7 \end{bmatrix}$，所以　$A^{-1}-E = \begin{bmatrix} 2 & 0 & 0 \\ 0 & 3 & 0 \\ 0 & 0 & 6 \end{bmatrix}$.

于是，$B = 6(A^{-1}-E)^{-1} = \begin{bmatrix} 3 & 0 & 0 \\ 0 & 2 & 0 \\ 0 & 0 & 1 \end{bmatrix}$.

10. **解**　（1）因为 $AB = A+B$，故 $(A-E)B = A$. 又因为

$$A-E = \begin{bmatrix} -4 & 4 & 0 & 0 \\ 4 & 2 & 0 & 0 \\ 0 & 0 & -2 & 1 \\ 0 & 0 & -3 & 1 \end{bmatrix}$$

可逆，所以

$$B = (A - E)^{-1} A = \begin{bmatrix} -4 & 4 & 0 & 0 \\ 4 & 2 & 0 & 0 \\ 0 & 0 & -2 & 1 \\ 0 & 0 & -3 & 1 \end{bmatrix}^{-1} \begin{bmatrix} -3 & 4 & 0 & 0 \\ 4 & 3 & 0 & 0 \\ 0 & 0 & -1 & 1 \\ 0 & 0 & -3 & 2 \end{bmatrix} = \begin{bmatrix} \dfrac{11}{12} & \dfrac{1}{6} & 1 & 0 \\ \dfrac{1}{6} & \dfrac{7}{6} & 0 & 0 \\ 0 & 0 & 2 & -1 \\ 0 & 0 & 3 & -1 \end{bmatrix}.$$

11. **解**　（1）因 $C(E - C^{-1}B)A = E$，故 $(C - B)A = E$．又因

$$C - B = \begin{bmatrix} 2 & 1 & 3 & 4 \\ 0 & 2 & 1 & 3 \\ 0 & 0 & 2 & 1 \\ 0 & 0 & 0 & 2 \end{bmatrix} \begin{bmatrix} 1 & -1 & 0 & 0 \\ 0 & 1 & -1 & 0 \\ 0 & 0 & 1 & -1 \\ 0 & 0 & 0 & 1 \end{bmatrix} \begin{bmatrix} 1 & 2 & 3 & 4 \\ 0 & 1 & 2 & 3 \\ 0 & 0 & 1 & 2 \\ 0 & 0 & 0 & 1 \end{bmatrix}$$

可逆，故

$$A = (C - B)^{-1} = \begin{bmatrix} 1 & 2 & 3 & 4 \\ 0 & 1 & 2 & 3 \\ 0 & 0 & 1 & 2 \\ 0 & 0 & 0 & 1 \end{bmatrix}^{-1} = \begin{bmatrix} 1 & -2 & 1 & 0 \\ 0 & 1 & -2 & 1 \\ 0 & 0 & 1 & -2 \\ 0 & 0 & 0 & 1 \end{bmatrix}.$$

于是，$A = \begin{bmatrix} 1 & -2 & 1 & 0 \\ 0 & 1 & -2 & 1 \\ 0 & 0 & 1 & -2 \\ 0 & 0 & 0 & 1 \end{bmatrix}.$

12. **证明**　$A^2 = A \Rightarrow 4A^2 - 4A + E = E \Rightarrow (E - 2A)^2 = E$，所以 $E - 2A$ 可逆.

13. **证明**　因为 $A$ 为 $n$ 阶方阵，且满足 $A^4 - 5A^2 + 4E = 0$，则

$$A\left(-\frac{1}{4}A^3 + \frac{5}{4}A\right) = \left(-\frac{1}{4}A^3 + \frac{5}{4}A\right)A = E,$$

由定义知，$A$ 可逆.

14. **证明**　由 $A - B^{-1} = (AB - E)B^{-1}$，因为 $A, B, AB - E$ 可逆，所以 $A - B^{-1}$ 可逆.

由 $(A - B^{-1})^{-1} - A^{-1} = (A - B^{-1})^{-1}[E - (A - B^{-1})A^{-1}] = (A - B^{-1})^{-1}(AB)^{-1}$，因为 $A, B, A - B^{-1}$ 可逆，所以 $(A - B^{-1})^{-1} - A^{-1}$ 可逆.

15. **证明**　由 $f(A) = 0$，得

$$A^m + a_{m-1}A^{m-1} + \cdots + a_1 A + a_0 E = 0,$$

即

$$A^m + a_{m-1}A^{m-1} + \cdots + a_1 A = -a_0 E.$$

又 $a_0 \neq 0$，所以

$$\left[-\frac{1}{a_0}(A^{m-1} + a_{m-1}A^{m-2} + \cdots + a_1 E)\right]A = A\left[-\frac{1}{a_0}(A^{m-1} + a_{m-1}A^{m-2} + \cdots + a_1 E)\right] = E.$$

由定义知 $A$ 可逆，且

$$A^{-1} = -\frac{1}{a_0}(A^{m-1} + a_{m-1}A^{m-2} + \cdots + a_1 E).$$

16. 证明　因

$$\begin{aligned}
A^3 B &= A^2 AB = A^2 (E - BA) \\
&= A^2 - A^2 BA = A(E - AB)A \\
&= ABAA \\
&= (E - BA)A^2 = A^2 - BA^3,
\end{aligned}$$

故 $A^3 B + BA^3 = A^2$.

# 第7章

## 线性方程组

## 7.1　教学基本要求

1. 理解行列式的概念，掌握行列式的性质.
2. 会应用行列式的性质和行列式的展开定理计算行列式.
3. 理解克拉默法则的理论意义，会用克拉默法则求解线性方程组.
4. 理解行阶梯矩阵和行最简矩阵的概念，会用初等变换法化一般矩阵为行阶梯矩阵和行最简矩阵.
5. 掌握用行初等变换法（高斯消元法）求解一般线性方程组的方法.

　　线性代数起源于解线性方程组，很多实际问题最终都可以归结为线性方程组的求解，而线性方程组的求解又要用到矩阵、行列式等内容. 本章首先利用克拉默法则讨论含 $n$ 个未知数的 $n$ 个方程的线性方程组，然后讨论一般线性方程组的经典解法——高斯消元法，最后利用矩阵的初等变换求解一般线性方程组.

## 7.2　内　容　总　结

### 7.2.1　基本概念

#### 1. 二阶行列式

　　由 $a_{11}, a_{12}, a_{21}, a_{22}$ 这 4 个数排成的一个方阵，两边加上两条竖线后称为一个**二阶行列式**. 它表示数 $a_{11}a_{22} - a_{12}a_{21}$，即

$$\begin{vmatrix} a_{11} & a_{12} \\ a_{21} & a_{22} \end{vmatrix} = a_{11}a_{22} - a_{12}a_{21}.$$

　　【注】　二阶行列式与二阶方阵的概念不同，前者表示四个数构成的一个代数和，而后者表示由两行两列 4 个数构成的数表，从符号上也可以看出它们的区别.

#### 2. 三阶行列式

　　由 $a_{ij}(i, j = 1, 2, 3)$ 这 9 个数排成的一个方阵，两边加上两条竖线后称为一个**三阶行列式**，它表示数

$$a_{11}a_{22}a_{33} + a_{12}a_{23}a_{31} + a_{13}a_{21}a_{31} - a_{13}a_{22}a_{31} - a_{12}a_{21}a_{33} - a_{11}a_{23}a_{32},$$

即

$$\begin{vmatrix} a_{11} & a_{12} & a_{13} \\ a_{21} & a_{22} & a_{23} \\ a_{31} & a_{32} & a_{33} \end{vmatrix} = a_{11}a_{22}a_{33} + a_{12}a_{23}a_{31} + a_{13}a_{21}a_{31} - a_{13}a_{22}a_{31} - a_{12}a_{21}a_{33} - a_{11}a_{23}a_{32}.$$

### 3. 余子式、代数余子式

事实上，也可以把三阶行列式写作

$$\begin{vmatrix} a_{11} & a_{12} & a_{13} \\ a_{21} & a_{22} & a_{23} \\ a_{31} & a_{32} & a_{33} \end{vmatrix} = a_{11}(a_{22}a_{33} - a_{23}a_{32}) - a_{12}(a_{21}a_{33} - a_{23}a_{31}) + a_{13}(a_{21}a_{32} - a_{22}a_{31})$$

$$= a_{11}\begin{vmatrix} a_{22} & a_{23} \\ a_{32} & a_{33} \end{vmatrix} - a_{12}\begin{vmatrix} a_{21} & a_{23} \\ a_{31} & a_{33} \end{vmatrix} + a_{13}\begin{vmatrix} a_{21} & a_{22} \\ a_{31} & a_{32} \end{vmatrix}$$

其中，

$$\begin{vmatrix} a_{22} & a_{23} \\ a_{32} & a_{33} \end{vmatrix}$$

是原三阶行列式划掉元素 $a_{11}$ 所在的第一行、第一列后剩下元素按原来的次序组成的二阶行列式，称为元素 $a_{11}$ 的**余子式**，记为 $M_{11}$. 于是，类似地，有

$$M_{11} = \begin{vmatrix} a_{22} & a_{23} \\ a_{32} & a_{33} \end{vmatrix}, \quad M_{12} = \begin{vmatrix} a_{21} & a_{23} \\ a_{31} & a_{33} \end{vmatrix}, \quad M_{13} = \begin{vmatrix} a_{21} & a_{22} \\ a_{31} & a_{32} \end{vmatrix}.$$

令

$$A_{ij} = (-1)^{i+j} M_{ij}, \quad i, j = 1, 2, 3,$$

称 $A_{ij}$ 为元素 $a_{ij}$ 的**代数余子式**，从而

$$A_{11} = (-1)^{1+1} M_{11} = M_{11}, \quad A_{12} = (-1)^{1+2} M_{12} = -M_{12}, \quad A_{13} = (-1)^{1+3} M_{13} = M_{13}.$$

### 4. 三阶行列式按代数余子式定义

三阶行列式也可以定义为

$$\begin{vmatrix} a_{11} & a_{12} & a_{13} \\ a_{21} & a_{22} & a_{23} \\ a_{31} & a_{32} & a_{33} \end{vmatrix} = a_{11}M_{11} - a_{12}M_{12} + a_{13}M_{13}$$

$$= a_{11}A_{11} + a_{12}A_{12} + a_{13}A_{13},$$

即三阶行列式等于它的第一行元素与对应的代数余子式的乘积之和，上式称为三阶行列式按第一行的展开式.

### 5. $n$ 阶行列式的定义

对于一阶行列式 $|a|$，其值就定义为 $a$.

对于二阶行列式，有

$$\begin{vmatrix} a_{11} & a_{12} \\ a_{21} & a_{22} \end{vmatrix} = a_{11}a_{22} - a_{12}a_{21} = a_{11}M_1 - a_{12}M_{12} = a_{11}A_{11} + a_{12}A_{12}.$$

对于一般情形，则可以定义 $n$ 阶行列式 $\left| a_{ij} \right|_n$ 按第一行的展开式为

$$\begin{vmatrix} a_{11} & a_{12} & \cdots & a_{1n} \\ a_{21} & a_{22} & \cdots & a_{2n} \\ \vdots & \vdots & & \vdots \\ a_{n1} & a_{n2} & \cdots & a_{nn} \end{vmatrix} = a_{11}A_{11} + a_{12}A_{12} + \cdots + a_{1n}A_{1n}.$$

【注】　行列式按任何一行或按任何一列展开的结果都是一样的.

### 6. 非齐次线性方程组

称线性方程组

$$\begin{cases} a_{11}x_1 + a_{12}x_2 + \cdots + a_{1n}x_n = b_1, \\ a_{21}x_1 + a_{22}x_2 + \cdots + a_{2n}x_n = b_2, \\ \qquad\qquad \cdots \\ a_{m1}x_1 + a_{m2}x_2 + \cdots + a_{mn}x_n = b_m \end{cases} \qquad (7\text{-}1)$$

为非齐次线性方程组，其中 $n$ 为未知数的个数，$m$ 为方程的个数，$a_{ij}, b_i$ 均为常数，且 $b_i$ 不全为零，$i = 1, 2, \cdots, m$，$j = 1, 2, \cdots, n$.

### 7. 系数矩阵和增广矩阵

称矩阵

$$\boldsymbol{A} = \begin{bmatrix} a_{11} & a_{12} & \cdots & a_{1n} \\ a_{21} & a_{22} & \cdots & a_{2n} \\ \vdots & \vdots & & \vdots \\ a_{m1} & a_{m2} & \cdots & a_{mn} \end{bmatrix}$$

为非齐次线性方程组（7-1）的系数矩阵；称矩阵

$$\tilde{\boldsymbol{A}} = \begin{bmatrix} a_{11} & a_{12} & \cdots & a_{1n} & b_1 \\ a_{21} & a_{22} & \cdots & a_{2n} & b_2 \\ \vdots & \vdots & & \vdots & \vdots \\ a_{m1} & a_{m2} & \cdots & a_{mn} & b_m \end{bmatrix}$$

为非齐次线性方程组（7-1）的增广矩阵.

### 8. 行阶梯矩阵

若一个矩阵的每个非零行（元素不全为零的行）的第一个（从左数）非零元素所在的列指标随行指标的增大而严格增大，并且元素全为零的行均在所有非零行的下方，则称此矩阵为行阶梯矩阵.

### 9. 行最简矩阵

若矩阵为行阶梯矩阵，且每行第一个（从左数）非零元素为 1，又这个 1 所在列的其他元素都为 0，则称此矩阵为**行最简矩阵**.

### 10. 齐次线性方程组

称线性方程组

$$\begin{cases} a_{11}x_1 + a_{12}x_2 + \cdots + a_{1n}x_n = 0, \\ a_{21}x_1 + a_{22}x_2 + \cdots + a_{2n}x_n = 0, \\ \qquad\qquad\qquad \cdots \\ a_{m1}x_1 + a_{m2}x_2 + \cdots + a_{mn}x_n = 0 \end{cases}$$

为**齐次线性方程组**，其中 $n$ 为未知数的个数，$m$ 为方程的个数，$a_{ij}$ 为常数，$i = 1, 2, \cdots, m$，$j = 1, 2, \cdots, n$.

## 7.2.2 行列式的性质及展开定理

### 1. 转置

行列式和它的转置行列式相等，即

$$\begin{vmatrix} a_{11} & a_{12} & \cdots & a_{1n} \\ a_{21} & a_{22} & \cdots & a_{2n} \\ \vdots & \vdots & & \vdots \\ a_{n1} & a_{n2} & \cdots & a_{nn} \end{vmatrix} = \begin{vmatrix} a_{11} & a_{21} & \cdots & a_{n1} \\ a_{12} & a_{22} & \cdots & a_{n2} \\ \vdots & \vdots & & \vdots \\ a_{1n} & a_{2n} & \cdots & a_{nn} \end{vmatrix}.$$

【**注**】 此性质表明行列式若有关于行的性质，则关于列也有同样的性质.

### 2. 换法

互换行列式的两行，行列式变号，绝对值不变，即

$$\begin{vmatrix} a_{11} & a_{12} & \cdots & a_{1n} \\ \vdots & \vdots & & \vdots \\ a_{i1} & a_{i2} & \cdots & a_{in} \\ \vdots & \vdots & & \vdots \\ a_{j1} & a_{j2} & \cdots & a_{jn} \\ \vdots & \vdots & & \vdots \\ a_{n1} & a_{n2} & \cdots & a_{nn} \end{vmatrix} = (-1) \cdot \begin{vmatrix} a_{11} & a_{12} & \cdots & a_{1n} \\ \vdots & \vdots & & \vdots \\ a_{j1} & a_{j2} & \cdots & a_{jn} \\ \vdots & \vdots & & \vdots \\ a_{i1} & a_{i2} & \cdots & a_{in} \\ \vdots & \vdots & & \vdots \\ a_{n1} & a_{n2} & \cdots & a_{nn} \end{vmatrix}.$$

**推论**：若行列式有两行相同，则此行列式的值为 0.

### 3. 倍法

行列式中任意一行的公因子可提到行列式的外面，即

$$\begin{vmatrix} a_{11} & a_{12} & \cdots & a_{1n} \\ \vdots & \vdots & & \vdots \\ ka_{i1} & ka_{i2} & \cdots & ka_{in} \\ \vdots & \vdots & & \vdots \\ a_{n1} & a_{n2} & \cdots & a_{nn} \end{vmatrix} = k \begin{vmatrix} a_{11} & a_{12} & \cdots & a_{1n} \\ \vdots & \vdots & & \vdots \\ a_{i1} & a_{i2} & \cdots & a_{in} \\ \vdots & \vdots & & \vdots \\ a_{n1} & a_{n2} & \cdots & a_{nn} \end{vmatrix}.$$

**推论 1：** 若行列式中有两行对应成比例，则行列式的值为零.

**推论 2：** 若矩阵 $A$ 为 $n$ 阶方阵，则 $|\lambda A| = \lambda^n |A|$.

### 4. 拆法

如果行列式某一行是两组数的和，则它等于两个行列式的和，即

$$\begin{vmatrix} a_{11} & a_{12} & \cdots & a_{1n} \\ \vdots & \vdots & & \vdots \\ a_{i1}+b_{i1} & a_{i2}+b_{i2} & \cdots & a_{in}+b_{in} \\ \vdots & \vdots & & \vdots \\ a_{n1} & a_{n2} & \cdots & a_{nn} \end{vmatrix} = \begin{vmatrix} a_{11} & a_{12} & \cdots & a_{1n} \\ \vdots & \vdots & & \vdots \\ a_{i1} & a_{i2} & \cdots & a_{in} \\ \vdots & \vdots & & \vdots \\ a_{n1} & a_{n2} & \cdots & a_{nn} \end{vmatrix} + \begin{vmatrix} a_{11} & a_{12} & \cdots & a_{1n} \\ \vdots & \vdots & & \vdots \\ b_{i1} & b_{i2} & \cdots & b_{in} \\ \vdots & \vdots & & \vdots \\ a_{n1} & a_{n2} & \cdots & a_{nn} \end{vmatrix}.$$

### 5. 消法

将行列式的任意一行的各元素乘一个常数，再对应地加到另一行的元素上，行列式的值不变，即

$$\begin{vmatrix} a_{11} & a_{12} & \cdots & a_{1n} \\ \vdots & \vdots & & \vdots \\ a_{i1}+ka_{j1} & a_{i2}+ka_{j2} & \cdots & a_{in}+ka_{jn} \\ \vdots & \vdots & & \vdots \\ a_{j1} & a_{j2} & \cdots & a_{jn} \\ \vdots & \vdots & & \vdots \\ a_{n1} & a_{n2} & \cdots & a_{nn} \end{vmatrix} = \begin{vmatrix} a_{11} & a_{12} & \cdots & a_{1n} \\ \vdots & \vdots & & \vdots \\ a_{i1} & a_{i2} & \cdots & a_{in} \\ \vdots & \vdots & & \vdots \\ a_{j1} & a_{j2} & \cdots & a_{jn} \\ \vdots & \vdots & & \vdots \\ a_{n1} & a_{n2} & \cdots & a_{nn} \end{vmatrix}.$$

### 6. 行列式乘法公式

若矩阵 $A$ 和 $B$ 为同阶方阵，则 $|AB| = |A| \cdot |B|$.

### 7. 行列式按行（列）展开定理

$$\begin{vmatrix} a_{11} & a_{12} & \cdots & a_{1n} \\ a_{21} & a_{22} & \cdots & a_{2n} \\ \vdots & \vdots & & \vdots \\ a_{n1} & a_{n2} & \cdots & a_{nn} \end{vmatrix} = a_{i1}A_{i1} + a_{i2}A_{i2} + \cdots + a_{in}A_{in} \quad (i=1,2,\cdots,n)$$

$$= a_{1j}A_{1j} + a_{2j}A_{2j} + \cdots + a_{nj}A_{nj} \quad (j=1,2,\cdots,n),$$

其中 $A_{ij}$ 为元素 $a_{ij}$ 的**代数余子式**，即行列式的任何一行（列）的元素与其对应的代数余子式之积的和等于这个行列式自身.

### 7.2.3　线性方程组的求解

#### 1. 克拉默（Cramer）法则

对于 $n$ 元线性方程组

$$\begin{cases} a_{11}x_1 + a_{12}x_2 + \cdots + a_{1n}x_n = b_1, \\ a_{21}x_1 + a_{22}x_2 + \cdots + a_{2n}x_n = b_2, \\ \qquad\qquad\qquad \cdots \\ a_{n1}x_1 + a_{n2}x_2 + \cdots + a_{nn}x_n = b_n, \end{cases}$$

若系数行列式 $D = \left| a_{ij} \right|_n \neq 0$，则此方程组有唯一的一组解

$$x_1 = \frac{D_1}{D},\ x_2 = \frac{D_2}{D},\ \cdots,\ x_n = \frac{D_n}{D},$$

其中 $D_i$ 是将 $D$ 的第 $i$ 列 $a_{1i}, a_{2i}, \cdots, a_{ni}$ 换成 $b_1, b_2, \cdots, b_n$ 得到的行列式.

#### 2. 高斯（Gauss）消元法

对于一个线性方程组，一个普遍可用的求解方法就是**高斯消元法**. 这个方法实际上就是对方程组反复作以下三类变换：

（1）交换其中两个方程的位置；

（2）用一个非零数去乘某个方程；

（3）用一个数乘以某个方程后再加到另一个方程上.

【注 1】　上述三类变换都不会改变原来方程组的解，因此最后所得方程组的解就是原方程组的解.

【注 2】　用高斯消元法解方程组的本质是**对矩阵进行行初等变换**.

#### 3. 同解变换

对方程组进行的如下变换称为此方程组的**同解变换**：

（1）交换方程组中的两个方程；

（2）用一个非零常数乘方程组中某个方程的两边；

（3）将某个方程的 $k$ 倍加到另一个方程上.

【注】　方程组的同解变换不改变其解. 简单分析可知，一个线性方程组的三类同解变换对应其增广矩阵同类的行初等变换. 若一个线性方程组的增广矩阵 $\tilde{\boldsymbol{A}}$ 经过一次或若干行初等变换化为 $\tilde{\boldsymbol{B}}$，则 $\tilde{\boldsymbol{A}}$ 与 $\tilde{\boldsymbol{B}}$ 对应的方程组同解.

#### 4. 行初等变换法求解线性方程组

可以利用矩阵的行初等变换法来求解线性方程组，其具体过程如下.

（1）对于**齐次线性方程组**，可以对方程组的**系数矩阵**作行初等变换，化成**行最简矩阵**来求解，即

$$A \xrightarrow{\text{行}} B \quad (\text{行最简矩阵})$$

因为 $AX = 0$ 与 $BX = 0$ 同解，则求解 $BX = 0$ 就可得到 $AX = 0$ 的解.

（2）对于**非齐次线性方程组**，可以对方程组的**增广矩阵**作行初等变换，化成**行最简矩阵**来求解，即

$$\tilde{A} = (A \mid \boldsymbol{\beta}) \xrightarrow{\text{行}} (B \mid \tilde{\boldsymbol{\beta}}) \triangleq \tilde{B} \quad (\text{行最简矩阵}),$$

因为 $AX = \boldsymbol{\beta}$ 与 $BX = \tilde{\boldsymbol{\beta}}$ 同解，则求解 $BX = \tilde{\boldsymbol{\beta}}$ 就可得到 $AX = \boldsymbol{\beta}$ 的解.

# 7.3　例　题　分　析

【**例 7-1**】　下面关于二阶行列式的等式中，正确的是（　　　）.

(A) $\begin{vmatrix} a_1 + a_2 & b_1 + b_2 \\ c_1 + c_2 & d_1 + d_2 \end{vmatrix} = \begin{vmatrix} a_1 & b_1 \\ c_1 & d_1 \end{vmatrix} + \begin{vmatrix} a_2 & b_2 \\ c_2 & d_2 \end{vmatrix}$

(B) $\begin{vmatrix} a_1 + ka_1 & b_1 + kb_1 \\ c_1 + kc_1 & d_1 + kd_1 \end{vmatrix} = (1 + k)\begin{vmatrix} a_1 & b_1 \\ c_1 & d_1 \end{vmatrix}$

(C) $\begin{vmatrix} a_1 + kb_1 & b_1 + ka_1 \\ c_1 + kd_1 & d_1 + kc_1 \end{vmatrix} = (1 + k^2)\begin{vmatrix} a_1 & b_1 \\ c_1 & d_1 \end{vmatrix}$

(D) $\begin{vmatrix} a_1 + kb_1 & b_1 + ka_1 \\ c_1 + kd_1 & d_1 + kc_1 \end{vmatrix} = (1 - k^2)\begin{vmatrix} a_1 & b_1 \\ c_1 & d_1 \end{vmatrix}$

**分析**　本题考察行列式的性质，即行列式和它的转置行列式相等；互换行列式的两行（列），行列式变号，绝对值不变；行列式中任意一行（列）的公因子可提到行列式的外面；如果行列式某一行（列）是两组数的和，则它等于两个行列式的和；将行列式的任意一行（列）的各元素乘一个常数，再对应地加到另一行（列）的元素上，行列式的值不变. 对于选项 A，

$$\begin{vmatrix} a_1 + a_2 & b_1 + b_2 \\ c_1 + c_2 & d_1 + d_2 \end{vmatrix} = \begin{vmatrix} a_1 & b_1 + b_2 \\ c_1 & d_1 + d_2 \end{vmatrix} + \begin{vmatrix} a_2 & b_1 + b_2 \\ c_2 & d_1 + d_2 \end{vmatrix}$$

$$= \begin{vmatrix} a_1 & b_1 \\ c_1 & d_1 \end{vmatrix} + \begin{vmatrix} a_1 & b_2 \\ c_1 & d_2 \end{vmatrix} + \begin{vmatrix} a_2 & b_1 \\ c_2 & d_1 \end{vmatrix} + \begin{vmatrix} a_2 & b_2 \\ c_2 & d_2 \end{vmatrix},$$

故 A 错. 对于选项 B，

$$\begin{vmatrix} a_1 + ka_1 & b_1 + kb_1 \\ c_1 + kc_1 & d_1 + kd_1 \end{vmatrix} = \begin{vmatrix} (1+k)a_1 & (1+k)b_1 \\ (1+k)c_1 & (1+k)d_1 \end{vmatrix} = (1+k)^2 \begin{vmatrix} a_1 & b_1 \\ c_1 & d_1 \end{vmatrix},$$

故 B 错. 对于选项 C，

$$\begin{vmatrix} a_1 + kb_1 & b_1 + ka_1 \\ c_1 + kd_1 & d_1 + kc_1 \end{vmatrix} = \begin{vmatrix} a_1 & b_1 \\ c_1 & d_1 \end{vmatrix} + \begin{vmatrix} a_1 & ka_1 \\ c_2 & kc_1 \end{vmatrix} + \begin{vmatrix} kb_1 & b_1 \\ kd_1 & d_1 \end{vmatrix} + \begin{vmatrix} kb_1 & ka_1 \\ kd_1 & kc_1 \end{vmatrix}$$

$$= \begin{vmatrix} a_1 & b_1 \\ c_1 & d_1 \end{vmatrix} + k^2 \begin{vmatrix} b_1 & a_2 \\ d_1 & c_2 \end{vmatrix} = (1 - k^2)\begin{vmatrix} a_1 & b_1 \\ c_1 & d_1 \end{vmatrix},$$

故 C 错，D 对.

【例 7-2】 如果

$$\begin{vmatrix} a_{11} & a_{12} & a_{13} \\ a_{21} & a_{22} & a_{23} \\ a_{31} & a_{32} & a_{33} \end{vmatrix} = d,$$

则行列式

$$\begin{vmatrix} 3a_{31} & 3a_{32} & 3a_{33} \\ 2a_{21} & 2a_{22} & 2a_{23} \\ -a_{11} & -a_{12} & -a_{13} \end{vmatrix} = (\quad).$$

（A）$-6d$　　　　（B）$6d$　　　　　　（C）$4d$　　　　　　（D）$-4d$

**分析**　本题也考察行列式的性质. 因为

$$\begin{vmatrix} 3a_{31} & 3a_{32} & 3a_{33} \\ 2a_{21} & 2a_{22} & 2a_{23} \\ -a_{11} & -a_{12} & -a_{13} \end{vmatrix} = -6\begin{vmatrix} a_{31} & a_{32} & a_{33} \\ a_{21} & a_{22} & a_{23} \\ a_{11} & a_{12} & a_{13} \end{vmatrix} = 6\begin{vmatrix} a_{11} & a_{12} & a_{13} \\ a_{21} & a_{22} & a_{23} \\ a_{31} & a_{32} & a_{33} \end{vmatrix} = 6d,$$

故 B 对.

【例 7-3】 已知 $D = \begin{vmatrix} 2 & 1 & -3 & 5 \\ 1 & 1 & 1 & 1 \\ 4 & 2 & 3 & 1 \\ 2 & 5 & 3 & 1 \end{vmatrix}$，则第 4 行元素的代数余子式之和 $A_{41} + A_{42} +$

$A_{43} + A_{44} = \underline{\qquad}$，余子式之和 $M_{41} + M_{42} + M_{43} + M_{44} = \underline{\qquad}$.

　　**分析**　本题考察行列式的展开定理，即行列式可以按行（列）展开，其值等于某行（列）元素乘以对应的代数余子式再求和. 特别地，当只改变某行（列）元素的值时，则该行（列）元素对应的余子式和代数余子式不变. 因此，当

$$\tilde{D} = \begin{vmatrix} 2 & 1 & -3 & 5 \\ 1 & 1 & 1 & 1 \\ 4 & 2 & 3 & 1 \\ 1 & 1 & 1 & 1 \end{vmatrix}$$

按第四行展开时，$\tilde{D}$ 的第四行元素对应的代数余子式仍为 $A_{41}, A_{42}, A_{43}, A_{44}$，故 $\tilde{D} = 1 \times A_{41} + 1 \times A_{42} + 1 \times A_{43} + 1 \times A_{44}$. 又因为 $\tilde{D} = 0$（若行列式有两行相同，则此行列式的值为 0），故 $A_{41} + A_{42} + A_{43} + A_{44} = 0$. 类似地，因为

$$M_{41} + M_{42} + M_{43} + M_{44}$$
$$= (-1) \times (-1)^{4+1} M_{41} + 1 \times (-1)^{4+2} M_{42} + (-1) \times (-1)^{4+3} M_{43} + 1 \times (-1)^{4+4} M_{44}$$
$$= (-1) \times A_{41} + 1 \times A_{42} + (-1) \times A_{43} + 1 \times A_{44},$$

故当

$$\tilde{D} = \begin{vmatrix} 2 & 1 & -3 & 5 \\ 1 & 1 & 1 & 1 \\ 4 & 2 & 3 & 1 \\ -1 & 1 & -1 & 1 \end{vmatrix}$$

按第四行展开时，有 $\tilde{D} = (-1) \times A_{41} + 1 \times A_{42} + (-1) \times A_{43} + 1 \times A_{44}$．又因为 $\tilde{D} = -18$，故 $M_{41} + M_{42} + M_{43} + M_{44} = -18$．

【例 7-4】　设 $A, B$ 均为 3 阶方阵，且 $|A| = 2$，$A^2 + AB + E = 0$，则 $|A + B| = $ _____．

**分析**　本题考察行列式的乘法公式，即对 $n$ 阶方阵 $A, B$，有 $|AB| = |A||B|$．由 $A, B$ 均为 3 阶方阵且 $A^2 + AB + E = 0$，有 $A(A + B) = -E$，则

$$|A||A + B| = |A(A + B)| = |-E| = (-1)^3.$$

又因为 $|A| = 2$，故 $|A + B| = -\dfrac{1}{2}$．

【例 7-5】　设 $A, B$ 均为 $n$ 阶方阵，则必有（　　）．

（A）$|A + B| = |A| + |B|$　　（B）$AB = BA$　　（C）$|AB| = |BA|$　　（D）$(A + B)^{-1} = A^{-1} + B^{-1}$

**分析**　本题考察矩阵的乘法、矩阵的逆以及行列式的乘法公式，是一道综合性题．对于选项 A，当 $A = B = E_n$ 时，有 $|A| = |B| = 1$，$|A + B| = 2^n$，故对 $n \geqslant 2$，有 $|A + B| \neq |A| + |B|$，A 错．对于选项 B，因为矩阵的乘法无交换律，故 B 也错．对于选项 C，因 $A, B$ 均为 $n$ 阶方阵，故 $|AB| = |A||B| = |B||A| = |BA|$，其中第二个等式成立是因为数的乘法具有交换律，C 对．对于选项 D，当 $A = E_n$，$B = -E_n$ 时，$A + B = 0_n$ 不可逆，自然也就没有 $A + B$ 的逆这一说法，故 D 错．

【例 7-6】　设矩阵 $A = (a_{ij})_{4 \times 4}$，$B = (b_{ij})_{4 \times 4}$，且 $a_{ij} = -2b_{ij}$，则行列式 $|B| = $（　　）．

（A）$2^{-4}|A|$　　　　（B）$2^4|A|$　　　　（C）$-2^{-4}|A|$　　　　（D）$-2^4|A|$

**分析**　本题考察矩阵的数乘与行列式的倍法性质之间的区别与联系．因 $a_{ij} = -2b_{ij}$，故 $A_{4 \times 4} = -2B_{4 \times 4}$，于是 $|A| = |-2B| = (-2)^4|B|$，故 $|B| = 2^{-4}|A|$，A 对．

【例 7-7】　计算下列行列式．

（1）$\begin{vmatrix} 12 & 10 \\ 2 & 5 \end{vmatrix}$；　　　（2）$\begin{vmatrix} 10 & 8 & 2 \\ 15 & 12 & 3 \\ 20 & 32 & 12 \end{vmatrix}$；　　　（3）$\begin{vmatrix} -ab & ac & ae \\ bd & -cd & de \\ bf & cf & -ef \end{vmatrix}$；

（4）$\begin{vmatrix} a & 3 & 0 & 5 \\ 0 & b & 0 & 2 \\ 1 & 2 & c & 3 \\ 0 & 0 & 0 & d \end{vmatrix}$；　　　（5）$\begin{vmatrix} 1 & -1 & 1 & x-1 \\ 1 & -1 & x+1 & -1 \\ 1 & x-1 & 1 & -1 \\ x+1 & -1 & 1 & -1 \end{vmatrix}$；　　　（6）$\begin{vmatrix} 1 & 2 & 3 & \cdots & n \\ -1 & 1 & 0 & \cdots & 0 \\ -1 & 0 & 1 & \cdots & 0 \\ \vdots & \vdots & \vdots & & \vdots \\ -1 & 0 & 0 & \cdots & 1 \end{vmatrix}_{n\text{阶}}$．

**解**　（1）$\begin{vmatrix} 12 & 10 \\ 2 & 5 \end{vmatrix} = 12 \times 5 - 2 \times 10 = 40$．

（2）$\begin{vmatrix} 10 & 8 & 2 \\ 15 & 12 & 3 \\ 20 & 32 & 12 \end{vmatrix} = 5 \times 4 \begin{vmatrix} 2 & 2 & 2 \\ 3 & 3 & 3 \\ 4 & 8 & 12 \end{vmatrix} = 0$.

（3）$\begin{vmatrix} -ab & ac & ae \\ bd & -cd & de \\ bf & cf & -ef \end{vmatrix} = abcdef \begin{vmatrix} -1 & 1 & 1 \\ 1 & -1 & 1 \\ 1 & 1 & -1 \end{vmatrix} = abcdef \begin{vmatrix} -1 & 1 & 1 \\ 0 & 0 & 2 \\ 0 & 2 & 0 \end{vmatrix} = 4abcdef$.

（4）$\begin{vmatrix} a & 3 & 0 & 5 \\ 0 & b & 0 & 2 \\ 1 & 2 & c & 3 \\ 0 & 0 & 0 & d \end{vmatrix} \xlongequal[\text{按第4行展开}]{(-1)^{4+4}d} \begin{vmatrix} a & 3 & 0 \\ 0 & b & 0 \\ 1 & 2 & c \end{vmatrix} \xlongequal[\text{按第3行展开}]{(-1)^{3+3}dc} \begin{vmatrix} a & 3 \\ 0 & b \end{vmatrix} = abcd$.

（5）$\begin{vmatrix} 1 & -1 & 1 & x-1 \\ 1 & -1 & x+1 & -1 \\ 1 & x-1 & 1 & -1 \\ x+1 & 1 & 1 & -1 \end{vmatrix} \xlongequal[c_1+c_3,\cdots,c_1+c_4]{c_1+c_2} \begin{vmatrix} x & -1 & 1 & x-1 \\ x & -1 & x+1 & -1 \\ x & x-1 & 1 & -1 \\ x & -1 & 1 & -1 \end{vmatrix}$

$= x \begin{vmatrix} 1 & -1 & 1 & x-1 \\ 1 & -1 & x+1 & -1 \\ 1 & x-1 & 1 & -1 \\ 1 & -1 & 1 & -1 \end{vmatrix} \xlongequal[c_3-c_1,c_4+c_1]{c_2+c_1} x \begin{vmatrix} 1 & 0 & 0 & x \\ 1 & 0 & x & 0 \\ 1 & x & 0 & 0 \\ 1 & 0 & 0 & 0 \end{vmatrix} = x^4$.

（6）$\begin{vmatrix} 1 & 2 & 3 & \cdots & n \\ -1 & 1 & 0 & \cdots & 0 \\ -1 & 0 & 1 & \cdots & 0 \\ \vdots & \vdots & \vdots & & \vdots \\ -1 & 0 & 0 & \cdots & 1 \end{vmatrix}_{n\text{阶}} \xlongequal[c_1+c_3,\cdots,c_1+c_n]{c_1+c_2} \begin{vmatrix} 1+2+3+\cdots+n & 2 & 3 & \cdots & n \\ 0 & 1 & 0 & \cdots & 0 \\ 0 & 0 & 1 & \cdots & 0 \\ \vdots & \vdots & \vdots & & \vdots \\ 0 & 0 & 0 & \cdots & 1 \end{vmatrix}_{n\text{阶}} = \frac{n(n+1)}{2}$.

【注】 本题考察用行列的定义、性质和展开定理来计算行列式，其中行列式的性质是行列式化简的有效手段之一.

【例 7-8】 解关于未知数 $x$ 的下列方程.

（1）$\begin{vmatrix} x & 1 & 2 \\ 3 & x-2 & 6 \\ 0 & 0 & x-1 \end{vmatrix} = 0$；  （2）$\begin{vmatrix} a & a & x \\ m & m & m \\ b & x & b \end{vmatrix} = 0, m \neq 0$.

**解** （1）$\begin{vmatrix} x & 1 & 2 \\ 3 & x-2 & 6 \\ 0 & 0 & x-1 \end{vmatrix} = (x-1) \begin{vmatrix} x & 1 \\ 3 & x-2 \end{vmatrix} = (x-1)(x^2-2x-3) = 0$,

所以 $x_1 = 1$，$x_2 = 3$，$x_3 = -1$.

（2）$\begin{vmatrix} a & a & x \\ m & m & m \\ b & x & b \end{vmatrix} = m \begin{vmatrix} a & a & x \\ 1 & 1 & 1 \\ b & x & b \end{vmatrix} = m \begin{vmatrix} 0 & 0 & x-a \\ 1 & 1 & 1 \\ 0 & x-b & b \end{vmatrix} = m(x-a) \begin{vmatrix} 1 & 1 \\ x-b & 0 \end{vmatrix} = 0$,

因为 $m \neq 0$，所以 $x_1 = a$，$x_2 = b$.

【例 7-9】　利用克拉默法则解下列线性方程组.

（1）$\begin{cases} 5x_1 + 4x_2 = 11, \\ 6x_1 + 5x_2 = 20. \end{cases}$　　　（2）$\begin{cases} 5x_1 + 6x_2 = 1, \\ x_1 + 5x_2 + 6x_3 = 0, \\ x_2 + 5x_3 = 0. \end{cases}$

**解**　（1）$D = \begin{vmatrix} 5 & 4 \\ 6 & 5 \end{vmatrix} = 25 - 24 = 1 \neq 0$，故方程组有唯一解.

$D = \begin{vmatrix} 11 & 4 \\ 20 & 5 \end{vmatrix} = 55 - 80 = -25$，　$D = \begin{vmatrix} 5 & 11 \\ 6 & 20 \end{vmatrix} = 100 - 66 = 34$，

由克拉默法则，有

$$x_1 = \frac{D_1}{D} = -25, \quad x_2 = \frac{D_2}{D} = 34.$$

（2）$D = \begin{vmatrix} 5 & 6 & 0 \\ 1 & 5 & 6 \\ 0 & 1 & 5 \end{vmatrix} = \begin{vmatrix} 5 & 6 & -30 \\ 1 & 5 & -19 \\ 0 & 1 & 0 \end{vmatrix} = -\begin{vmatrix} 5 & -30 \\ 1 & -19 \end{vmatrix} = 65 \neq 0$，故方程组有唯一解.

$$D_1 = \begin{vmatrix} 1 & 6 & 0 \\ 0 & 5 & 6 \\ 0 & 1 & 5 \end{vmatrix} = 19, \quad D_2 = \begin{vmatrix} 5 & 1 & 0 \\ 1 & 0 & 6 \\ 0 & 0 & 5 \end{vmatrix} = -5, \quad D_3 = \begin{vmatrix} 5 & 6 & 1 \\ 1 & 5 & 0 \\ 0 & 1 & 0 \end{vmatrix} = 1,$$

由克拉默法则，有

$$x_1 = \frac{D_1}{D} = \frac{19}{65}, \quad x_2 = \frac{D_2}{D} = -\frac{1}{13}, \quad x_3 = \frac{D_3}{D} = \frac{1}{65}.$$

【注】　利用克拉默法则求解线性方程组时，首先需验证系数行列式 $D \neq 0$，然后用常数列依次替代系数行列式 $D$ 的每一列得到 $D_1, D_2, \cdots, D_n$，则线性方程组的解就可以表示为

$$x_1 = \frac{D_1}{D}, \ x_2 = \frac{D_2}{D}, \cdots, \ x_n = \frac{D_n}{D}.$$

【例 7-10】　用行初等变换将矩阵 $\begin{bmatrix} 3 & 0 & 1 \\ -1 & 2 & 4 \\ 2 & 1 & 0 \end{bmatrix}$ 化为行最简矩阵.

**解**

$$\begin{bmatrix} 3 & 0 & 1 \\ -1 & 2 & 4 \\ 2 & 1 & 0 \end{bmatrix} \xrightarrow{r_2 \leftrightarrow r_1} \begin{bmatrix} -1 & 2 & 4 \\ 3 & 0 & 1 \\ 2 & 1 & 0 \end{bmatrix} \xrightarrow[r_3 + 2r_1]{r_2 + 3r_1} \begin{bmatrix} -1 & 2 & 4 \\ 0 & 6 & 13 \\ 0 & 5 & 8 \end{bmatrix} \xrightarrow{r_2 - r_3} \begin{bmatrix} -1 & 2 & 4 \\ 0 & 1 & 5 \\ 0 & 5 & 8 \end{bmatrix}$$

$$\xrightarrow{r_3 - 5r_2} \begin{bmatrix} -1 & 2 & 4 \\ 0 & 1 & 5 \\ 0 & 0 & -17 \end{bmatrix} \xrightarrow[-r_1]{-\frac{1}{17}r_3} \begin{bmatrix} 1 & -2 & -4 \\ 0 & 1 & 5 \\ 0 & 0 & 1 \end{bmatrix} \xrightarrow[r_1 + 4r_3]{r_2 - 5r_3} \begin{bmatrix} 1 & -2 & 0 \\ 0 & 2 & 0 \\ 0 & 0 & 1 \end{bmatrix}$$

$$\xrightarrow{r_1+2r_2}\begin{bmatrix}1 & 0 & 0\\ 0 & 1 & 0\\ 0 & 0 & 1\end{bmatrix}.$$

【**例 7-11**】 解下列齐次线性方程组：

（1）$\begin{cases}3x_1+2x_2+3x_3-2x_4=0,\\ 2x_1+x_2+x_3-x_4=0,\\ 2x_1+2x_2+x_3+2x_4=0.\end{cases}$    （2）$\begin{cases}x_1+x_2=0,\\ 2x_1+3x_2+x_3+x_4=0,\\ 2x_1+2x_2+2x_3+x_4=0.\end{cases}$

**解**    （1）写出齐次方程组的系数矩阵 $A$，对 $A$ 作行初等变换，直至其变成行最简矩阵，即

$$A=\begin{bmatrix}3 & 2 & 3 & -2\\ 2 & 1 & 1 & -1\\ 2 & 2 & 1 & 2\end{bmatrix}\xrightarrow{\text{行变换}}\begin{bmatrix}1 & \dfrac{2}{3} & 1 & -\dfrac{2}{3}\\ 0 & -\dfrac{1}{3} & -1 & \dfrac{1}{3}\\ 2 & 2 & 1 & 2\end{bmatrix}\xrightarrow{\text{行变换}}\begin{bmatrix}1 & 0 & 0 & -\dfrac{4}{3}\\ 0 & 1 & 0 & 3\\ 0 & 0 & 1 & -\dfrac{4}{3}\end{bmatrix},$$

还原成方程组

$$\begin{cases}x_1=\dfrac{4}{3}x_4,\\ x_2=-3x_4,\\ x_3=\dfrac{4}{3}x_4,\\ x_4=x_4.\end{cases}$$

所以通解为

$$X=C_1\begin{bmatrix}\dfrac{4}{3}\\ -3\\ \dfrac{4}{3}\\ 1\end{bmatrix}\quad（C_1\text{为任意常数}）.$$

（2）写出齐次方程组的系数矩阵 $A$，对 $A$ 作行初等变换，直至其变成行最简矩阵，即

$$A=\begin{bmatrix}1 & 1 & 0 & 0\\ 2 & 3 & 1 & 1\\ 2 & 2 & 2 & 1\end{bmatrix}\xrightarrow{\text{行变换}}\begin{bmatrix}1 & 1 & 0 & 0\\ 0 & 1 & 1 & 1\\ 0 & 0 & 2 & 1\end{bmatrix}\xrightarrow{\text{行变换}}\begin{bmatrix}1 & 0 & 0 & -\dfrac{1}{2}\\ 0 & 1 & 0 & \dfrac{1}{2}\\ 0 & 0 & 1 & \dfrac{1}{2}\end{bmatrix},$$

还原成方程组

$$\begin{cases} x_1 = \dfrac{1}{2}x_4, \\ x_2 = -\dfrac{1}{2}x_4, \\ x_3 = -\dfrac{1}{2}x_4, \\ x_4 = x_4. \end{cases}$$

所以通解为

$$X = C_1 \begin{bmatrix} \dfrac{1}{2} \\ -\dfrac{1}{2} \\ -\dfrac{1}{2} \\ 1 \end{bmatrix} \qquad （C_1\text{ 为任意常数}）.$$

【例 7-12】　解下列非齐次线性方程组.

（1）$\begin{cases} 2x_1 + x_2 - x_3 + x_4 = 1, \\ 2x_1 + x_2 - x_3 = 1, \\ 4x_1 + 2x_2 - 2x_3 - x_4 = 2; \end{cases}$ 　　（2）$\begin{cases} 2x_1 + x_2 - x_3 - x_4 = 1, \\ x_1 - 3x_2 + 2x_3 - 4x_4 = 3, \\ x_1 + 4x_2 - 3x_3 + 5x_4 = -2. \end{cases}$

**解**　（1）对此方程组的增广矩阵变形：

$$\tilde{A} = \begin{bmatrix} 2 & 1 & -1 & 1 & 1 \\ 2 & 1 & -1 & 0 & 1 \\ 4 & 2 & -2 & -1 & 2 \end{bmatrix} \xrightarrow{\text{行变换}} \begin{bmatrix} 2 & 1 & -1 & 1 & 1 \\ 0 & 0 & 0 & -1 & 0 \\ 0 & 0 & 0 & -3 & 0 \end{bmatrix} \xrightarrow{\text{行变换}} \begin{bmatrix} 2 & 1 & -1 & 0 & 1 \\ 0 & 0 & 0 & 1 & 0 \\ 0 & 0 & 0 & 0 & 0 \end{bmatrix},$$

原方程组与方程组

$$\begin{cases} 2x_1 + x_2 - x_3 = 1, \\ x_4 = 0, \\ 0 = 0 \end{cases}$$

同解，则通解为

$$X = \begin{bmatrix} \dfrac{1}{2} \\ 0 \\ 0 \\ 0 \end{bmatrix} + C_1 \begin{bmatrix} -\dfrac{1}{2} \\ 1 \\ 0 \\ 0 \end{bmatrix} + C_2 \begin{bmatrix} \dfrac{1}{2} \\ 0 \\ 1 \\ 0 \end{bmatrix} \qquad （C_1,\ C_2\text{ 为任意常数}）.$$

（2）对此方程组的增广矩阵变形：

$$\tilde{A} = \begin{bmatrix} 2 & 1 & -1 & -1 & 1 \\ 1 & -3 & 2 & -4 & 3 \\ 1 & 4 & -3 & 5 & -2 \end{bmatrix} \xrightarrow{\text{行变换}} \begin{bmatrix} 1 & -3 & 2 & -4 & 3 \\ 0 & 7 & -5 & 7 & -5 \\ 0 & 7 & -5 & 9 & -5 \end{bmatrix} \xrightarrow{\text{行变换}} \begin{bmatrix} 1 & 0 & -\dfrac{1}{7} & 0 & \dfrac{6}{7} \\ 0 & 1 & -\dfrac{5}{7} & 0 & -\dfrac{5}{7} \\ 0 & 0 & 0 & 1 & 0 \end{bmatrix},$$

原方程组与方程组

$$\begin{cases} x_1 & -\dfrac{1}{7}x_3 & = \dfrac{6}{7}, \\ x_2 - \dfrac{5}{7}x_3 & = -\dfrac{5}{7}, \\ x_4 = 0 \end{cases}$$

同解，则通解为

$$X = \begin{bmatrix} \dfrac{6}{7} \\ -\dfrac{5}{7} \\ 0 \\ 0 \end{bmatrix} + C_1 \begin{bmatrix} \dfrac{1}{7} \\ \dfrac{5}{7} \\ 1 \\ 0 \end{bmatrix} \qquad (C_1 \text{为任意常数}).$$

# 7.4 习  题

1. 计算下列行列式.

$(1)\ \begin{vmatrix} 1 & 2 & 1 & 1 \\ 0 & 2 & 1 & 11 \\ -2 & -1 & 4 & 4 \\ -2 & -1 & 1 & 10 \end{vmatrix}$;

$(2)\ \begin{vmatrix} x & a & \cdots & a \\ a & x & \cdots & a \\ \vdots & \vdots & & \vdots \\ a & a & \cdots & x \end{vmatrix}_{n\text{阶}}$;

$(3)\ \begin{vmatrix} 0 & 0 & 0 & 1 \\ 0 & 0 & 2 & 0 \\ 0 & 3 & 0 & 0 \\ 4 & 0 & 0 & 0 \end{vmatrix}$;

$(4)\ \begin{vmatrix} 1 & 1 & 1 & \cdots & 1 & 1 \\ 1 & -1 & 1 & \cdots & 1 & 1 \\ 1 & 1 & -1 & \cdots & 1 & 1 \\ \vdots & \vdots & \vdots & & \vdots & \vdots \\ 1 & 1 & 1 & \cdots & 1 & -1 \end{vmatrix}_{n\text{阶}}$;

$(5)\ \begin{vmatrix} a & 0 & 0 & \cdots & 1 \\ 0 & a & 0 & \cdots & 0 \\ 0 & 0 & a & \cdots & 0 \\ \vdots & \vdots & \vdots & & \vdots \\ 1 & 0 & 0 & \cdots & a \end{vmatrix}_{n\text{阶}}$;

$(6)\ \begin{vmatrix} 0 & 1 & 0 & \cdots & 0 \\ 0 & 0 & 2 & \cdots & 0 \\ \vdots & \vdots & \vdots & & \vdots \\ 0 & 0 & 0 & \cdots & n-1 \\ n & 0 & 0 & \cdots & 0 \end{vmatrix}_{n\text{阶}}$.

2. 证明：

（1）$\begin{vmatrix} a^2 & ab & b^2 \\ 2a & a+b & 2b \\ 1 & 1 & 1 \end{vmatrix} = (a-b)^3$；　（2）$\begin{vmatrix} a^2 & (a+1)^2 & (a+2)^2 & (a+3)^2 \\ b^2 & (b+1)^2 & (b+2)^2 & (b+3)^2 \\ c^2 & (c+1)^2 & (c+2)^2 & (c+3)^2 \\ d^2 & (d+1)^2 & (d+2)^2 & (d+3)^2 \end{vmatrix} = 0$；

（3）$\begin{vmatrix} 1 & x_1+a_1 & x_1^2+b_1x_1+b_2 & x_1^3+c_1x_1^2+c_2x_1+c_3 \\ 1 & x_2+a_1 & x_2^2+b_1x_2+b_2 & x_2^3+c_1x_2^2+c_2x_2+c_3 \\ 1 & x_3+a_1 & x_3^2+b_1x_3+b_2 & x_3^3+c_1x_3^2+c_2x_3+c_3 \\ 1 & x_4+a_1 & x_4^2+b_1x_4+b_2 & x_4^3+c_1x_4^2+c_2x_4+c_3 \end{vmatrix} = \begin{vmatrix} 1 & x_1 & x_1^2 & x_1^3 \\ 1 & x_2 & x_2^2 & x_2^3 \\ 1 & x_3 & x_3^2 & x_3^3 \\ 1 & x_4 & x_4^2 & x_4^3 \end{vmatrix}$.

3. 利用行列式的性质及展开定理计算下列行列式.

（1）$\begin{vmatrix} 1 & -1 & 1 & -1 & x+1 \\ 1 & -1 & 1 & x-1 & 1 \\ 1 & -1 & x+1 & -1 & 1 \\ 1 & x-1 & -1 & -1 & 1 \\ x+1 & -1 & 1 & -1 & 1 \end{vmatrix}$；　（2）$\begin{vmatrix} x_1-m & x_1 & x_1 & x_1 \\ x_2 & x_2-m & x_2 & x_2 \\ x_3 & x_3 & x_3-m & x_3 \\ x_4 & x_4 & x_4 & x_4-m \end{vmatrix}$；

（3）$\begin{vmatrix} a_1 & 0 & 0 & b_1 \\ 0 & a_2 & b_2 & 0 \\ 0 & b_3 & a_3 & 0 \\ b_4 & 0 & 0 & a_4 \end{vmatrix}$；　（4）$\begin{vmatrix} 1-a & a & 0 & 0 & 0 \\ -1 & 1-a & a & 0 & 0 \\ 0 & -1 & 1-a & a & 0 \\ 0 & 0 & -1 & 1-a & a \\ 0 & 0 & 0 & -1 & 1-a \end{vmatrix}$；

（5）$\begin{vmatrix} 6 & 1 & 1 & 1 & 1 & 1 \\ 1 & 6 & 1 & 1 & 1 & 1 \\ 1 & 1 & 6 & 1 & 1 & 1 \\ 1 & 1 & 1 & 6 & 1 & 1 \\ 1 & 1 & 1 & 1 & 6 & 1 \\ 1 & 1 & 1 & 1 & 1 & 6 \end{vmatrix}$；　（6）$\begin{vmatrix} \lambda & -1 & 0 & 0 & 0 \\ 0 & \lambda & -1 & 0 & 0 \\ 0 & 0 & \lambda & -1 & 0 \\ 0 & 0 & 0 & \lambda & -1 \\ k & 0 & 0 & 0 & \lambda \end{vmatrix}$.

4. 已知 $\begin{vmatrix} x & y & z \\ 3 & 0 & 2 \\ 1 & 1 & 1 \end{vmatrix} = 1$，求下列行列式的解.

（1）$\begin{vmatrix} x & y & z \\ 3x+3 & 3y & 3z+2 \\ x+2 & y+2 & z+2 \end{vmatrix}$；　（2）$\begin{vmatrix} x+1 & y+1 & z+1 \\ 3 & 0 & 2 \\ 4 & 1 & 3 \end{vmatrix}$.

5. 计算下列行列式.

（1）$\begin{vmatrix} a_1+b_1 & a_1+b_2 & a_1+b_3 & a_1+b_4 \\ a_2+b_1 & a_2+b_2 & a_2+b_3 & a_2+b_4 \\ a_3+b_1 & a_3+b_2 & a_3+b_3 & a_3+b_4 \\ a_4+b_1 & a_4+b_2 & a_4+b_3 & a_4+b_4 \end{vmatrix}$；

$(2)\begin{vmatrix} 1+a_1b_1 & 1+a_1b_2 & 1+a_1b_3 & 1+a_1b_4 \\ 1+a_2b_1 & 1+a_2b_2 & 1+a_2b_3 & 1+a_2b_4 \\ 1+a_3b_1 & 1+a_3b_2 & 1+a_3b_3 & 1+a_3b_4 \\ 1+a_4b_1 & 1+a_4b_2 & 1+a_4b_3 & 1+a_4b_4 \end{vmatrix};\quad (3)\begin{vmatrix} 1 & 0 & 0 & a_1 \\ -1 & 1 & 0 & a_2 \\ 0 & -1 & 1 & a_3 \\ 0 & 0 & -1 & a_4 \end{vmatrix};$

$(4)\begin{vmatrix} a_1 & -1 & 0 & \cdots & 0 & 0 \\ a_2 & x & -1 & \cdots & 0 & 0 \\ a_3 & 0 & x & \cdots & 0 & 0 \\ \vdots & \vdots & \vdots & & \vdots & \vdots \\ a_{n-1} & 0 & 0 & \cdots & x & -1 \\ a_n & 0 & 0 & \cdots & 0 & x \end{vmatrix};\quad (5)\begin{vmatrix} 2 & 1 & 0 & \cdots & 0 & 0 \\ 1 & 2 & 1 & \cdots & 0 & 0 \\ 0 & 1 & 2 & \cdots & 0 & 0 \\ \vdots & \vdots & \vdots & & \vdots & \vdots \\ 0 & 0 & 0 & \cdots & 2 & 1 \\ 0 & 0 & 0 & \cdots & 1 & 2 \end{vmatrix}_{n阶};$

$(6)\begin{vmatrix} 1+a_1 & 1 & 1 & \cdots & 1 \\ 1 & 1+a_2 & 1 & \cdots & 1 \\ \vdots & \vdots & \vdots & & \vdots \\ 1 & 1 & 1 & \cdots & 1+a_n \end{vmatrix},\quad \prod_{j=1}^{n}a_j \neq 0;$

$(7)\begin{vmatrix} x+y & xy & 0 & \cdots & 0 & 0 \\ 1 & x+y & xy & \cdots & 0 & 0 \\ 0 & 1 & x+y & \cdots & 0 & 0 \\ \vdots & \vdots & \vdots & & \vdots & \vdots \\ 0 & 0 & 0 & \cdots & x+y & xy \\ 0 & 0 & 0 & \cdots & 1 & x+y \end{vmatrix}_{n阶},\quad x \neq y.$

6. 设 $\begin{vmatrix} a_{11} & a_{12} & \cdots & a_{1n} \\ a_{21} & a_{22} & \cdots & a_{2n} \\ \vdots & \vdots & & \vdots \\ a_{n1} & a_{n2} & \cdots & a_{nn} \end{vmatrix} = a$，求下列行列式的解.

$(1)\begin{vmatrix} a_{n1} & a_{n2} & \cdots & a_{nn} \\ \vdots & \vdots & & \vdots \\ a_{21} & a_{22} & \cdots & a_{2n} \\ a_{11} & a_{12} & \cdots & a_{1n} \end{vmatrix};\quad (2)\begin{vmatrix} a_{1n} & \cdots & a_{12} & a_{11} \\ a_{2n} & \cdots & a_{22} & a_{21} \\ \vdots & & \vdots & \vdots \\ a_{nn} & \cdots & a_{n2} & a_{n1} \end{vmatrix}.$

7. 求二次多项式 $f(x)$，使得 $f(1)=-1,\ f(-1)=9,\ f(2)=-3$.

8. 解下列齐次线性方程组.

$(1)\begin{cases} 9x_2 + 5x_3 + 2x_4 = 0, \\ x_1 + 5x_2 + 3x_3 + x_4 = 0, \\ x_1 - 4x_2 - 2x_3 - x_4 = 0, \\ x_1 + 32x_2 + 18x_3 + 7x_4 = 0. \end{cases}\quad (2)\begin{cases} x_1 + 2x_2 + 4x_3 - 3x_4 = 0, \\ 2x_1 + 3x_2 + 2x_3 - x_4 = 0, \\ 4x_1 + 5x_2 - 2x_3 + 3x_4 = 0, \\ -x_1 + 3x_2 + 26x_3 - 22x_4 = 0. \end{cases}$

$$(3)\begin{cases} x_1 + 2x_2 + 3x_3 + x_4 = 0, \\ 2x_1 - 3x_2 - x_3 + 2x_4 = 0, \\ 5x_2 - 5x_3 + x_4 = 0, \\ 3x_1 + 7x_2 + x_3 + x_4 = 0. \end{cases}$$

9. 解下列非齐次线性方程组.

$$(1)\begin{cases} x_1 + 3x_2 + 5x_3 - 4x_4 + 0x_5 = 1, \\ x_1 + 3x_2 + 2x_3 - 2x_4 + x_5 = -1, \\ x_1 - 2x_2 + x_3 - x_4 - x_5 = 3, \\ x_1 + 2x_2 + x_3 - x_4 - x_5 = 3. \end{cases} \qquad (2)\begin{cases} x_1 + 2x_2 + 3x_3 + x_4 = 5, \\ 2x_1 - 3x_2 - x_3 + 2x_4 = 3, \\ 5x_2 - 5x_3 + x_4 = 0, \\ 3x_1 + 7x_2 + x_3 + x_4 = -3. \end{cases}$$

$$(3)\begin{cases} 2x_1 + 7x_2 + 3x_3 + 4x_4 = 6, \\ x_1 + 3x_2 - x_3 + x_4 = -2, \\ 7x_1 - 3x_2 - 2x_3 + 6x_4 = -4. \end{cases}$$

## 7.5 习 题 解 答

1. 解　（1）原式 $= \begin{vmatrix} 1 & 2 & 1 & 1 \\ 0 & 2 & 1 & 1 \\ 0 & 3 & 6 & 6 \\ 0 & 3 & 3 & 12 \end{vmatrix} = \begin{vmatrix} 1 & 2 & 1 & 1 \\ 0 & 2 & 1 & 11 \\ 0 & 3 & 6 & 6 \\ 0 & 0 & -3 & 6 \end{vmatrix} = -3\begin{vmatrix} 1 & 2 & 1 & 1 \\ 0 & 1 & 2 & 2 \\ 0 & 2 & 1 & 11 \\ 0 & 0 & -3 & 6 \end{vmatrix}$

$$= -3\begin{vmatrix} 1 & 2 & 1 & 1 \\ 0 & 1 & 2 & 2 \\ 0 & 0 & -3 & 7 \\ 0 & 0 & -3 & 6 \end{vmatrix} = -3\begin{vmatrix} 1 & 2 & 1 & 1 \\ 0 & 1 & 2 & 2 \\ 0 & 0 & -3 & 7 \\ 0 & 0 & 0 & -1 \end{vmatrix} = -9.$$

（2）原式 $\xrightarrow[r_1 + r_n]{r_1 + r_2, \cdots} \begin{vmatrix} (n-1)a+x & (n-1)a+x & \cdots & (n-1)a+x \\ a & x & \cdots & a \\ \vdots & \vdots & & \vdots \\ a & a & \cdots & x \end{vmatrix}_{n\text{阶}}$

$$= [(n-1)a+x]\begin{vmatrix} 1 & 1 & 1 & \cdots & 1 \\ a & x & a & \cdots & a \\ a & a & x & \cdots & a \\ \vdots & \vdots & \vdots & & \vdots \\ a & a & a & \cdots & x \end{vmatrix}_{n\text{阶}} = [(n-1)a+x]\begin{vmatrix} 1 & 1 & 1 & \cdots & 1 \\ a & x-a & 0 & \cdots & 0 \\ 0 & 0 & x-a & \cdots & 0 \\ \vdots & \vdots & \vdots & & \vdots \\ 0 & 0 & 0 & \cdots & x-a \end{vmatrix}_{n\text{阶}}$$

$$= [(n-1)a+x](x-a)^{n-1}.$$

（3）原式 $= (-1)^{1+4}\times 1\begin{vmatrix} 0 & 0 & 2 \\ 0 & 3 & 0 \\ 4 & 0 & 0 \end{vmatrix} = (-1)^{1+4}\times(-1)^{1+3}\times 2\times(-1)^{1+2}\times 3\times 4 = 24.$

（4）原式 $= \begin{vmatrix} 1 & 1 & 1 & \cdots & 1 & 1 \\ 0 & -2 & 0 & \cdots & 0 & 0 \\ 0 & 0 & -2 & \cdots & 0 & 0 \\ \vdots & \vdots & \vdots & & \vdots & \vdots \\ 0 & 0 & 0 & \cdots & 0 & -2 \end{vmatrix} = (-2)^{n-1} = (-1)^{n-1}2^{n-1}.$

（5）原式 $\xrightarrow{\text{按第1行展开}} (-1)^{1+1}a \begin{vmatrix} a & 0 & \cdots & 0 \\ 0 & a & \cdots & 0 \\ \vdots & \vdots & & \vdots \\ 0 & 0 & \cdots & a \end{vmatrix}_{(n-1)\text{阶}} + (-1)^{1+n} \begin{vmatrix} 0 & a & 0 & \cdots & 0 \\ 0 & 0 & a & \cdots & 0 \\ \vdots & \vdots & \vdots & & \vdots \\ 0 & 0 & 0 & \cdots & a \\ 1 & 0 & 0 & \cdots & 0 \end{vmatrix}_{(n-1)\text{阶}}.$

$= a^n + (-1)^{1+n}(-1)^{n-1+1}a^{n-2}$

$= a^n - a^{n-2}.$

（6）原式 $= (-1)^{1+n}n \begin{vmatrix} 1 & 0 & \cdots & 0 \\ 0 & 2 & \cdots & 0 \\ \vdots & \vdots & & \vdots \\ 0 & 0 & \cdots & n-1 \end{vmatrix}_{(n-1)\text{阶}} = (-1)^{n+1}n!.$

2. 证明（1）$\begin{vmatrix} a^2 & ab & b^2 \\ 2a & a+b & 2b \\ 1 & 1 & 1 \end{vmatrix} \xrightarrow[c_3+(-1)c_1]{c_2+(-1)c_1} \begin{vmatrix} a^2 & ab-a^2 & b^2-a^2 \\ 2a & b-a & 2b-2a \\ 1 & 0 & 0 \end{vmatrix}$

$= (-1)^{3+1} \begin{vmatrix} ab-a^2 & b^2-a^2 \\ b-a & 2b-2a \end{vmatrix} = \begin{vmatrix} a(b-a) & (b-a)(b+a) \\ b-a & 2(b-a) \end{vmatrix}$

$= (b-a)^2 \begin{vmatrix} a & (b+a) \\ 1 & 2 \end{vmatrix} = (b-a)^2(a-b) = (a-b)^3.$

（2）等式左边 $= \begin{vmatrix} a^2 & a^2+2a+1 & a^2+4a+4 & a^2+6a+9 \\ b^2 & b^2+2b+1 & b^2+4b+4 & b^2+6b+9 \\ c^2 & c^2+2c+1 & c^2+4c+4 & c^2+6c+9 \\ d^2 & d^2+2d+1 & d^2+4d+4 & d^2+6d+9 \end{vmatrix}$

$\xrightarrow[c_3+(-1)c_1,c_4+(-1)c_1]{c_2+(-1)c_1} \begin{vmatrix} a^2 & 2a+1 & 4a+4 & 6a+9 \\ b^2 & 2b+1 & 4b+4 & 6b+9 \\ c^2 & 2c+1 & 4c+4 & 6c+9 \\ d^2 & 2d+1 & 4d+4 & 6d+9 \end{vmatrix}$

$\xrightarrow[c_4+(-3)c_1]{c_3+(-2)c_2} \begin{vmatrix} a^2 & 2a+1 & 2 & 6 \\ b^2 & 2b+1 & 2 & 6 \\ c^2 & 2c+1 & 2 & 6 \\ d^2 & 2d+1 & 2 & 6 \end{vmatrix} = 0.$

（3）等式左边 $\xrightarrow[c_3+(-b_2)c_1,\ c_4+(-c_3)c_1]{c_2+(-a_1)c_1}$
$\begin{vmatrix} 1 & x_1 & x_1^2+b_1x_1 & x_1^3+c_1x_1^2+c_2x_1 \\ 1 & x_2 & x_2^2+b_1x_2 & x_2^3+c_1x_2^2+c_2x_2 \\ 1 & x_3 & x_3^2+b_1x_3 & x_3^3+c_1x_3^2+c_2x_3 \\ 1 & x_4 & x_4^2+b_1x_4 & x_4^3+c_1x_4^2+c_2x_4 \end{vmatrix}$

$\xrightarrow[c_4+(-c_2)c_2]{c_3+(-b_1)c_2} \begin{vmatrix} 1 & x_1 & x_1^2 & x_1^3+c_1x_1^2 \\ 1 & x_2 & x_2^2 & x_2^3+c_1x_2^2 \\ 1 & x_3 & x_3^2 & x_3^3+c_1x_3^2 \\ 1 & x_4 & x_4^2 & x_4^3+c_1x_4^2 \end{vmatrix} \xrightarrow{c_4+(-c_1)c_3} \begin{vmatrix} 1 & x_1 & x_1^2 & x_1^3 \\ 1 & x_2 & x_2^2 & x_2^3 \\ 1 & x_3 & x_3^2 & x_3^3 \\ 1 & x_4 & x_4^2 & x_4^3 \end{vmatrix}.$

**3. 解** （1）依次将第 2、3、4、5 列加到第 1 列，得

$原式=\begin{vmatrix} x+1 & -1 & 1 & -1 & x+1 \\ x+1 & -1 & 1 & x-1 & 1 \\ x+1 & -1 & x+1 & -1 & 1 \\ x+1 & x-1 & 1 & -1 & 1 \\ x+1 & -1 & 1 & -1 & 1 \end{vmatrix}=(x+1)\begin{vmatrix} 1 & -1 & 1 & -1 & x+1 \\ 1 & -1 & 1 & x-1 & 1 \\ 1 & -1 & x+1 & -1 & 1 \\ 1 & x-1 & 1 & -1 & 1 \\ 1 & -1 & 1 & -1 & 1 \end{vmatrix}$

$=(x+1)\begin{vmatrix} 1 & 0 & 0 & 0 & x \\ 1 & 0 & 0 & x & 0 \\ 1 & 0 & x & 0 & 0 \\ 1 & x & 0 & 0 & 0 \\ 1 & 0 & 0 & 0 & 0 \end{vmatrix}=(-1)^{6+5+4+3}(x+1)x^4=x^4(x+1).$

（2）依次将第 2、3、4 行加到第 1 行，得

$原式=\begin{vmatrix} \sum_{i=1}^{4}x_i-m & \sum_{i=1}^{4}x_i-m & \sum_{i=1}^{4}x_i-m & \sum_{i=1}^{4}x_i-m \\ x_2 & x_2-m & x_2 & x_2 \\ x_3 & x_3 & x_3-m & x_3 \\ x_4 & x_4 & x_4 & x_4-m \end{vmatrix}$

$=\left(\sum_{i=1}^{4}x_i-m\right)\begin{vmatrix} 1 & 1 & 1 & 1 \\ x_2 & x_2-m & x_2 & x_2 \\ x_3 & x_3 & x_3-m & x_3 \\ x_4 & x_4 & x_4 & x_4-m \end{vmatrix}$

$=\left(\sum_{i=1}^{4}x_i-m\right)\begin{vmatrix} 1 & 1 & 1 & 1 \\ 0 & -m & 0 & 0 \\ 0 & 0 & -m & 0 \\ 0 & 0 & 0 & -m \end{vmatrix}=\left(m-\sum_{i=1}^{4}x_i\right)m^3.$

（3）依次互换第 2、4 行及第 2、4 列，由行列式的性质，有

$$\begin{vmatrix} a_1 & 0 & 0 & b_1 \\ 0 & a_2 & b_2 & 0 \\ 0 & b_3 & a_3 & 0 \\ b_4 & 0 & 0 & a_4 \end{vmatrix} = -\begin{vmatrix} a_1 & 0 & 0 & b_1 \\ b_4 & 0 & 0 & a_4 \\ 0 & b_3 & a_3 & 0 \\ 0 & a_2 & b_2 & 0 \end{vmatrix} = \begin{vmatrix} a_1 & b_1 & 0 & 0 \\ b_4 & a_4 & 0 & 0 \\ 0 & 0 & a_3 & b_3 \\ 0 & 0 & b_2 & a_2 \end{vmatrix}$$

$$\xlongequal{\text{由展开定理}} a_1 a_4 (a_2 a_3 - b_2 b_3) - b_1 b_4 (a_2 a_3 - b_2 b_3)$$

$$= (a_1 a_4 - b_1 b_4)(a_2 a_3 - b_2 b_3).$$

（4）依次将第 1、2、3、4 行加到第 5 行，得

$$\text{原式} = \begin{vmatrix} 1-a & a & 0 & 0 & 0 \\ -1 & 1-a & a & 0 & 0 \\ 0 & -1 & 1-a & a & 0 \\ 0 & 0 & -1 & 1-a & a \\ -a & 0 & 0 & 0 & 1 \end{vmatrix} \xlongequal{\text{按第5行展开}} -a^5 + \begin{vmatrix} 1-a & a & 0 & 0 \\ 1-1 & 1-a & a & 0 \\ 0 & -1 & 1-a & a \\ 0 & 0 & -1 & 1-a \end{vmatrix}$$

$$= -a^5 + \begin{vmatrix} 1-a & a & 0 & 0 \\ -1 & 1-a & a & 0 \\ 0 & -1 & 1-a & a \\ -a & 0 & 0 & 1 \end{vmatrix} = -a^5 + a^4 + \begin{vmatrix} 1-a & a & 0 \\ -1 & 1-a & a \\ 0 & -1 & 1-a \end{vmatrix}$$

$$= -a^5 + a^4 - a^3 + a^2 - a + 1.$$

（5）依次将第 2、3、4、5、6 行加到第 1 行，得

$$\text{原式} = \begin{vmatrix} 11 & 11 & 11 & 11 & 11 & 11 \\ 1 & 6 & 1 & 1 & 1 & 1 \\ 1 & 1 & 6 & 1 & 1 & 1 \\ 1 & 1 & 1 & 6 & 1 & 1 \\ 1 & 1 & 1 & 1 & 6 & 1 \\ 1 & 1 & 1 & 1 & 1 & 6 \end{vmatrix} = 11 \begin{vmatrix} 1 & 1 & 1 & 1 & 1 & 1 \\ 1 & 6 & 1 & 1 & 1 & 1 \\ 1 & 1 & 6 & 1 & 1 & 1 \\ 1 & 1 & 1 & 6 & 1 & 1 \\ 1 & 1 & 1 & 1 & 6 & 1 \\ 1 & 1 & 1 & 1 & 1 & 6 \end{vmatrix}$$

$$= 11 \begin{vmatrix} 1 & 1 & 1 & 1 & 1 & 1 \\ 0 & 5 & 0 & 0 & 0 & 0 \\ 0 & 0 & 5 & 0 & 0 & 0 \\ 0 & 0 & 0 & 5 & 0 & 0 \\ 0 & 0 & 0 & 0 & 5 & 0 \\ 0 & 0 & 0 & 0 & 0 & 5 \end{vmatrix} = 11 \times 5^5 = 34375.$$

（6）按最后一行展开，得

$$\text{原式} = k \begin{vmatrix} -1 & 0 & 0 & 0 \\ \lambda & -1 & 0 & 0 \\ 0 & \lambda & -1 & 0 \\ 0 & 0 & \lambda & -1 \end{vmatrix} + \lambda \begin{vmatrix} \lambda & -1 & 0 & 0 \\ 0 & \lambda & -1 & 0 \\ 0 & 0 & \lambda & -1 \\ 0 & 0 & 0 & \lambda \end{vmatrix} = k + \lambda^5.$$

**4. 解**　（1）$\begin{vmatrix} x & y & z \\ 3x+3 & 3y & 3z+2 \\ x+2 & y+2 & z+2 \end{vmatrix} = \begin{vmatrix} x & y & z \\ 3 & 0 & 2 \\ 2 & 2 & 2 \end{vmatrix} = 2\begin{vmatrix} x & y & z \\ 3 & 0 & 2 \\ 1 & 1 & 1 \end{vmatrix} = 2.$

（2）$\begin{vmatrix} x+1 & y+1 & z+1 \\ 3 & 0 & 2 \\ 4 & 1 & 3 \end{vmatrix} = \begin{vmatrix} x & y & z \\ 3 & 0 & 2 \\ 4 & 1 & 3 \end{vmatrix} + \begin{vmatrix} 1 & 1 & 1 \\ 3 & 0 & 2 \\ 4 & 1 & 3 \end{vmatrix} = \begin{vmatrix} x & y & z \\ 3 & 0 & 2 \\ 1 & 1 & 1 \end{vmatrix} + \begin{vmatrix} 1 & 1 & 1 \\ 3 & 0 & 2 \\ 1 & 1 & 1 \end{vmatrix} = 1+0 = 1.$

**5. 解**　（1）依次将第 3、2、1 行乘 $-1$ 分别加到第 4、3、2 行，得

$$原式 = \begin{vmatrix} a_1+b_1 & a_1+b_2 & a_1+b_3 & a_1+b_4 \\ a_2-a_1 & a_2-a_1 & a_2-a_1 & a_2-a_1 \\ a_3-a_1 & a_3-a_1 & a_3-a_1 & a_3-a_1 \\ a_4-a_3 & a_4-a_3 & a_4-a_3 & a_4-a_3 \end{vmatrix} = 0.$$

（2）依次将第 3、2、1 行乘 $-1$ 分别加到第 4、3、2 行，得

$$原式 = \begin{vmatrix} 1+a_1b_1 & 1+a_1b_2 & 1+a_1b_3 & 1+a_1b_4 \\ b_1(a_2-a_1) & b_2(a_2-a_1) & b_3(a_2-a_1) & b_4(a_2-a_1) \\ b_1(a_3-a_2) & b_2(a_3-a_2) & b_3(a_3-a_2) & b_4(a_3-a_2) \\ b_1(a_4-a_3) & b_2(a_4-a_3) & b_3(a_4-a_3) & b_4(a_4-a_3) \end{vmatrix}$$

$$= (a_2-a_1)(a_3-a_2)(a_4-a_3)\begin{vmatrix} 1+a_1b_2 & 1+a_1b_3 & 1+a_1b_3 & 1+a_1b_4 \\ b_1 & b_2 & b_3 & b_4 \\ b_1 & b_2 & b_3 & b_4 \\ b_1 & b_2 & b_3 & b_4 \end{vmatrix} = 0.$$

（3）按最后一列展开，得

$$原式 = a_4\begin{vmatrix} 1 & 0 & 0 \\ -1 & 1 & 0 \\ 0 & -1 & 1 \end{vmatrix} - a_3\begin{vmatrix} 1 & 0 & 0 \\ -1 & 1 & 0 \\ 0 & 0 & -1 \end{vmatrix} + a_2\begin{vmatrix} 1 & 0 & 0 \\ 0 & -1 & 1 \\ 0 & 0 & -1 \end{vmatrix} - a_1\begin{vmatrix} -1 & 1 & 0 \\ 0 & -1 & 1 \\ 0 & 0 & -1 \end{vmatrix}$$

$$= a_1+a_2+a_3+a_4.$$

（4）依次将第 $n-1$，$n-2$，$\cdots$，2，1 行分别乘 $x$，$x^2$，$\cdots$，$x^{n-2}$，$x^{n-1}$ 加到第 $n$ 行，得

$$原式 = \begin{vmatrix} a_1 & -1 & 0 & \cdots & 0 & 0 \\ a_2 & x & -1 & \cdots & 0 & 0 \\ a_3 & 0 & x & \cdots & 0 & 0 \\ \vdots & \vdots & \vdots & & \vdots & \vdots \\ a_{n-1} & 0 & 0 & \cdots & x & -1 \\ f(x) & 0 & 0 & \cdots & 0 & 0 \end{vmatrix} = (-1)^{n+1}f(x)\begin{vmatrix} -1 & 0 & \cdots & 0 & 0 \\ x & -1 & \cdots & 0 & 0 \\ 0 & x & \cdots & 0 & 0 \\ \vdots & \vdots & & \vdots & \vdots \\ 0 & 0 & \cdots & x & -1 \end{vmatrix}_{(n-1)阶} = f(x)$$

其中 $f(x) = a_1x^{n-1} + a_2x^{n-2} + \cdots + a_{n-1}x + a_n.$

（5）为了方便，将原行列式记作 $D_n$，于是将 $D_n$ 按第一行展开，得

$$D_n = 2 \times (-1)^{1+1} \begin{vmatrix} 2 & 1 & 0 & \cdots & 0 & 0 \\ 1 & 2 & 1 & \cdots & 0 & 0 \\ 0 & 1 & 2 & \cdots & 0 & 0 \\ \vdots & \vdots & \vdots & & \vdots & \vdots \\ 0 & 0 & 0 & \cdots & 2 & 1 \\ 0 & 0 & 0 & \cdots & 1 & 2 \end{vmatrix}_{(n-1)\text{阶}} + 1 \times (-1)^{1+2} \begin{vmatrix} 1 & 1 & 0 & \cdots & 0 & 0 \\ 0 & 2 & 1 & \cdots & 0 & 0 \\ 0 & 1 & 2 & \cdots & 0 & 0 \\ \vdots & \vdots & \vdots & & \vdots & \vdots \\ 0 & 0 & 0 & \cdots & 2 & 1 \\ 0 & 0 & 0 & \cdots & 1 & 2 \end{vmatrix}_{(n-1)\text{阶}}$$

$$= 2D_{n-1} - D_{n-2},$$

故

$$D_n - D_{n-1} = D_{n-1} - D_{n-2} = \cdots = D_2 - D_1 = 1,$$

上述等式依次相加可得 $D_n - D_1 = n - 1$，故 $D_n = n - 1 + 2 = n + 1$.

（6）反着利用降阶公式，给原行列式升一阶，即

$$原式 = \begin{vmatrix} 1 & 1 & 1 & 1 & \cdots & 1 \\ 0 & 1+a_1 & 1 & 1 & \cdots & 1 \\ 0 & 1 & 1+a_2 & 1 & \cdots & 1 \\ \vdots & \vdots & \vdots & \vdots & & \vdots \\ 0 & 1 & 1 & 1 & \cdots & 1+a_n \end{vmatrix} = \begin{vmatrix} 1 & 1 & 1 & 1 & \cdots & 1 \\ -1 & a_1 & 0 & 0 & \cdots & 0 \\ -1 & 0 & a_2 & 0 & \cdots & 0 \\ \vdots & \vdots & \vdots & \vdots & & \vdots \\ -1 & 0 & 0 & 0 & \cdots & a_n \end{vmatrix}$$

$$\xrightarrow[\substack{c_1 + \frac{2}{a_n}c_{n+1}}]{c_1 + \frac{2}{a_1}c_2, \cdots,} \begin{vmatrix} 1+\sum\limits_{j=1}^{n}\dfrac{1}{a_j} & 1 & 1 & 1 & \cdots & 1 \\ 0 & a_1 & 0 & 0 & \cdots & 0 \\ 0 & 0 & a_2 & 0 & \cdots & 0 \\ \vdots & \vdots & \vdots & \vdots & & \vdots \\ 0 & 0 & 0 & 0 & \cdots & a_n \end{vmatrix} = \left(1 + \sum\limits_{j=1}^{n}\dfrac{1}{a_j}\right)\prod\limits_{j=1}^{n}a_j.$$

（7）为了方便，将原行列式记作 $D_n$，于是将 $D_n$ 按第一列展开，得

$$D_n = (x+y)(-1)^{1+1} \begin{vmatrix} x+y & xy & 0 & \cdots & 0 & 0 \\ 1 & x+y & xy & \cdots & 0 & 0 \\ 0 & 1 & x+y & \cdots & 0 & 0 \\ \vdots & \vdots & \vdots & & \vdots & \vdots \\ 0 & 0 & 0 & \cdots & x+y & xy \\ 0 & 0 & 0 & \cdots & 1 & x+y \end{vmatrix}_{(n-1)\text{阶}} +$$

$$(-1)^{2+1} \begin{vmatrix} xy & 0 & 0 & \cdots & 0 & 0 \\ 1 & x+y & xy & \cdots & 0 & 0 \\ 0 & 1 & x+y & \cdots & 0 & 0 \\ \vdots & \vdots & \vdots & & \vdots & \vdots \\ 0 & 0 & 0 & \cdots & x+y & xy \\ 0 & 0 & 0 & \cdots & 1 & x+y \end{vmatrix}_{(n-1)\text{阶}}$$

$$= (x+y)D_{n-1} - (xy)D_{n-2},$$

故

$$D_n - xD_{n-1} = y(D_{n-1} - xD_{n-2}) = y^2(D_{n-2} - xD_{n-3}) = \cdots = y^{n-2}(D_2 - xD_1),$$

$$D_n - yD_{n-1} = x(D_{n-1} - yD_{n-2}) = x^2(D_{n-2} - yD_{n-3}) = \cdots = x^{n-2}(D_2 - yD_1).$$

又因为 $D_1 = x + y$，$D_2 = x^2 + y^2 + xy$，故上述两式相减得 $(y-x)D_{n-1} = y^n - x^n$，因此 $D_{n-1} = \dfrac{y^n - x^n}{y - x}$，即 $D_n = \dfrac{y^{n+1} - x^{n+1}}{y - x}$.

**6. 解**　（1）经行的交换可得

$$原式 = (-1)^{n-1} \begin{vmatrix} a_{11} & a_{12} & \cdots & a_{1n} \\ a_{n1} & a_{n2} & \cdots & a_{nn} \\ \vdots & \vdots & & \vdots \\ a_{21} & a_{22} & \cdots & a_{2n} \end{vmatrix} = (-1)^{(n-1)+(n-2)+\cdots+2+1} \begin{vmatrix} a_{11} & a_{12} & \cdots & a_{1n} \\ a_{21} & a_{22} & \cdots & a_{2n} \\ \vdots & \vdots & & \vdots \\ a_{n1} & a_{n2} & \cdots & a_{nn} \end{vmatrix}$$

$$= (-1)^{\frac{n(n-1)}{2}} a.$$

（2）与（1）类似，经列的交换可得

$$原式 = (-1)^{\frac{n(n-1)}{2}} a.$$

**7. 解**　设该二次多项式为 $f(x) = ax^2 + bx + c$，则由 $f(1) = -1$，$f(-1) = 9$，$f(2) = -3$，有

$$a \times 1^2 + b \times 1 + c = -1,$$

$$a \times (-1)^2 + b \times (-1) + c = 9,$$

$$a \times 2^2 + b \times 2 + c = -3,$$

则上三式可看成关于系数 $a, b, c$ 的三元一次方程组. 又因为

$$D = \begin{vmatrix} 1^2 & 1 & 1 \\ (-1)^2 & (-1) & 1 \\ 2^2 & 2 & 1 \end{vmatrix} = 6 \neq 0,$$

故由克拉默法则可知上述线性方程组有唯一解，且

$$D_1 = 6, \quad D_2 = -30, \quad D_3 = 18,$$

则

$$a = \frac{D_1}{D} = 1, \quad b = \frac{D_2}{D} = -5, \quad c = \frac{D_3}{D} = 3,$$

故该二次多项式为 $f(x) = x^2 - 5x + 3$.

**8. 解**（1）写出齐次方程组的系数矩阵 $A$，对 $A$ 作行初等变换，直至其变成行最简矩阵：

$$A = \begin{bmatrix} 0 & 9 & 5 & 2 \\ 1 & 5 & 5 & 3 \\ 1 & -4 & -2 & -1 \\ 1 & 32 & 18 & 7 \end{bmatrix} \xrightarrow{行变换} \begin{bmatrix} 1 & 5 & 3 & 1 \\ 0 & 9 & 5 & 2 \\ 0 & -9 & -5 & -2 \\ 0 & 27 & 15 & 6 \end{bmatrix} \xrightarrow{行变换} \begin{bmatrix} 1 & 0 & \dfrac{2}{9} & -\dfrac{1}{9} \\ 0 & 1 & \dfrac{5}{9} & \dfrac{2}{9} \\ 0 & 0 & 0 & 0 \\ 0 & 0 & 0 & 0 \end{bmatrix},$$

还原成方程组

$$\begin{cases} x_1 = -\dfrac{2}{9}x_3 + \dfrac{1}{9}x_4, \\ x_2 = -\dfrac{5}{9}x_3 - \dfrac{2}{9}x_4, \\ x_3 = x_3, \\ x_4 = \qquad\quad x_4. \end{cases}$$

所以通解为

$$X = C_1 \begin{bmatrix} -\dfrac{2}{9} \\ -\dfrac{5}{9} \\ 1 \\ 0 \end{bmatrix} + C_2 \begin{bmatrix} \dfrac{1}{9} \\ -\dfrac{2}{9} \\ 0 \\ 1 \end{bmatrix} \qquad (C_1, C_2 \text{ 为任意常数}).$$

（2）写出齐次方程组的系数矩阵 $A$，对 $A$ 作行初等变换，直至其变成行最简矩阵：

$$A = \begin{bmatrix} 1 & 2 & 4 & -3 \\ 2 & 3 & 2 & -1 \\ 4 & 5 & -2 & 3 \\ -1 & 3 & 26 & -22 \end{bmatrix} \xrightarrow{\text{行变换}} \begin{bmatrix} 1 & 2 & 4 & -3 \\ 0 & 1 & 6 & -5 \\ 0 & 0 & 0 & 0 \\ 0 & 0 & 0 & 0 \end{bmatrix} \xrightarrow{\text{行变换}} \begin{bmatrix} 1 & 0 & -8 & 7 \\ 0 & 1 & 6 & -5 \\ 0 & 0 & 0 & 0 \\ 0 & 0 & 0 & 0 \end{bmatrix},$$

还原成方程组

$$\begin{cases} x_1 = 8x_3 - 7x_4, \\ x_2 = -6x_3 + 5x_4, \\ x_3 = x_3, \\ x_4 = \qquad\quad x_4. \end{cases}$$

所以通解为

$$X = C_1 \begin{bmatrix} 8 \\ -6 \\ 1 \\ 0 \end{bmatrix} + C_2 \begin{bmatrix} -7 \\ 5 \\ 0 \\ 1 \end{bmatrix} \qquad (C_1, C_2 \text{ 为任意常数}).$$

（3）写出齐次方程组的系数矩阵 $A$，对 $A$ 作行初等变换，直至其变成行最简矩阵：

$$A = \begin{bmatrix} 1 & 2 & 3 & 4 \\ 2 & -3 & -1 & 2 \\ 0 & 5 & -5 & 1 \\ 3 & 7 & 1 & 1 \end{bmatrix} \xrightarrow{\text{行变换}} \begin{bmatrix} 1 & 0 & 0 & 0 \\ 0 & 1 & 0 & 0 \\ 0 & 0 & 1 & 0 \\ 0 & 0 & 0 & 1 \end{bmatrix},$$

还原成方程组

$$\begin{cases} x_1 = 0, \\ x_2 = 0, \\ x_3 = 0, \\ x_4 = 0. \end{cases}$$

所以原方程组有唯一解

$$X = \begin{bmatrix} 0 \\ 0 \\ 0 \\ 0 \end{bmatrix}.$$

9. **解**（1）对此方程组的增广矩阵变形：

$$\tilde{A} = \begin{bmatrix} 1 & 3 & 5 & -4 & 0 & 1 \\ 1 & 3 & 2 & -2 & 1 & -1 \\ 1 & -2 & 1 & -1 & -1 & 3 \\ 1 & 2 & 1 & -1 & -1 & 3 \end{bmatrix} \xrightarrow{\text{行变换}} \begin{bmatrix} 1 & 0 & 0 & 0 & -3 & 7 \\ 0 & 1 & 0 & 0 & 0 & 0 \\ 0 & 0 & 1 & -\dfrac{3}{4} & \dfrac{1}{4} & -\dfrac{1}{2} \\ 0 & 0 & 0 & 1 & -7 & 14 \end{bmatrix}$$

$$\xrightarrow{\text{行变换}} \begin{bmatrix} 1 & 0 & 0 & 0 & -3 & 7 \\ 0 & 1 & 0 & 0 & 0 & 0 \\ 0 & 0 & 1 & 0 & -5 & 10 \\ 0 & 0 & 0 & 1 & -7 & 14 \end{bmatrix},$$

原方程组与方程组

$$\begin{cases} x_1 - \quad\quad\quad 3x_5 = 7, \\ \quad x_2 \quad\quad\quad = 0, \\ \quad\quad x_3 \quad -5x_5 = 10, \\ \quad\quad\quad x_4 - 7x_5 = 14 \end{cases}$$

同解，则通解为

$$X = \begin{bmatrix} 7 \\ 0 \\ 10 \\ 14 \\ 0 \end{bmatrix} + C_1 \begin{bmatrix} 3 \\ 0 \\ 5 \\ 7 \\ 1 \end{bmatrix} \quad （C_1 为任意常数）.$$

（2）对此方程组的增广矩阵变形：

$$\tilde{A} = \begin{bmatrix} 1 & 2 & 3 & 1 & 5 \\ 2 & -3 & -1 & 2 & 3 \\ 0 & 5 & -5 & 1 & 0 \\ 3 & 7 & 1 & 1 & -3 \end{bmatrix} \xrightarrow{\text{行变换}} \begin{bmatrix} 1 & \dfrac{7}{3} & \dfrac{1}{3} & \dfrac{1}{3} & -1 \\ 0 & -\dfrac{23}{3} & -\dfrac{5}{3} & \dfrac{4}{3} & 5 \\ 0 & 5 & -5 & 1 & 0 \\ 0 & -\dfrac{1}{3} & \dfrac{8}{3} & \dfrac{2}{3} & 6 \end{bmatrix}$$

$$\xrightarrow{\text{行变换}}
\begin{bmatrix}
1 & 0 & 0 & 0 & -3 \\
0 & 1 & 0 & 0 & 0 \\
0 & 0 & 1 & 0 & 1 \\
0 & 0 & 0 & 1 & 5
\end{bmatrix},$$

原方程组与方程组

$$\begin{cases}
x_1 & & & & = -3, \\
& x_2 & & & = 0, \\
& & x_3 & & = 1, \\
& & & x_4 & = 5
\end{cases}$$

同解，则原方程组的唯一解为

$$X = \begin{bmatrix} -3 \\ 0 \\ 1 \\ 5 \end{bmatrix}.$$

（3）对此方程组的增广矩阵变形：

$$\tilde{A} = \begin{bmatrix}
2 & 7 & 3 & 1 & 6 \\
1 & 3 & -1 & 1 & -2 \\
7 & -3 & -2 & 6 & -4
\end{bmatrix}
\xrightarrow{\text{行变换}}
\begin{bmatrix}
1 & 0 & -1 & 1 & -2 \\
0 & 1 & 0 & 0 & 0 \\
0 & 0 & 5 & -1 & 10
\end{bmatrix}
\xrightarrow{\text{行变换}}
\begin{bmatrix}
1 & 0 & 0 & \dfrac{4}{5} & 0 \\
0 & 1 & 0 & 0 & 0 \\
0 & 0 & 1 & -\dfrac{1}{5} & 2
\end{bmatrix},$$

原方程组与方程组

$$\begin{cases}
x_1 & & + \dfrac{4}{5}x_4 = 0, \\
& x_2 & = 0, \\
& x_3 - \dfrac{1}{5}x_4 = 2
\end{cases}$$

同解，则通解为

$$X = \begin{bmatrix} 0 \\ 0 \\ 2 \\ 0 \end{bmatrix} + C_1 \begin{bmatrix} -\dfrac{4}{5} \\ 0 \\ \dfrac{1}{5} \\ 1 \end{bmatrix} \qquad （C_1 \text{为任意常数}）.$$

### 线性代数模拟试卷（一）

**一、填空题**

1. 已知矩阵 $A = \begin{bmatrix} 1 & -1 & 0 \\ 3 & -2 & 1 \\ 2 & 0 & 2 \end{bmatrix}$，$B = \begin{bmatrix} 1 & 0 \\ 3 & 1 \\ 2 & 2 \end{bmatrix}$，$A = BC$，则 $C = $ _____.

2. 已知 $A = \begin{bmatrix} 1 & 0 & 2 \\ 0 & 1 & 0 \\ 0 & 0 & 1 \end{bmatrix}$，$f(x) = x^n - x + 1$，则 $f(A) = $ _____.

3. 设 $A$ 是方阵，且 $A^2 + A - 8E = 0$，则 $(A - 2E)^{-1} = $ _____.

4. 行列式 $D = \begin{vmatrix} 0 & a & b & a \\ a & 0 & a & b \\ b & a & 0 & a \\ a & b & a & 0 \end{vmatrix} = $ _____.

5. 设 $A$ 是五阶方阵且 $|A| = -3$，则 $|A^{-1}| = $ _____，$|2A| = $ _____，$|A^2| = $ _____.

**二、选择题**

1. 设 $A, B$ 均为 $n$ 阶方阵，且 $AB = 0$，则必有（    ）.
   （A）$A = 0$ 或 $B = 0$        （B）$|A| = 0$ 或 $|B| = 0$
   （C）$A + B = 0$             （D）$|A| + |B| = 0$

2. 设 $A, B$ 均为 $n$ 阶方阵，则下列正确的是（    ）.
   （A）$(A + B)^2 = A^2 + 2AB + B^2$
   （B）若 $A, B$ 可逆，则 $(AB)^{-1} = A^{-1}B^{-1}$
   （C）$|A + AB| = 0$ 的充要条件是 $|A| = 0$ 或 $|E + B| = 0$
   （D）$AB = 0$ 时，$A = 0$ 或 $B = 0$

3. 设 $A$ 是 $n$ 阶方阵，则 $|A| = 0$ 的必要条件是（    ）.
   （A）必有一行可由其余行消为零行      （B）两行（列）元素对应成比例
   （C）其中有一行元素全为零          （D）任一行可由其余行消为零行

4. 如果 $D = \begin{vmatrix} a_{11} & a_{12} & a_{13} \\ a_{21} & a_{22} & a_{23} \\ a_{31} & a_{32} & a_{33} \end{vmatrix} = 1$, $D_1 = \begin{vmatrix} 4a_{11} & 2a_{11}-3a_{12} & a_{13} \\ 4a_{21} & 2a_{21}-3a_{22} & a_{23} \\ 4a_{31} & 2a_{31}-3a_{32} & a_{33} \end{vmatrix}$, 则 $D_1 = ($ 　 $)$.

（A）8 　　　　（B）–12 　　　　（C）24 　　　　（D）–24

5. 下列 $n$ （$n \geqslant 2$）阶行列式的值必为零的是（ 　 ）.

（A）行列式主对角线上的元素全为零

（B）三角形行列式

（C）行列式零元素的个数多于 $n$ 个

（D）行列式的非零元素少于 $n$ 个

三、用行初等变换将矩阵 $\begin{bmatrix} 3 & 0 & 1 \\ -1 & 2 & 4 \\ 2 & 1 & 0 \end{bmatrix}$ 化为行最简矩阵.

四、设矩阵 $X$ 满足 $AX - A = 3X$，且 $A = \begin{bmatrix} 1 & -1 & 1 \\ 2 & 3 & -1 \\ -1 & 0 & 4 \end{bmatrix}$，求 $X$.

五、用克拉默法则解下列方程组：

$$\begin{cases} x_1 + 2x_2 + 4x_3 = 31, \\ 5x_1 + x_2 + 2x_3 = 29, \\ 3x_1 - x_2 + x_3 = 10. \end{cases}$$

六、求下列非齐次线性方程组的通解：

$$\begin{cases} x_1 + x_2 & - 3x_4 - x_5 = 2, \\ x_1 - x_2 + 2x_3 - x_4 & = 1, \\ 4x_1 - 2x_2 + 6x_3 + 3x_4 - 4x_5 = 8, \\ 2x_1 + 4x_2 - 2x_3 + 4x_4 - 7x_5 = 9. \end{cases}$$

七、设 $n$ 阶方阵 $A$ 满足 $A^2 - 3A - 2E = 0$，证明 $A$ 可逆，并求 $A^{-1}$.

# 线性代数模拟试卷（二）

## 一、填空题

1. 设 $A = \begin{bmatrix} 0 & 0 & 1 \\ 0 & 2 & 0 \\ 3 & 0 & 0 \end{bmatrix}$，则 $A^2 = $ _____ ，$|A| = $ _____ .

2. 设矩阵 $A = \begin{bmatrix} 1 & -1 \\ 2 & 3 \end{bmatrix}$，$B = A^2 - 3A + 2E$，则 $B^{-1} = $ _____ .

3. 设 $A$ 是方阵，且 $A^2 + 2A = 0$，则 $(A + E)^{-1} = $ _____ .

4. 行列式 $D = \begin{vmatrix} k & 1 & 1 & 1 \\ 1 & k & 1 & 1 \\ 1 & 1 & k & 1 \\ 1 & 1 & 1 & k \end{vmatrix} = $ _____.

5. 设 $A, B$ 为 $n$ 阶方阵，且 $|A| = 2$，$|B| = -3$，则 $|2A^{-1}B^{-1}| = $ _____.

## 二、选择题

1. 若 $A, B$ 都是 $n$ 阶方阵，且 $AB$ 不可逆，则（　　）.

（A）$A$ 不可逆　　　　　　　　（B）$B$ 不可逆

（C）$A, B$ 都不可逆　　　　　　（D）$A, B$ 中有一个不可逆

2. 设 $A, B$ 均为 $n$ 阶方阵，则下列正确的是（　　）.

（A）$|A + B| = |A| + |B|$　　　　（B）$AB = BA$

（C）$|AB| = |A||B|$　　　　　　（D）$(A + B)^{-1} = A^{-1} + B^{-1}$

3. 设 $A, B$ 均为 $n$ 阶方阵，则下列正确的是（　　）.

（A）$(AB)^k = A^k B^k$　　　　　（B）$A$ 可逆，则 $(A^{-1})^{-1} = A$

（C）$B^2 - A^2 = (B - A)(B + A)$　　（D）$|-A| = -|A|$

4. 设 $A$ 为 3 阶方阵，且 $|A| = 1$，则 $|-2A|$ 的值为（　　）.

（A）–8　　　（B）8　　　（C）–2　　　（D）2

5. 设 $A$ 为 3 阶非零矩阵，且 $A^3 = 0$，则下列说法中错误的是（　　）.

（A）$E + A$ 可逆　　　　　　　（B）$|A| = 0$

（C）$E - A + A^2$ 可逆　　　　　（D）$A^2 = 0$

三、利用行初等变换将下列矩阵化为行最简矩阵：

$$\begin{bmatrix} 2 & -1 & -1 & 1 & 2 \\ 1 & 1 & -2 & 1 & 4 \\ 4 & -6 & 2 & -2 & 4 \\ 3 & 6 & -9 & 7 & 9 \end{bmatrix}.$$

四、已知 $A = \begin{bmatrix} 1 & 0 & 1 \\ 0 & 2 & 0 \\ 1 & 0 & 1 \end{bmatrix}$，矩阵 $X$ 满足 $AX + E = A^2 + X$，求 $X$.

五、用克拉默法则解下列方程组：

$$\begin{cases} 2x_1 + x_2 - 5x_3 + x_4 = 8, \\ x_1 - 3x_2 \quad\quad - 6x_4 = 9, \\ \quad\quad 2x_2 - x_3 + 2x_4 = -5, \\ x_1 + 4x_2 - 7x_3 + 6x_4 = 0. \end{cases}$$

六、求下列非齐次线性方程组的通解：

$$\begin{cases} x_1 + 2x_2 + x_3 - 3x_4 + 2x_5 = 1, \\ 2x_1 + x_2 + x_3 + x_4 - 3x_5 = 6, \\ x_1 + x_2 + 2x_3 + 2x_4 - 2x_5 = 2, \\ 2x_1 + 3x_2 - 5x_3 - 17x_4 + 10x_5 = 5. \end{cases}$$

七、设矩阵 $A, B$ 及 $A + B$ 都可逆，证明 $A^{-1} + B^{-1}$ 也可逆，并求其逆矩阵.

# 线性代数模拟试卷（三）

## 一、填空题

1. 设 $A = \begin{bmatrix} 1 & -1 & 0 \\ 2 & 2 & 3 \\ -1 & 2 & 1 \end{bmatrix}$，则 $A^2 + 2A = $ _____.

2. 设 $A = \begin{bmatrix} 2 & 2 & 3 \\ 1 & 1 & 0 \\ -1 & 1 & 3 \end{bmatrix}$，且 $AB = A + B$，则 $B = $ _____.

3. 设 $A$ 是方阵，且 $A^3 - 2A - 2E = 0$，则 $(A + E)^{-1} = $ _____.

4. 行列式 $D = \begin{vmatrix} 1 & 2 & -2 & 3 \\ -1 & -2 & 4 & -2 \\ 0 & 1 & 2 & -1 \\ 2 & 3 & -3 & 10 \end{vmatrix} = $ _____.

5. 若行列式 $\begin{vmatrix} 1 & a & -2 \\ 8 & 3 & 5 \\ -1 & 4 & 6 \end{vmatrix}$ 的元素 $a_{21}$ 的代数余子式 $A_{21} = 10$，则 $a$ 的值为 _____.

## 二、选择题

1. 下列叙述中正确的是（　　）.

（A）若方阵 $A$ 的行列式等于零，则 $A$ 的某两行（或列）元素对应成比例

（B）$\begin{vmatrix} a_1 & 0 & \cdots & 0 \\ 0 & a_2 & \cdots & 0 \\ \vdots & \vdots & & \vdots \\ 0 & 0 & \cdots & a_n \end{vmatrix} = - \begin{vmatrix} 0 & \cdots & 0 & a_1 \\ 0 & \cdots & a_2 & 0 \\ \vdots & \vdots & \vdots & \vdots \\ a_n & \cdots & 0 & 0 \end{vmatrix}$

（C）若方阵 $A$ 经行初等变换可化为 $B$，则 $|A| = |B|$

（D）设 $A$ 为 $n$（$n \geq 2$）阶方阵，若 $A^3 = 0$，则 $|A| = 0$

2. 设 $A, B$ 均为 $n$ 阶方阵，则 $AB$ 可逆的充要条件是（　　）.

（A）$AB \neq 0$　　　　（B）$|A| + |B| \neq 0$　　　　（C）$A, B$ 均可逆　　　　（D）$A$ 或 $B$ 可逆

3. 若 $A$ 为 $m \times n$ 矩阵，$B$ 为 $n \times p$ 矩阵，下列命题中错误的是（　　）.

　　（A）乘积矩阵 $AB$ 的第 $i$ 行第 $j$ 列元素等于 $A$ 的第 $i$ 行与 $B$ 的第 $j$ 列元素相乘再求和

　　（B）若 $AB = 0$，则 $A = 0$ 或 $B = 0$

　　（C）若 $A$ 和 $B$ 都为非零矩阵，$AB$ 有可能是零矩阵

　　（D）若 $kA = 0$，其中 $k$ 是常数，则 $k = 0$ 或 $A = 0$

4. 下列叙述中错误的是（　　）.

　　（A）若 $A$ 为可逆矩阵，则 $A$ 的行阶梯矩阵也为可逆矩阵

　　（B）若 $A$ 为可逆矩阵，则 $A$ 的行最简矩阵为单位矩阵

　　（C）若 $n$ 阶方阵中只有 $n$ 个非零元，则只有当它们排在对角线上时，行列式的值才不为零

　　（D）设 $A$ 是方阵，$k$ 是正整数，则 $\left| A^k \right| = \left| A \right|^k$

5. 下列叙述中正确的是（　　）.

　　（A）若 $A$ 与 $B$ 均为 $n$ 阶方阵，则 $|AB| = |BA|$

　　（B）若可逆对角矩阵 $A$ 满足 $A = A^{-1}$，则 $A = E$ 或 $A = -E$

　　（C）若存在矩阵 $A, B$ 满足 $AB = E$，则 $B = A^{-1}$

　　（D）设 $A$ 为 $m \times n$ 矩阵，$B$ 为 $n \times m$ 矩阵，若 $|AB| = 0$，则 $|BA| = 0$

三、解下列矩阵方程.

（1）$X \begin{bmatrix} 2 & 3 \\ 1 & 4 \end{bmatrix} = \begin{bmatrix} 4 & -5 \\ 1 & 1 \end{bmatrix}$；　　　　（2）$\begin{bmatrix} 1 & 1 \\ 1 & 2 \end{bmatrix} X \begin{bmatrix} 2 & 1 \\ 0 & 1 \end{bmatrix} = \begin{bmatrix} 3 & 0 \\ -1 & 1 \end{bmatrix}$.

四、已知 $A = \begin{bmatrix} 3 & 0 & 1 \\ 1 & 1 & 0 \\ 0 & 1 & 4 \end{bmatrix}$，且 $AB = A + 2B$，求 $B$.

五、用克拉默法则解下列方程组：

$$\begin{cases} 2x_1 - 4x_2 + 3x_3 + 4x_4 = -3, \\ 3x_1 - 2x_2 + 6x_3 + 5x_4 = -1, \\ 5x_1 + 8x_2 + 9x_3 + 3x_4 = 9, \\ x_1 - 10x_2 - 3x_3 - 7x_4 = 2. \end{cases}$$

六、求下列非齐次线性方程组的通解：

$$\begin{cases} x_1 + x_2 + x_3 + x_4 + x_5 = 7, \\ 3x_1 + 2x_2 + x_3 + x_4 - 3x_5 = -2, \\ 2x_2 + 2x_3 + 2x_4 + 6x_5 = 23, \\ 5x_1 + 4x_2 - 3x_3 + 3x_4 - x_5 = 12. \end{cases}$$

七、用行列式的性质证明下列等式：

$$\begin{vmatrix} y+z & z+x & x+y \\ x+y & y+z & z+x \\ z+x & x+y & y+z \end{vmatrix} = 2 \begin{vmatrix} x & y & z \\ z & x & y \\ y & z & x \end{vmatrix}.$$

# 线性代数模拟试卷（一）参考答案

一、1. $\begin{bmatrix} -2 & -1 \\ -1 & 0 \\ 6 & 4 \end{bmatrix}$；2. $\begin{bmatrix} 1 & 0 & 2(n-1) \\ 0 & 1 & 0 \\ 0 & 0 & 1 \end{bmatrix}$；3. $\dfrac{1}{2}(A+3E)$；4. $b^2(b^2-4a^2)$；5. $-\dfrac{1}{3}$，$-96$，$9$.

二、1. B　2. C　3. A　4. B　5. D

三、解

$$原式 \xrightarrow{\frac{1}{3}r_1} \begin{bmatrix} 1 & 0 & \dfrac{1}{3} \\ -1 & 2 & 4 \\ 2 & 1 & 0 \end{bmatrix} \xrightarrow[r_3-2r_1]{r_2+r_1} \begin{bmatrix} 1 & 0 & \dfrac{1}{3} \\ 0 & 2 & \dfrac{13}{3} \\ 0 & 1 & -\dfrac{2}{3} \end{bmatrix} \xrightarrow{\frac{1}{2}r_2} \begin{bmatrix} 1 & 0 & \dfrac{1}{3} \\ 0 & 1 & \dfrac{13}{6} \\ 0 & 1 & -\dfrac{2}{3} \end{bmatrix}$$

$$\xrightarrow{r_3-r_2} \begin{bmatrix} 1 & 0 & \dfrac{1}{3} \\ 0 & 1 & \dfrac{13}{6} \\ 0 & 0 & -\dfrac{17}{6} \end{bmatrix} \xrightarrow{-\frac{6}{17}r_3} \begin{bmatrix} 1 & 0 & \dfrac{1}{3} \\ 0 & 1 & \dfrac{13}{6} \\ 0 & 0 & 1 \end{bmatrix} \xrightarrow[r_1-\frac{1}{3}r_3]{r_2-\frac{13}{6}r_3} \begin{bmatrix} 1 & 0 & 0 \\ 0 & 1 & 0 \\ 0 & 0 & 1 \end{bmatrix}.$$

四、解　因为 $AX-A=3X$，故 $(A-3E)X=A$. 又因为

$$A-3E=\begin{bmatrix} -2 & -1 & 1 \\ 2 & 0 & -1 \\ -1 & 0 & 1 \end{bmatrix}$$

可逆，故

$$X=(A-3E)^{-1}A=\begin{bmatrix} -2 & -1 & 1 \\ 2 & 0 & -1 \\ -1 & 0 & 1 \end{bmatrix}^{-1}\begin{bmatrix} 1 & -1 & 1 \\ 2 & 3 & -1 \\ -1 & 0 & 4 \end{bmatrix}=\begin{bmatrix} 1 & 3 & 3 \\ -3 & -2 & 0 \\ 0 & 3 & 7 \end{bmatrix}.$$

五、解　因为

$$D=\begin{vmatrix} 1 & 2 & 4 \\ 5 & 1 & 2 \\ 3 & -1 & 1 \end{vmatrix}=-27\neq0,$$

故方程组有唯一解. 又因为

$$D_1=\begin{vmatrix} 31 & 2 & 4 \\ 29 & 1 & 2 \\ 10 & -1 & 1 \end{vmatrix}=-81,\quad D_2=\begin{vmatrix} 1 & 31 & 4 \\ 5 & 29 & 2 \\ 3 & 10 & 1 \end{vmatrix}=-108,\quad D_3=\begin{vmatrix} 1 & 2 & 31 \\ 5 & 1 & 29 \\ 3 & -1 & 10 \end{vmatrix}=-135,$$

由克拉默法则，有

$$x_1 = \frac{D_1}{D} = 3, \quad x_2 = \frac{D_2}{D} = 4, \quad x_3 = \frac{D_3}{D} = 5.$$

**六、解**　对此方程组的增广矩阵变形：

$$\tilde{A} = \begin{bmatrix} 1 & 1 & 0 & -3 & -1 & 2 \\ 1 & -1 & 2 & -1 & 0 & 1 \\ 4 & -2 & 6 & 3 & -4 & 8 \\ 2 & 4 & -2 & 4 & -7 & 9 \end{bmatrix} \xrightarrow{\text{行变换}} \begin{bmatrix} 1 & 0 & 1 & 0 & -\dfrac{7}{6} & \dfrac{13}{6} \\ 0 & 1 & -1 & 0 & -\dfrac{5}{6} & \dfrac{5}{6} \\ 0 & 0 & 0 & 1 & -\dfrac{1}{3} & \dfrac{1}{3} \\ 0 & 0 & 0 & 0 & 0 & 0 \end{bmatrix},$$

原方程组与方程组

$$\begin{cases} x_1 \quad + x_3 \quad\quad -\dfrac{7}{6}x_5 = \dfrac{13}{6}, \\ \quad x_2 - x_3 \quad -\dfrac{5}{6}x_5 = \dfrac{5}{6}, \\ \quad\quad x_4 - \dfrac{1}{3}x_5 = \dfrac{1}{3} \end{cases}$$

同解，则通解为

$$X = \begin{bmatrix} \dfrac{13}{6} \\ \dfrac{5}{6} \\ 0 \\ \dfrac{1}{3} \\ 0 \end{bmatrix} + C_1 \begin{bmatrix} -1 \\ 1 \\ 1 \\ 0 \\ 0 \end{bmatrix} + C_2 \begin{bmatrix} 7 \\ 5 \\ 0 \\ 2 \\ 6 \end{bmatrix} \quad (C_1, C_2 \text{ 为任意常数}).$$

**七、证明**　因为

$$A\left[\frac{1}{2}(A - 3E)\right] = \left[\frac{1}{2}(A - 3E)\right]A = E,$$

故 $A$ 可逆，且 $A^{-1} = \dfrac{1}{2}(A - 3E)$.

## 线性代数模拟试卷（二）参考答案

一、1. $\begin{bmatrix} 3 & 0 & 0 \\ 0 & 4 & 0 \\ 0 & 0 & 3 \end{bmatrix}$, $-6$；2. $\begin{bmatrix} 0 & \dfrac{1}{2} \\ -1 & -1 \end{bmatrix}$；3. $A + E$；4. $(k+3)(k-1)^3$；5. $-\dfrac{2^n}{6}$.

二、1. D　2. C　3. B　4. A　5. D

**三、解**

$$原矩阵 \xrightarrow{r_2 \leftrightarrow r_1}
\begin{bmatrix}
1 & 1 & -2 & 1 & 4 \\
2 & -1 & -1 & 1 & 2 \\
4 & -6 & 2 & -2 & 4 \\
3 & 6 & -9 & 7 & 9
\end{bmatrix}
\xrightarrow[r_3-4r_1, r_4-3r_1]{r_2-2r_1}
\begin{bmatrix}
1 & 1 & -2 & 1 & 4 \\
0 & -3 & 3 & -1 & -6 \\
0 & -10 & 10 & -6 & -12 \\
0 & 3 & -3 & 4 & -3
\end{bmatrix}$$

$$\xrightarrow[r_4+r_2]{r_3-\frac{10}{3}r_2}
\begin{bmatrix}
1 & 1 & -2 & 1 & 4 \\
0 & -3 & 3 & 1 & -6 \\
0 & 0 & 0 & -\frac{8}{3} & 8 \\
0 & 0 & 0 & 3 & -9
\end{bmatrix}
\xrightarrow{-\frac{3}{8}r_3}
\begin{bmatrix}
1 & 1 & -2 & 1 & 4 \\
0 & -3 & 3 & -1 & -6 \\
0 & 0 & 0 & 1 & -3 \\
0 & 0 & 0 & 3 & -9
\end{bmatrix}$$

$$\xrightarrow{r_4-3r_3}
\begin{bmatrix}
1 & 1 & -2 & 1 & 4 \\
0 & -3 & 3 & -1 & -6 \\
0 & 0 & 0 & 1 & -3 \\
0 & 0 & 0 & 0 & 0
\end{bmatrix}
\xrightarrow[r_1-r_3]{r_2+r_3}
\begin{bmatrix}
1 & 1 & -2 & 0 & 7 \\
0 & -3 & 3 & 0 & -9 \\
0 & 0 & 0 & 1 & -3 \\
0 & 0 & 0 & 0 & 0
\end{bmatrix}$$

$$\xrightarrow{-\frac{1}{3}r_3}
\begin{bmatrix}
1 & 1 & -2 & 1 & 7 \\
0 & 1 & -1 & 0 & 3 \\
0 & 0 & 0 & 1 & -3 \\
0 & 0 & 0 & 0 & 0
\end{bmatrix}
\xrightarrow{r_1-r_2}
\begin{bmatrix}
1 & 0 & -1 & 0 & 4 \\
0 & 1 & -1 & 0 & 3 \\
0 & 0 & 0 & 1 & -3 \\
0 & 0 & 0 & 0 & 0
\end{bmatrix}.$$

**四、解**   因为 $AX + E = A^2 + X$，故 $(A-E)X = A^2 - E$. 又因为

$$A - E = \begin{bmatrix} 0 & 0 & 1 \\ 0 & 1 & 0 \\ 1 & 0 & 0 \end{bmatrix}$$

可逆，故

$$X = (A-E)^{-1}(A^2 - E) = A + E = \begin{bmatrix} 2 & 0 & 1 \\ 0 & 3 & 0 \\ 1 & 0 & 2 \end{bmatrix}.$$

**五、解**   因为

$$D = \begin{vmatrix} 2 & 1 & -5 & 1 \\ 1 & -3 & 0 & -6 \\ 0 & 2 & -1 & 2 \\ 1 & 4 & -7 & 6 \end{vmatrix} = 27 \neq 0,$$

故方程组有唯一解. 又因为

$$D_1 = \begin{vmatrix} 8 & 1 & -5 & 1 \\ 9 & -3 & 0 & -6 \\ -5 & 2 & -1 & 2 \\ 0 & 4 & -7 & 6 \end{vmatrix} = 81, \quad D_2 = \begin{vmatrix} 2 & 8 & -5 & 1 \\ 1 & 9 & 0 & -6 \\ 0 & -5 & -1 & 2 \\ 1 & 0 & -7 & 6 \end{vmatrix} = -108,$$

$$D_3 = \begin{vmatrix} 2 & 1 & 8 & 1 \\ 1 & -3 & 9 & -6 \\ 0 & 2 & -5 & 2 \\ 1 & 4 & 0 & 6 \end{vmatrix} = -27, \quad D_4 = \begin{vmatrix} 2 & 1 & -5 & 8 \\ 1 & -3 & 0 & 9 \\ 0 & 2 & -1 & -5 \\ 1 & 4 & -7 & 0 \end{vmatrix} = 27,$$

由克拉默法则，有

$$x_1 = \frac{D_1}{D} = 3, \quad x_2 = \frac{D_2}{D} = -4, \quad x_3 = \frac{D_3}{D} = -1 \quad x_4 = \frac{D_4}{D} = 1.$$

**六、解**　对此方程组的增广矩阵变形：

$$\tilde{A} = \begin{bmatrix} 1 & 2 & 1 & -3 & 2 & 1 \\ 2 & 1 & 1 & 1 & -3 & 6 \\ 1 & 1 & 2 & 2 & -2 & 2 \\ 2 & 3 & -5 & -17 & 10 & 5 \end{bmatrix} \xrightarrow{\text{行变换}} \begin{bmatrix} 1 & 0 & 0 & 1 & -\dfrac{9}{4} & \dfrac{15}{4} \\ 0 & 1 & 0 & -3 & \dfrac{11}{4} & -\dfrac{5}{4} \\ 0 & 0 & 1 & 2 & -\dfrac{5}{4} & -\dfrac{1}{4} \\ 0 & 0 & 0 & 0 & 0 & 0 \end{bmatrix},$$

原方程组与方程组

$$\begin{cases} x_1 \quad\quad\quad\quad + x_4 - \dfrac{9}{4}x_5 = \dfrac{15}{4}, \\ \quad x_2 \quad\quad -3x_4 + \dfrac{11}{4}x_5 = -\dfrac{5}{4}, \\ \quad\quad\quad x_3 + 2x_4 - \dfrac{5}{4}x_5 = -\dfrac{1}{4} \end{cases}$$

同解，则通解为

$$X = \begin{bmatrix} \dfrac{15}{4} \\ -\dfrac{5}{4} \\ -\dfrac{1}{4} \\ 0 \\ 0 \end{bmatrix} + C_1 \begin{bmatrix} -1 \\ 3 \\ -2 \\ 1 \\ 0 \end{bmatrix} + C_2 \begin{bmatrix} 9 \\ -11 \\ 5 \\ 0 \\ 4 \end{bmatrix} \quad (C_1, C_2 \text{ 为任意常数}).$$

**七、证明**　因为 $A, B$ 及 $A + B$ 都可逆，即

$$AA^{-1} = A^{-1}A = E, \quad BB^{-1} = B^{-1}B = E, \quad (A+B)(A+B)^{-1} = (A+B)^{-1}(A+B) = E,$$

故

$$A^{-1} + B^{-1} = A^{-1}(B+A)B^{-1} = A^{-1}(A+B)B^{-1}$$

可逆，且其逆为

$$(A^{-1} + B^{-1})^{-1} = (A^{-1}(A+B)B^{-1})^{-1} = B(A+B)^{-1}A.$$

# 线性代数模拟试卷（三）参考答案

一、1. $\begin{bmatrix} 1 & -5 & -3 \\ 7 & 12 & 15 \\ 0 & 11 & 9 \end{bmatrix}$ ; 2. $\begin{bmatrix} 1 & 1 & 0 \\ 2 & -4 & -3 \\ -1 & 3 & 3 \end{bmatrix}$ ; 3. $A^2 - A - E$ ; 4. $-3$ ; 5. $-3$ .

二、1. D  2. C  3. B  4. C  5. A

三、解  (1) $X = \begin{bmatrix} 4 & -5 \\ 1 & 1 \end{bmatrix} \begin{bmatrix} 2 & 3 \\ 1 & 4 \end{bmatrix}^{-1} = \begin{bmatrix} 4 & -5 \\ 1 & 1 \end{bmatrix} \begin{bmatrix} \dfrac{4}{5} & -\dfrac{3}{5} \\ -\dfrac{1}{5} & \dfrac{2}{5} \end{bmatrix} = \begin{bmatrix} \dfrac{21}{5} & -\dfrac{22}{5} \\ \dfrac{3}{5} & -\dfrac{1}{5} \end{bmatrix}$ .

(2) $X = \begin{bmatrix} 1 & 1 \\ 1 & 2 \end{bmatrix}^{-1} \begin{bmatrix} 3 & 0 \\ -1 & 1 \end{bmatrix} \begin{bmatrix} 2 & 1 \\ 0 & 1 \end{bmatrix}^{-1} = \begin{bmatrix} 2 & -1 \\ -1 & 1 \end{bmatrix} \begin{bmatrix} 3 & 0 \\ -1 & 1 \end{bmatrix} \begin{bmatrix} \dfrac{1}{2} & -\dfrac{1}{2} \\ 0 & 1 \end{bmatrix} = \begin{bmatrix} \dfrac{7}{2} & -\dfrac{9}{2} \\ -2 & 3 \end{bmatrix}$ .

四、解  因为 $AB = A + 2B$ ，故 $(A - 2E)B = A$ . 又因为

$$A - 2E = \begin{bmatrix} 1 & 0 & 1 \\ 1 & -1 & 0 \\ 0 & 1 & 2 \end{bmatrix}$$

可逆，故

$$X = (A - 2E)^{-1}A = \begin{bmatrix} 1 & 0 & 1 \\ 1 & -1 & 0 \\ 0 & 1 & 2 \end{bmatrix}^{-1} \begin{bmatrix} 3 & 0 & 1 \\ 1 & 1 & 0 \\ 0 & 1 & 4 \end{bmatrix} = \begin{bmatrix} 5 & -2 & -2 \\ 4 & -3 & -2 \\ -2 & 2 & 3 \end{bmatrix}.$$

五、解  因为

$$D = \begin{vmatrix} 2 & -4 & 3 & 4 \\ 3 & -2 & 6 & 5 \\ 5 & 8 & 9 & 3 \\ 1 & -10 & -3 & -7 \end{vmatrix} = 432 \neq 0,$$

故方程组有唯一解. 又因为

$$D_1 = \begin{vmatrix} -3 & -4 & 3 & 4 \\ -1 & -2 & 6 & 5 \\ 9 & 8 & 9 & 3 \\ 2 & -10 & -3 & -7 \end{vmatrix} = 432, \quad D_2 = \begin{vmatrix} 2 & -3 & 3 & 4 \\ 3 & -1 & 6 & 5 \\ 5 & 9 & 9 & 3 \\ 1 & 2 & -3 & -7 \end{vmatrix} = 216,$$

$$D_3 = \begin{vmatrix} 2 & -4 & -3 & 4 \\ 3 & -2 & -1 & 5 \\ 5 & 8 & 9 & 3 \\ 1 & -10 & 2 & -7 \end{vmatrix} = 144, \quad D_4 = \begin{vmatrix} 2 & -4 & 3 & -4 \\ 3 & -2 & 6 & -1 \\ 5 & 8 & 9 & 9 \\ 1 & -10 & -3 & 2 \end{vmatrix} = -432,$$

由克拉默法则，有

$$x_1 = \frac{D_1}{D} = 1, \quad x_2 = \frac{D_2}{D} = \frac{1}{2}, \quad x_3 = \frac{D_3}{D} = \frac{1}{3}, \quad x_4 = \frac{D_4}{D} = -1.$$

**六、解：** 对此方程组的增广矩阵变形

$$\tilde{A} = \begin{bmatrix} 1 & 1 & 1 & 1 & 1 & 7 \\ 3 & 2 & 1 & 1 & -3 & -2 \\ 0 & 2 & 2 & 2 & 6 & 23 \\ 5 & 4 & -3 & 3 & -1 & 12 \end{bmatrix} \xrightarrow{\text{行变换}} \begin{bmatrix} 1 & 0 & 0 & 0 & -2 & -\dfrac{9}{2} \\ 0 & 1 & 0 & 0 & 0 & 0 \\ 0 & 0 & 1 & 0 & 0 & 0 \\ 0 & 0 & 0 & 1 & 3 & \dfrac{23}{2} \end{bmatrix},$$

原方程组与方程组

$$\begin{cases} x_1 & -2x_5 = -\dfrac{9}{2}, \\ x_2 & = 0, \\ x_3 & = 0, \\ x_4 + 3x_5 = \dfrac{23}{2} \end{cases}$$

同解，则通解为

$$X = \begin{bmatrix} -\dfrac{9}{2} \\ 0 \\ \dfrac{23}{2} \\ 0 \end{bmatrix} + C_1 \begin{bmatrix} 2 \\ 0 \\ 0 \\ -3 \\ 1 \end{bmatrix} \qquad (C_1 \text{ 为任意常数}).$$

**七、证明**

$$等式左边 = \begin{vmatrix} y & z+x & x+y \\ x & y+z & z+x \\ z & x+y & y+z \end{vmatrix} = \begin{vmatrix} z & z+x & x+y \\ y & y+z & z+x \\ x & x+y & y+z \end{vmatrix} = \begin{vmatrix} y & z+x & x \\ x & y+z & z \\ z & x+y & y \end{vmatrix} + \begin{vmatrix} z & x & x+y \\ y & z & z+x \\ x & y & y+z \end{vmatrix}$$

$$= \begin{vmatrix} y & z & x \\ x & y & z \\ z & x & y \end{vmatrix} + \begin{vmatrix} z & x & y \\ y & z & x \\ x & y & z \end{vmatrix} = (-1)^2 \begin{vmatrix} x & y & z \\ z & x & y \\ y & z & x \end{vmatrix} + (-1)^2 \begin{vmatrix} x & y & z \\ z & x & y \\ y & z & x \end{vmatrix} = 等式右边.$$

# 第9章

## 随机事件及概率

### 9.1　教学基本要求

1. 了解样本空间（基本事件空间）的概念，理解随机事件的概念，掌握事件的关系及运算.
2. 理解概率、条件概率的概念，掌握概率的基本性质，会计算古典概率和几何概率，掌握概率的加法公式、减法公式、乘法公式、全概率公式以及贝叶斯公式.
3. 理解事件独立性的概念，掌握用事件独立性进行概率计算.

### 9.2　内　容　总　结

#### 9.2.1　随机事件关系与运算

随机事件关系与运算如表 9.1 所示.

表 9.1　随机事件关系与运算

| 符号 | 概率论 | 集合论 |
| --- | --- | --- |
| $S$ | 样本空间，必然事件 | 空间（全集） |
| $\varnothing$ | 不可能事件 | 空集 |
| $e$ | 基本事件（样本点） | 元素 |
| $A$ | 事件 | 子集 |
| $\bar{A}$ | $A$ 的对立事件 | $A$ 的余集 |
| $A \subset B$ | 事件 $A$ 发生必然导致事件 $B$ 发生 | $A$ 是 $B$ 的子集 |
| $A = B$ | 事件 $A$ 与事件 $B$ 相等 | $A$ 与 $B$ 相等 |
| $A \cup B$ | 事件 $A$ 与事件 $B$ 至少有一个发生 | $A$ 与 $B$ 的并集 |
| $A \cap B$ | 事件 $A$ 与事件 $B$ 同时发生 | $A$ 与 $B$ 的交集 |
| $A - B$ | 事件 $A$ 发生而事件 $B$ 不发生 | $A$ 与 $B$ 的差集 |
| $AB = \varnothing$ | 事件 $A$ 与事件 $B$ 互不相容 | $A$ 与 $B$ 没有公共元素 |

#### 9.2.2　随机事件运算律

（i）交换律　$A \cup B = B \cup A$，$AB = BA$；

（ii）结合律　$(A \cup B) \cup C = A \cup (B \cup C)$，$(AB)C = A(BC)$；

（iii）分配律　$(A \cup B) \cap C = (A \cap C) \cup (B \cap C)$，$(A \cap B) \cup C = (A \cup C) \cap (B \cup C)$；

（iv）对偶原理　$\overline{A \cup B} = \bar{A} \cap \bar{B}$，$\overline{A \cap B} = \bar{A} \cup \bar{B}$.

### 9.2.3　随机事件概率定义

#### 1. 古典概率

设 $E$ 为一试验，若它的样本空间 $S$ 满足下面两个条件：

（i）只有有限个基本事件；

（ii）每个基本事件发生的可能性相等，

则称 $E$ 为**古典概型的试验**.

在古典概型的情况下，事件 $A$ 的概率定义为

$$P(A) = \frac{A\text{所包含的基本事件的个数}}{\text{基本事件的总数}}.$$

#### 2. 几何概率

向一区域 $S$（如一维的区间、二维的平面区域）中掷一质点 $M$. 如果 $M$ 必落在 $S$ 内，且落在 $S$ 内任何子区域 $A$ 上的可能性只与 $A$ 的度量（如长度、面积）成正比，而与 $A$ 的位置及形状无关，则这个试验称为**几何概型的试验**；并定义 $M$ 落在 $A$ 中的概率 $P(A)$ 为

$$P(A) = \frac{L(A)}{L(S)},$$

其中 $L(S)$ 是样本空间 $S$ 的度量，$L(A)$ 是子区域 $A$ 的度量.

#### 3. 统计概率

在一组固定条件下，重复做 $n$ 次试验. 如果当 $n$ 增大时，事件 $A$ 出现的频率 $f_n(A)$ 围绕着某一个常数 $p$ 摆动，而且一般说来，随着 $n$ 的增大，这种摆动的幅度愈来愈小，则称常数 $p$ 为事件 $A$ 的概率，即

$$P(A) = p.$$

#### 4. 概率的公理化定义

设随机试验 $E$ 的样本空间为 $S$. 如果对每一个事件 $A$（$S$ 中的子集），都有一个实数 $P(A)$ 与之对应，且满足以下公理：

公理（i）

$$P(A) \geqslant 0;$$

公理（ii）

$$P(S) = 1;$$

公理（iii）　对互不相容的事件 $A_1, A_2, \cdots, A_n, \cdots$，有

$$P(A_1 + A_2 + \cdots + A_n + \cdots) = P(A_1) + P(A_2) + \cdots + P(A_n) + \cdots,$$

则称实数 $P(A)$ 为事件 $A$ 的概率.

### 9.2.4　随机事件概率性质

事件的概率具有如下性质：

（i）对任一事件 $A$，有 $0 \leqslant P(A) \leqslant 1$；

（ii）$P(S)=1$；

（iii）若 $A,B$ 互不相容，则

$$P(A+B)=P(A)+P(B).$$

性质（iii）可推广到任意 $n$ 个事件上去，即若 $A_1,A_2,\cdots,A_n$ 是互不相容的，则

$$P(A_1+A_2+\cdots+A_n)=P(A_1)+P(A_2)+\cdots+P(A_n).$$

（iv）$P(\bar{A})=1-P(A)$.

（v）$P(\varnothing)=0$.

（vi）若 $A \subset B$，则 $P(A) \leqslant P(B)$，且

$$P(B-A)=P(B)-P(A).$$

设 $A,B$ 为任意两事件，则

$$P(A-B)=P(A)-P(AB).$$

（vii）（一般概率加法公式）对任意两个事件 $A,B$，有

$$P(A \bigcup B)=P(A)+P(B)-P(AB).$$

性质（vii）可推广到任意 $n$ 个事件上去. 当 $n=3$ 时，有

$$P(A_1 \bigcup A_2 \bigcup A_3)$$

$$=P(A_1)+P(A_2)+P(A_3)-P(A_1 A_2)-P(A_1 A_3)-P(A_2 A_3)+P(A_1 A_2 A_3).$$

一般地，设 $A_1,A_2,\cdots,A_n$ 为 $n$ 个事件，则

$$P(A_1 \bigcup A_2 \bigcup \cdots \bigcup A_n)$$

$$=\sum_{i=1}^{n}P(A_i)-\sum_{1 \leqslant i<j \leqslant n}P(A_i A_j)+\sum_{1 \leqslant i<j<k \leqslant n}P(A_i A_j A_k)+\cdots+(-1)^{n-1}P(A_1 A_2 \cdots A_n).$$

### 9.2.5　条件概率

设 $A$ 和 $B$ 为任意两个事件，且 $P(B)>0$，则称比值 $\dfrac{P(AB)}{P(B)}$ 为事件 $A$ 在事件 $B$ 发生的条件下的**条件概率**，记作

$$P(A \mid B)=\frac{P(AB)}{P(B)}.$$

**乘法定理**　两个事件积的概率等于其中一个事件的概率与另一事件在前一事件发生条件下的条件概率的乘积，即

$$P(AB)=P(A)P(B \mid A)=P(B)P(A \mid B).$$

**推广**　设 $A_1, A_2, \cdots, A_n$ 为 $n$ 个事件（$n \geq 2$），且 $P(A_1 A_2 \cdots A_{n-1}) > 0$，则有

$$P(A_1 A_2 \cdots A_n) = P(A_1)P(A_2 \mid A_1)P(A_3 \mid A_1 A_2) \cdots P(A_n \mid A_1 A_2 \cdots A_{n-1}).$$

## 9.2.6　全概率公式和贝叶斯公式

### 1. 全概率公式

设 $A_1, A_2, \cdots, A_n$ 是互不相容的事件，且 $P(A_i) > 0$（$i = 1, 2, \cdots, n$），若对任一事件 $B$，有 $A_1 + A_2 + \cdots + A_n \supset B$，则

$$P(B) = \sum_{i=1}^{n} P(A_i)P(B \mid A_i).$$

### 2．贝叶斯公式

设 $A_1, A_2, \cdots, A_n$ 是互不相容的事件，且 $P(A_i) > 0$（$i = 1, 2, \cdots, n$）. 若对任意事件 $B$，有 $A_1 + A_2 + \cdots + A_n \supset B$，且 $P(B) > 0$，则

$$P(A_i \mid B) = \frac{P(A_i)P(B \mid A_i)}{\displaystyle\sum_{j=1}^{n} P(A_j)P(B \mid A_j)} \qquad (i = 1, 2, \cdots, n).$$

## 9.2.7　事件的独立性

（1）设 $A, B$ 为任意两个事件. 如果

$$P(AB) = P(A)P(B),$$

则称 $A$ 与 $B$ 是**相互独立的**.

（2）若 $A$ 与 $B$ 相互独立，则 $A$ 与 $\overline{B}$，$\overline{A}$ 与 $B$，$\overline{A}$ 与 $\overline{B}$ 也分别相互独立.

（3）设 $A, B, C$ 是三个事件. 如果有

$$P(AB) = P(A)P(B), P(BC) = P(B)P(C), P(CA) = P(C)P(A),$$

则称 $A, B, C$ **两两独立**.

若不仅上式成立，而且

$$P(ABC) = P(A)P(B)P(C)$$

也成立，则称 $A, B, C$ 是**相互独立的**.

## 9.3　例题分析

### 1. 事件的关系和运算

这部分题目的类型主要有用简单事件表示复杂事件，化简事件的关系式，证明事件之间的某些等式或不等式. 要完成这些工作，必须深入理解事件关系与运算的概念，掌握事件运算的法则.

【例9-1】 连续进行三次独立射击，设 $A_i = $ "第 $i$ 次射击命中"，$i = 1, 2, 3$；$B_j = $ "恰好命中 $j$ 次"，$j = 0, 1, 2, 3$；$C_k = $ "至少命中 $k$ 次"，$k = 0, 1, 2, 3$.

（1）试用 $A_i$ 表示 $B_j$ 和 $C_k$（$i = 1, 2, 3; j, k = 0, 1, 2, 3$）.

（2）试用 $B_j$ 表示 $C_k$（$j, k = 0, 1, 2, 3$）.

**解** （1）$B_0 = \overline{A_1}\,\overline{A_2}\,\overline{A_3}$；

$B_1 = A_1\overline{A_2}\,\overline{A_3} \cup \overline{A_1}\,\overline{A_2}A_3 \cup \overline{A_1}A_2\overline{A_3}$；

$B_2 = A_1A_2\overline{A_3} \cup A_1\overline{A_2}A_3 \cup \overline{A_1}A_2A_3$；

$B_3 = A_1A_2A_3$；

$C_0 = \overline{A_1}\,\overline{A_2}\,\overline{A_3} \cup A_1 \cup A_2 \cup A_3$；

$C_1 = A_1 \cup A_2 \cup A_3$；

$C_2 = A_1A_2 \cup A_1A_3 \cup A_2A_3$；

$C_3 = A_1A_2A_3$.

（2）$C_0 = B_0 \cup B_1 \cup B_2 \cup B_3$；

$C_1 = B_1 \cup B_2 \cup B_3$；

$C_2 = B_2 \cup B_3$；

$C_3 = B_3$.

📕 **技巧**

由本例可见

$$A_1 \cup A_2 \cup A_3 = A_1\overline{A_2}\,\overline{A_3} \cup \overline{A_1}\,\overline{A_2}A_3 \cup \overline{A_1}A_2\overline{A_3} \cup A_1A_2\overline{A_3} \cup A_1\overline{A_2}A_3 \cup \overline{A_1}A_2A_3 \cup A_1A_2A_3.$$

等式左边是三个相容事件的和，而右边各项互不相容，就是说任意事件的和可以化为不相容事件的和，这在计算概率时是经常应用的，一般方法如下：

设 $A, B, C$ 均为任意事件，则

$$A \cup B = A \cup (B - A) = A \cup B\overline{A} = (A - B) \cup AB \cup (B - A)$$
$$= A\overline{B} \cup AB \cup B\overline{A},$$
$$A \cup B \cup C = A \cup (B - A) \cup (C - A - B) = A \cup B\overline{A} \cup C\overline{A}\overline{B}.$$

【例9-2】 对任意两事件 $A$ 和 $B$，与 $A \cup B = B$ 不等价的是（　　）.

(A) $A \subset B$ 　　　　　　　(B) $\overline{B} \subset \overline{A}$

(C) $A\overline{B} = \varnothing$ 　　　　　　(D) $\overline{A}B = \varnothing$

**解** 因为 $A \cup B = B \Leftrightarrow A \subset B \Leftrightarrow \overline{B} \subset \overline{A} \Leftrightarrow A\overline{B} = \varnothing$，所以只有 $\overline{A}B = \varnothing$ 与 $A \cup B = B$ 不等价，故应选 D.

【例9-3】 证明 $(A - AB) \cup B = A \cup B$.

**证明** 利用事件的运算法则化简左边，得

$$(A-AB)\cup B = A\overline{AB}\cup B = A(\overline{A}\cup\overline{B})\cup B$$
$$= \varnothing\cup A\overline{B}\cup B = A\overline{B}\cup B$$
$$= A\overline{B}\cup(AB\cup B)$$
$$= (A\overline{B}\cup AB)\cup B$$
$$= A\cup B.$$

### 2. 古典概率的计算

按照古典概率的定义，要求古典概型中某事件 $A$ 的概率，首先确定以什么作为基本事件，然后计算基本事件总数（记为 $^{\#}(S)$）和 $A$ 中的基本事件数（记为 $^{\#}(A)$），最后计算比值 $^{\#}(A)/^{\#}(S)$，即可求出 $A$ 的概率.

**【例 9-4】**　箱中有 $a$ 件正品和 $b$ 件次品，依次不放回地抽取产品，求第 $k$ 次摸到正品的概率.

**解 1**　设 $A=$"第 $k$ 次摸到正品".

假定产品是可分辨的（比如，设想它们都编了号），依次不放回地抽取，结果构成一种排列，故把 $a+b$ 个元素的一种全排列作为一个基本事件，于是基本事件总数为 $^{\#}(S)=(a+b)!$，$A$ 中的基本事件数为

$$^{\#}(A)=\mathrm{C}_a^1(a+b-1)!,$$

于是

$$P(A)=\frac{^{\#}(A)}{^{\#}(S)}=\frac{\mathrm{C}_a^1(a+b-1)!}{(a+b)!}=\frac{a}{a+b}.$$

**解 2**　假定产品只能分辨出正品和次品，即正品之间没有区别，次品之间也没有区别. 我们把 $a+b$ 个位置上正品占 $a$ 个的一种占位法作为 1 个基本事件，于是

$$^{\#}(S)=\mathrm{C}_{a+b}^a=\frac{(a+b)!}{a!b!},$$
$$^{\#}(A)=\mathrm{C}_{a+b-1}^{a-1}=\frac{(a+b-1)!}{(a-1)!b!},$$

故 $P(A)=\dfrac{^{\#}(A)}{^{\#}(S)}=\dfrac{a}{a+b}.$

**解 3**　仍把产品看作可辨的，只考虑第 $k$ 次的抽取结果，则基本事件总数为 $^{\#}(S)=a+b$，$A$ 中的基本事件数为 $^{\#}(A)=a$，所以

$$P(A)=\frac{a}{a+b}.$$

 技巧

三种解法的结果是一样的. 本例说明，同一个随机试验，样本空间是可以不同的，这取决于基本事件的选择. 值得注意的是，计算结果与 $k$ 值无关，就是说不管第几次抽取，取得正品（次品）的概率都是一样的. 这从理论上说明了平常人们采用的"抓阄儿"办法是公平的，买彩票就是抓阄儿的问题.

**【例 9-5】** 设有一批产品共有 100 件，其中有 5 件次品，其余均为正品. 今从中不放回地任取 50 件，求事件 $A=$ "取出的 50 件中恰有 2 件次品" 的概率.

**解** 将从 100 件产品中任取 50 件为一组的每一可能组合作为基本事件，总数为 $C_{100}^{50}$. 导致事件 $A$ 发生的基本事件为从 5 件次品中取出两件及从 95 件正品中取出 48 件构成的组合，有 $C_5^2 \cdot C_{95}^{48}$ 个，故所求概率为

$$P(A) = \frac{C_5^2 \cdot C_{95}^{48}}{C_{100}^{50}} = 0.32.$$

**【注】** 不放回抽取符合超几何分布；若采用放回抽取符合二项分布，则

$$P(A) = C_{50}^2 (0.05)^2 (0.95)^{48}.$$

**【例 9-6】** 假设每个房间可以住任意多个人，将 $r$ 个人随机地分到 $n$ 个房间，求下列事件的概率：

$A=$ "某指定的 $r$ 个房间中各有 1 人"；

$B=$ "恰有 $r$ 个房间中各有 1 人"；

$C=$ "某指定的一个房间中有 $m$ 个人".

**解** 把 $r$ 个人分到 $n$ 个房间的一种分法作为一个基本事件，于是

$$^{\#}(S) = n^r,$$

而

$$^{\#}(A) = r!,$$

$$^{\#}(B) = C_n^r r!,$$

$$^{\#}(C) = C_r^m (n-1)^{r-m},$$

故

$$P(A) = \frac{r!}{n^r},$$

$$P(B) = \frac{C_n^r r!}{n^r},$$

$$P(C) = \frac{C_r^m (n-1)^{r-m}}{n^r}.$$

 **技巧**

本例很具有典型性，许多问题都可以化为这一试验，如一群人的生日问题等.

**【例 9-7】** 从 $0, 1, 2, \cdots, 9$ 这 10 个数中，任意选出三个不同的数，试求下列事件的概率：

$A_1=$ "三个数中不含 0 和 5"；

$A_2=$ "三个数中不含 0 或 5"；

$A_3=$ "三个数中含 0 但不含 5".

**解**　任取三个不同的数，不管顺序，所以基本事件是从 10 个不同元素中取三个元素的一种组合，故 $^{\#}(S) = C_{10}^3 = \dfrac{10 \times 9 \times 8}{3!} = 120$．不含 0 和 5，只能从 8 个数中抽取，所以 $^{\#}(A_1) = C_8^3 = \dfrac{8 \times 7 \times 6}{3!} = 56$，故

$$P(A_1) = \frac{56}{120} = \frac{7}{15},$$

$$^{\#}(A_2) = 2C_9^3 - C_8^3 = \frac{2 \times 9 \times 8 \times 7}{3!} - 56 = 112,$$

故

$$P(A_2) = \frac{112}{120} = \frac{14}{15},$$

$$^{\#}(A_3) = C_8^2 = \frac{8 \times 7}{2} = 28,$$

故

$$P(A_3) = \frac{28}{120} = \frac{7}{30}.$$

### 3. 利用概率的性质计算概率

【例 9-8】　假设 $P(A) = 0.4, P(A \bigcup B) = 0.7$，那么

（1）若 $A$ 与 $B$ 互不相容，则 $P(B) = $ _____；

（2）若 $A$ 与 $B$ 相互独立，则 $P(B) = $ _____．

**解**　（1）因为 $A$ 与 $B$ 互不相容，所以

$$0.7 = P(A \bigcup B) = P(A) + P(B),$$

故

$$P(B) = 0.3.$$

（2）因为 $A$ 与 $B$ 相互独立，所以

$$0.7 = P(A \bigcup B) = P(A) + P(B) - P(AB)$$
$$= P(A) + P(B) - P(A)P(B),$$

即

$$P(B) = \frac{0.7 - 0.4}{1 - 0.4} = 0.5.$$

【例 9-9】　设随机事件 $A, B$ 及事件 $A \bigcup B$ 的概率分别是 $0.4, 0.3$ 和 $0.6$，若 $\overline{B}$ 表示 $B$ 的对立事件，那么积事件 $A\overline{B}$ 的概率 $P(A\overline{B}) = $ _____．

**解**

$$P(A\bar{B}) = P(A - B) = P(A) - P(AB)$$
$$= P(A) - [P(A) + P(B) - P(A \cup B)]$$
$$= P(A \cup B) - P(B) = 0.3.$$

【例 9-10】 从所有的两位数 10, 11, …, 99 中任取一个数，求：（1）这个数能被 2 或 3 整除的概率；（2）这个数既不能被 2 整除又不能被 3 整除的概率.

**解** （1）设 A＝"被 2 整除"，B＝"被 3 整除"，则

$A \cup B$ ＝ "被 2 或被 3 整除"，

$AB$ ＝ "同时被 2 和被 3 整除"，

$\overline{AB}$ ＝ "既不能被 2 整除又不能被 3 整除".

由于 10 到 99 中的两位数有 90 个，其中能被 2 整除的有 45 个，能被 3 整除的有 30 个，而能被 6 整除的有 15 个，故

$$P(A) = \frac{45}{90}, \ P(B) = \frac{30}{90}, \ P(AB) = \frac{15}{90}.$$

由一般概率加法公式，得

$$P(A \cup B) = P(A) + P(B) - P(AB) = \frac{45}{90} + \frac{30}{90} - \frac{15}{90} = \frac{2}{3}.$$

（2）$P(\overline{AB}) = P(\overline{A \cup B}) = 1 - P(A \cup B) = 1 - \frac{2}{3} = \frac{1}{3}.$

【例 9-11】 设两两独立的事件 A, B 和 C 满足条件：$ABC = \varnothing$，$P(A) = P(B) = P(C) < \frac{1}{2}$，且已知 $P(A \cup B \cup C) = \frac{9}{16}$，则 $P(A) = $ _____.

**解**

$$\frac{9}{16} = P(A \cup B \cup C) = P(A) + P(B) + P(C) - P(AB) - P(AC) - P(BC) + P(ABC)$$
$$= 3P(A) - P(A)P(B) - P(A)P(C) - P(B)P(C)$$
$$= 3P(A) - 3(P(A))^2,$$

即

$$(P(A))^2 - P(A) + \frac{3}{16} = 0,$$

亦即

$$\left(P(A) - \frac{3}{4}\right)\left(P(A) - \frac{1}{4}\right) = 0,$$

由 $P(A) < \frac{1}{2}$ 得 $P(A) = \frac{1}{4}$.

【例 9-12】 匹配问题. 设一个人打印了 $n$ 封信，并在 $n$ 个信封上写上相应的地址，然后随意地将这 $n$ 封信放入 $n$ 个信封中，求至少有一封信刚好放进正确的信封的概率 $p_n$.

**解** 设 $A_i$ 表示第 $i$（$i = 1, 2, \cdots, n$）封信放入正确的信封这一事件，则

$$p_n = P(A_1 \bigcup A_2 \bigcup \cdots \bigcup A_n) = \sum_{i=1}^{n} P(A_i) - \sum_{1 \le i < j \le n} P(A_i A_j) +$$

$$\sum_{1 \le i < j < k \le n} P(A_i A_j A_k) + \cdots + (-1)^{n-1} P(A_1 A_2 \cdots A_n).$$

因为是把信随机地装入信封，那么把任一封信放入正确的信封的概率 $P(A_i) = \dfrac{1}{n}$. 因为可以把第一封信放入 $n$ 个信封的任一个，那么第二封信可以放进剩下的 $n-1$ 个信封中的任一个，则把第一封信和第二封信都放入正确信封的概率 $P(A_1 A_2) = \dfrac{1}{n(n-1)}$. 类似地，把任意第 $i$ 封信和第 $j$ 封信（$i \ne j$）都放入正确信封的概率 $P(A_i A_j) = \dfrac{1}{n(n-1)}$.

同理可得 $P(A_i A_j A_k) = \dfrac{1}{n(n-1)(n-2)}$，$\cdots$，$P(A_1 A_2 \cdots A_n) = \dfrac{1}{n!}$.

从而 $p_n = C_n^1 \cdot \dfrac{1}{n} - C_n^2 \dfrac{1}{n(n-1)} + C_n^3 \dfrac{1}{n(n-1)(n-2)} - \cdots + (-1)^{n-1} \dfrac{1}{n!}$

$$= n \cdot \dfrac{1}{n} - C_n^2 \dfrac{1}{n(n-1)} + C_n^3 \dfrac{1}{n(n-1)(n-2)} - \cdots + (-1)^{n-1} \dfrac{1}{n!}$$

$$= 1 - \dfrac{1}{2!} + \dfrac{1}{3!} - \dfrac{1}{4!} + \cdots + (-1)^{n-1} \dfrac{1}{n!}.$$

当 $n \to \infty$ 时，$p_n$ 值趋向于下式：

$$\lim_{n \to \infty} p_n = 1 - \dfrac{1}{2!} + \dfrac{1}{3!} - \dfrac{1}{4!} + \cdots.$$

在初等微积分中证明了该方程右边的无限序列的级数和等于 $1 - \dfrac{1}{e}$（$e \approx 2.71828$）. 因此，$1 - \dfrac{1}{e} \approx 0.63212$. 即当 $n$ 充分大时，至少有一封信放入正确信封的概率 $p_n$ 的值接近于 0.63212.

### 4. 条件概率的计算

计算条件概率的一般步骤是，首先设出已经发生的事件 $A$，然后设出和 $A$ 有关的事件 $B_1, B_2, \cdots, B_n$，最后按照题目的要求，利用公式

$$P(B_i | A) = \frac{P(B_i A)}{P(A)}$$

计算条件概率.

【例 9-13】 掷三颗均质的骰子，已知没有两个相同的点数，求有一个六点的概率.

**解** 设

$$A = \text{"掷三颗均质骰子，没有相同点"},$$

$$B = \text{"掷三颗均质骰子，有一个六点"},$$

所求概率为

$$P(B \mid A) = \frac{P(AB)}{P(A)},$$

其中

$$P(A) = \frac{A_3^3}{6^3}, P(AB) = \frac{C_3^1 A_5^2}{6^3},$$

所以

$$P(B \mid A) = \frac{C_3^1 A_5^2}{A_6^3} = \frac{1}{2}.$$

【例 9-14】 某炮台有三门炮，设第一门炮的命中率为 0.4，第二门炮的命中率为 0.3，第三门炮的命中率为 0.5，今各炮向同一目标各射出一发炮弹，结果有两弹中靶，求第一门炮中靶的概率.

**解** 设

$$A = \text{“两弹中靶”},$$
$$B_i = \text{“第 } i \text{ 门炮中靶”} (i = 1, 2, 3),$$

所求概率为

$$P(B_1 \mid A) = \frac{P(B_1 A)}{P(A)},$$

其中

$$A = B_1 B_2 \overline{B_3} \bigcup B_1 \overline{B_2} B_3 \bigcup \overline{B_1} B_2 B_3,$$
$$B_1 A = B_1 B_2 \overline{B_3} \bigcup B_1 \overline{B_2} B_3.$$

由于 $B_1, B_2, B_3$ 相互独立，所以

$$P(A) = P(B_1)P(B_2)P(\overline{B_3}) + P(B_1)P(\overline{B_2})P(B_3) + P(\overline{B_1})P(B_2)P(B_3) = 0.29,$$

$$P(B_1 A) = P(B_1 B_2 \overline{B_3}) + P(B_1 \overline{B_2} B_3) = 0.2,$$

故

$$P(B_1 \mid A) = \frac{0.2}{0.29} = \frac{20}{29}.$$

【例 9-15】 设 6 件产品中有 2 件次品，今从中任取两件产品，发现有一件不合格，求另一件是正品的概率.

**解** 设

$$A = \text{“任取两件中有一件不合格”},$$
$$B_i = \text{“任取两件中恰有 } i \text{ 件不合格”} (i = 1, 2),$$

所求概率为

$$P(B_1 \mid A) = \frac{P(B_1 A)}{P(A)},$$

其中

$$A = B_1 \bigcup B_2, B_1 A = B_1,$$

$$P(A) = P(B_1) + P(B_2) = \frac{C_4^1 C_2^1}{C_6^2} + \frac{C_2^2}{C_6^2} = \frac{9}{C_6^2},$$

所以

$$P(B_1 \mid A) = \frac{P(B_1)}{P(A)} = \frac{8}{9}.$$

【例 9-16】　包装后的玻璃器皿第一次扔下被打破的概率为 0.4；若未破，第二次扔下被打破的概率为 0.6；若又未破，第三次扔下被打破的概率为 0.9. 今将这种包装后的器皿连续扔三次，求打破的概率.

**解 1**　设器皿被打破的事件为 $A$，第 $i$ 次扔下器皿被打破的事件为 $A_i$（$i = 1, 2, 3$），则

$$P(A) = 1 - P(\overline{A_1} \overline{A_2} \overline{A_3})$$
$$= 1 - P(\overline{A_1}) P(\overline{A_2} \mid \overline{A_1}) P(\overline{A_3} \mid \overline{A_1} \overline{A_2}).$$

依题意知

$$P(A_1) = 0.4, \quad P(A_2 \mid \overline{A_1}) = 0.6, \quad P(A_3 \mid \overline{A_1} \overline{A_2}) = 0.9.$$

从而

$$P(A) = 1 - 0.6 \times 0.4 \times 0.1 = 0.976.$$

**解 2**　$A = A_1 \bigcup \overline{A_1} A_2 \bigcup \overline{A_1} \overline{A_2} A_3.$

显然，$A_1, \overline{A_1} A_2, \overline{A_1} \overline{A_2} A_3$ 是互不相容的，故

$$P(A) = P(A_1) + P(\overline{A_1} A_2) + P(\overline{A_1} \overline{A_2} A_3)$$
$$= P(A_1) + P(\overline{A_1}) P(A_2 \mid \overline{A_1}) + P(\overline{A_1}) P(\overline{A_2} \mid \overline{A_1}) P(A_3 \mid \overline{A_1} \overline{A_2})$$
$$= 0.4 + 0.6 \times 0.6 + 0.6 \times 0.4 \times 0.9 = 0.976.$$

### 5. 利用概率基本公式计算概率

利用基本公式计算概率的一般步骤如下.

（i）写出欲求概率的事件 $A$.

（ii）分析 $A$ 与哪些事件有关，用字母（如 $B_1, \cdots, B_n$）将这些事件表示出来.

（iii）分析 $A$ 与 $B_1, B_2, \cdots, B_n$ 的关系，写出事件的关系式.

（iv）选择适当的公式计算概率.

【例 9-17】　某仪器装有 $L_1, L_2, L_3$ 三个不同的元件，它们在规定时间内损坏的概率分别为 0.4，0.5，0.7. 已知一个元件损坏，仪器发生故障的概率为 0.2；两个元件损坏，仪器发生故障的概率为 0.6；三个元件损坏，仪器必然发生故障，求在规定的时间内仪器发生故障的概率.

**解**　（1）欲求概率的事件是"仪器发生故障"，故设 $A = $ "仪器发生故障".

（2）$A$ 与几个元件损坏有关，因此设 $B_i =$ "恰有 $i$ 个元件损坏"（$i = 1, 2, 3$）.

（3）$A$ 与 $B_1, B_2, B_3$ 有下列关系：

$$A = B_1 A \bigcup B_2 A \bigcup B_3 A.$$

因 $B_1, B_2, B_3$ 互不相容，且 $P(B_i) > 0, i = 1, 2, 3$，故应用全概率公式.

（4）可得

$$P(A) = P(B_1)P(A \mid B_1) + P(B_2)P(A \mid B_2) + P(B_3)P(A \mid B_3)$$
$$= 0.2 \times P(B_1) + 0.6 \times P(B_2) + P(B_3),$$

只要算出 $P(B_1), P(B_2), P(B_3)$，问题就解决了. 下面重复上述的步骤：

（1）$B_1, B_2, B_3$ 如上所设.

（2）$B_i$（$i = 1, 2, 3$）与哪个元件损坏有关，故设 $C_j =$ "元件 $L_j$ 损坏"，$j = 1, 2, 3$.

（3）$B_1 = C_1 \overline{C}_2 \overline{C}_3 \bigcup \overline{C}_1 C_2 \overline{C}_3 \bigcup \overline{C}_1 \overline{C}_2 C_3$；

$B_2 = C_1 C_2 \overline{C}_3 \bigcup C_1 \overline{C}_2 C_3 \bigcup \overline{C}_1 C_2 C_3$；

$B_3 = C_1 C_2 C_3$.

（4）利用加法公式并注意到互不相容性和独立性，知

$$P(B_1) = P(C_1 \overline{C}_2 \overline{C}_3) + P(\overline{C}_1 C_2 \overline{C}_3) + P(\overline{C}_1 \overline{C}_2 C_3)$$
$$= P(C_1)P(\overline{C}_2)P(\overline{C}_3) + P(\overline{C}_1)P(C_2)P(\overline{C}_3) + P(\overline{C}_1)P(\overline{C}_2)P(C_3)$$
$$= 0.4 \times 0.5 \times 0.3 + 0.6 \times 0.5 \times 0.3 + 0.6 \times 0.5 \times 0.7$$
$$= 0.36,$$

$$P(B_2) = 0.41, \quad P(B_3) = 0.14,$$

代入 $P(A)$ 的关系式，得 $P(A) = 0.458$，即在规定的时间内仪器发生故障的概率为 0.458.

【例 9-18】 在例 9-17 中，若已知仪器发生故障，求恰有一个元件发生损坏的概率.

**解** 利用例 9-17 的事件，所求概率为 $P(B_1 \mid A)$. 由例 9-17 的分析可知，需用贝叶斯公式，有

$$P(B_1 \mid A) = \frac{P(B_1)P(A \mid B_1)}{\sum\limits_{i=1}^{3} P(B_i)P(A \mid B_i)} = \frac{0.36 \times 0.2}{0.458} \approx 0.157.$$

上面提出的步骤中，关键是弄清事件的关系即第三步，在设出事件时最好是一个字母就表示一个简单事件，这样处理起来比较顺利.

【例 9-19】 一个盒子中装有 15 个乒乓球，其中有 9 个新球. 在第一次比赛时任意抽取 3 个球，比赛后仍放回原盒中；在第二次比赛时同样任取 3 个球，求第二次取出的 3 个球均为新球的概率.

**解** 设 $A =$ "第二次取出的均为新球"，$B_i =$ "第一次取出的 3 个球恰有 $i$ 个新球"（$i = 0, 1, 2, 3$）. 由全概率公式，有

$$P(A) = P(B_0)P(A \mid B_0) + P(B_1)P(A \mid B_1) + P(B_2)P(A \mid B_2) + P(B_3)P(A \mid B_3)$$

$$= \frac{C_6^3}{C_{15}^3} \cdot \frac{C_9^3}{C_{15}^3} + \frac{C_9^1 C_6^2}{C_{15}^3} \cdot \frac{C_8^3}{C_{15}^3} + \frac{C_9^2 C_6^1}{C_{15}^3} \cdot \frac{C_7^3}{C_{15}^3} + \frac{C_9^3}{C_{15}^3} \cdot \frac{C_6^3}{C_{15}^3}$$

$$= \frac{528}{5915} \approx 0.089.$$

【例 9-20】 玻璃杯成箱出售，每箱有 20 只．假设各箱含 0 个，1 个，2 个残次品的概率相应为 0.8，0.1，0.1．一顾客欲购一箱玻璃杯，售货员随意取出一箱，而顾客开箱后，随意地检查 4 只，若无残次品，则买下这箱玻璃杯，否则退回．试求：

（1）顾客买下该箱的概率 $\alpha$.

（2）在顾客买下的一箱中，确无残次品的概率 $\beta$.

**解 1** 设

$$A = \text{"顾客买下该箱玻璃杯"},$$

$$B_i = \text{"箱中恰有 } i \text{ 个残次品"} (i = 0, 1, 2),$$

则

$$A = B_0 A \bigcup B_1 A \bigcup B_2 A.$$

（1）由全概率公式，得

$$\alpha = P(A) = P(B_0)P(A \mid B_0) + P(B_1)P(A \mid B_1) + P(B_2)P(A \mid B_2)$$

$$= 0.8 \times 1 + 0.1 \times \frac{C_{19}^4}{C_{20}^4} + 0.1 \times \frac{C_{18}^4}{C_{20}^4} = 0.94.$$

（2）由贝叶斯公式，得

$$\beta = P(B_0 \mid A) = \frac{P(B_0)P(A \mid B_0)}{P(A)} = \frac{0.8}{0.94} \approx 0.85.$$

**解 2** 设

$$C_1 = \text{"箱中有 0 件残次品，顾客买下"},$$

$$C_2 = \text{"箱中有 1 件残次品，顾客买下"},$$

$$C_3 = \text{"箱中有 2 件残次品，顾客买下"}.$$

$$P(C_1) = P(\text{箱中有 0 件残次品})P(\text{顾客买下} \mid \text{箱中有 0 件残次品})$$

$$= 0.8 \times 1.$$

同理，有

$$P(C_2) = 0.1 \times \frac{C_{19}^4}{C_{20}^4}, \quad P(C_3) = 0.1 \times \frac{C_{18}^4}{C_{20}^4}.$$

（1） $\alpha = P(\text{顾客买下}) = P(C_1 + C_2 + C_3) = P(C_1) + P(C_2) + P(C_3)$

$$= 0.8 + 0.1 \times \frac{C_{19}^4}{C_{20}^4} + 0.1 \times \frac{C_{18}^4}{C_{20}^4} = 0.94.$$

（2） $\beta = P(\text{箱中确无残次品} \mid \text{顾客买下该箱})$

$$= \frac{P(\text{箱中确无残次品,顾客买下该箱})}{P(\text{顾客买下该箱})}$$

$$= \frac{P(C_1)}{\alpha} = \frac{0.8}{0.94} \approx 0.85.$$

对比两种解法，显然解 1 较顺畅.

【例 9-21】 飞机有三个不同的部位遭到攻击. 设射击一次，命中第一部分的概率为 0.1，命中第二部分的概率为 0.2，命中第三部分的概率为 0.7；又设第一部分中一弹，或第二部分中两弹，或第三部分中三弹，飞机即被击落. 今连续射击两次，求飞机被击落的概率.

**解** 设 $A =$ "飞机被击落"，$B_1 =$ "第一部分中一弹"，$B_2 =$ "第一部分中两弹"，$C =$ "第二部分中两弹"，则

$$A = B_1 \bigcup B_2 \bigcup C.$$

由于 $B_1, B_2, C$ 互不相容，所以

$$P(A) = P(B_1) + P(B_2) + P(C),$$

由二项概率公式，有

$$P(B_1) = C_2^1 (0.1)(0.9) = 0.18,$$

$$P(B_2) = C_2^2 (0.1)^2 = 0.01,$$

$$P(C) = C_2^2 (0.2)^2 = 0.04,$$

故

$$P(A) = 0.18 + 0.01 + 0.04 = 0.23.$$

【例 9-22】 在空战中甲机先向乙机开火，击落乙机的概率为 0.2；若乙机未被击中，就进行还击，击落甲机的概率为 0.3；若甲机未被击落，则再进攻乙机，击落乙机的概率为 0.4. 求在这几个回合中：

（1）甲机被击落的概率；

（2）乙机被击落的概率.

**解** 设

$$D = \text{"甲机被击落"},$$

$$C = \text{"乙机被击落"},$$

三个回合中"击落飞机"的事件分别记为 $A_1, A_2, A_3$，则

$$P(A_1) = 0.2, P(A_2 \mid \overline{A_1}) = 0.3, P(A_3 \mid \overline{A_1}\overline{A_2}) = 0.4.$$

（1）$D = \overline{A_1} A_2$，由乘法公式，有

$$P(D) = P(\overline{A_1} A_2) = P(\overline{A_1}) P(A_2 \mid \overline{A_1}) = 0.8 \times 0.3 = 0.24.$$

（2）$C = A_1 \bigcup \overline{A_1} \overline{A_2} A_3$，由加法公式和乘法公式，有

$$P(C) = P(A_1) + P(\overline{A_1}) P(\overline{A_2} \mid \overline{A_1}) P(A_3 \mid \overline{A_1}\overline{A_2})$$

$$= 0.2 + 0.8 \times 0.7 \times 0.4 = 0.424.$$

【例 9-23】 设有分别来自三个地区的 10 名、15 名和 25 名考生的报名表，其中女生的报名表分别为 3 份、7 份和 5 份. 随机地取一个地区的报名表，从中先后抽出两份.

（1）求先抽到的一份是女生表的概率 $p$；

（2）已知后抽到的一份是男生表，求先抽到的一份是女生表的概率 $q$.

**解** 设 $A =$ "先抽到的是女生表"，

$\qquad B =$ "后抽到的是男生表"，

$\qquad C_i =$ "取到第 $i$ 个地区的表"（$i =1, 2, 3$）.

（1） $p = P(A) = P(C_1)P(A \mid C_1) + P(C_2)P(A \mid C_2) + P(C_3)P(A \mid C_3)$

$$= \frac{1}{3}\left(\frac{3}{10} + \frac{7}{15} + \frac{5}{25}\right) = \frac{29}{90}.$$

（2）因为先抽到的是女生表的概率为 $\dfrac{29}{90}$，所以先抽到的是男生表的概率为 $\dfrac{61}{90}$，根据抓

阄儿问题的原理，后抽到的是男生表的概率 $P(B) = \dfrac{61}{90}$. 于是

$$q = P(A \mid B) = \frac{P(AB)}{P(B)} = \frac{P(ABC_1 + ABC_2 + ABC_3)}{P(B)}$$

$$= \frac{\dfrac{1}{3}[P(AB \mid C_1) + P(AB \mid C_2) + P(AB \mid C_3)]}{P(B)}$$

$$= \frac{\dfrac{1}{3}\left(\dfrac{3}{10} \times \dfrac{7}{9} + \dfrac{7}{15} \times \dfrac{8}{14} + \dfrac{5}{25} \times \dfrac{20}{24}\right)}{\dfrac{61}{90}} = \frac{20}{61}.$$

【例 9-24】 证明：若三事件 $A, B, C$ 相互独立，则 $A \cup B$ 及 $A - B$ 都与 $C$ 独立.

**证明** $P\{(A \cup B)C\} = P(AC \cup BC) = P(AC) + P(BC) - P(ABC)$

$\qquad = P(B)P(C) + P(B)P(C) - P(A)P(B)P(C)$

$\qquad = [P(A) + P(B) - P(AB)]P(C)$

$\qquad = P(A \cup B)P(C),$

即 $A \cup B$ 与 $C$ 独立.

$$P\{(A - B)C\} = P(A\bar{B}C) = P(A)P(\bar{B})P(C) = P(A\bar{B})P(C)$$
$$= P(A - B)P(C),$$

即 $A - B$ 与 $C$ 相互独立.

# 9.4 习　题

1. 设 $A, B, C$ 是随机试验 $E$ 的三个事件，试用 $A, B, C$ 表示下列事件：

（1）仅 $A$ 发生；

（2）$A, B, C$ 中至少有两个发生；

（3）$A, B, C$ 中不多于两个发生；

（4）$A, B, C$ 中恰有两个发生；

（5）$A, B, C$ 中至多有一个发生.

2. 一个工人生产了三件产品，以 $A_i$（$i=1,2,3$）表示第 $i$ 件产品是正品，试用 $A_i$ 表示下列事件：

（1）没有一件产品是次品；

（2）至少有一件产品是次品；

（3）恰有一件产品是次品；

（4）至少有两件产品不是次品.

3. 从一副扑克牌的 13 张梅花牌中，一张接一张地有放回地抽取三张，求：

（1）没有同号的概率；

（2）有同号的概率；

（3）三张中至多有两张同号的概率.

4. 设 11 片药片中有 5 片安慰剂，采用不放回抽样.

（1）从中任意抽取 4 片，求其中至少有 2 片是安慰剂的概率；

（2）从中每次抽取 1 片，求前 3 次都取到安慰剂的概率.

5. 袋中有编号为 1 到 10 的 10 个球，今从袋中任取 3 个球，求：

（1）3 个球的最小号码为 5 的概率；

（2）3 个球的最大号码为 5 的概率.

6. （1）教室里有 $r$ 个学生，求他们的生日都不相同的概率（设一年为 365 天）；

（2）房间里有 4 个人，求至少有 2 个人的生日在同一个月的概率.

7. 设一个人的生日在星期几是等可能的，求 6 个人的生日都集中在一个星期中的某 2 天但不都在同 1 天的概率.

8. 将 $n$ 双大小各不相同的鞋子随机地分成 $n$ 堆，每堆两只，求事件 $A$ = "每堆各成一双" 的概率.

9. 设事件 $A$ 与 $B$ 互不相容，$P(A)=0.4$，$P(B)=0.3$，求 $P(\overline{AB})$ 与 $P(\overline{A}\cup B)$.

10. 设 $P(AB)=P(\overline{A}\,\overline{B})$，且 $P(A)=p$，求 $P(B)$.

11. 设事件 $A, B$ 及 $A\cup B$ 的概率分别为 $p, q$ 及 $r$，求 $P(AB)$ 与 $P(A\cup \overline{B})$.

12. 设 $P(A)+P(B)=0.7$，且 $A, B$ 仅发生一个的概率为 0.5，求 $A, B$ 都发生的概率.

13. 设 $P(A)=0.7$，$P(A-B)=0.3$，$P(B-A)=0.2$，求 $P(\overline{AB})$ 与 $P(\overline{A}\,\overline{B})$.

14. 随机地向半圆 $0<y<\sqrt{2ax-x^2}$（$a$ 为正常数）内掷一点，点落在圆内任何区域的概率与区域的面积成正比，求原点和该点的连线与 $x$ 轴的夹角小于 $\pi/4$ 的概率.

15. 把长度为 $a$ 的棒任意折成三段，求它们可以构成一个三角形的概率.

16. 随机地取两个正数 $x$ 和 $y$，这两个数中的每一个都不超过 1，试求 $x$ 与 $y$ 之和不超过 1 且积不小于 0.09 的概率.

17. （比丰投针问题）在平面上画出等距离 $a$（$a>0$）的一些平行线，向平面上随机地投掷一根长 $l$（$l<a$）的针，试求针与任一平行线相交的概率.

18. 假设一批产品中一、二、三等品各占 60%、30%、10%，从中任取一件，发现它不是三等品，求它是一等品的概率.

19. 从 52 张扑克牌中任意抽取 5 张，求在至少有 3 张黑桃牌的条件下，5 张都是黑桃牌的概率.

20. 设 $P(A) = 0.5$，$P(B) = 0.6$，$P(B|A) = 0.8$，求 $P(A \cup B)$ 与 $P(B - A)$.

21. 甲袋中有 3 个白球 2 个黑球，乙袋中有 4 个白球 4 个黑球. 今从甲袋中任取 2 球放入乙袋，再从乙袋中任取 1 球，求该球是白球的概率.

22. 电报发射台发出 "·" 和 "–" 的比例为 5：3，由于有干扰，传送 "·" 时失真率为 2/5，传送 "–" 时失真率为 1/3，求接收台收到 "·" 时发出信号恰是 "·" 的概率.

23. 假设有两箱同种零件：第一箱内装 50 件，其中有 10 件一等品；第二箱内装 30 件，其中有 18 件一等品. 现从两箱中随意挑出一箱，然后从该箱中先后随机取出两个零件（取出的零件均不放回），试求：（1）先取出的零件是一等品的概率；（2）在先取的零件是一等品的条件下，第二次取出的零件仍然是一等品的概率.

24. 一袋中装有 $m$ 枚正品硬币、$n$ 枚次品硬币（次品硬币的两面均印有数字）. 在袋中任取一枚，已知将它投掷 $r$ 次，每次都得到数字，求这枚硬币是正品的概率.

25. 甲、乙两人独立地对同一目标各射击一次，其命中率分别为 0.6 和 0.5. 现已知目标被击中，求它是甲击中的概率.

26. 三人独立地去破译一个密码，他们能译出的概率分别是 $\dfrac{1}{5}$，$\dfrac{1}{3}$，$\dfrac{1}{4}$. 求他们将此密码译出的概率.

27. 甲、乙、丙三人向一架飞机进行射击，设他们的命中率分别为 0.4, 0.5, 0.7. 又设飞机中一弹而被击落的概率为 0.2，中两弹而被击落的概率为 0.6，中三弹必然被击落. 今三人各射击一次，求飞机被击落的概率.

28. 某考生想借一本书，决定到三个图书馆去借，对每一个图书馆而言，有无这本书的概率相等；若有，能否借到的概率也相等. 假设这三个图书馆的采购、出借图书相互独立，求该生能借到此书的概率.

29. 一个教室里有 4 名一年级男生、6 名一年级女生、6 名二年级男生、若干二年级女生. 为了在随机地选择一名学生时，性别与年级是相互独立的，教室里的二年级女生应为多少名？

30. 某人有两盒火柴，从任一盒中取一根火柴. 经过若干时间后，发现一盒火柴已经用完. 如果最初两盒中各有 $n$ 根火柴，求这时另一盒中还有 $r$ 根的概率.

## 9.5　习题解答

1. **解**　（1）$AB\bar{C}$；

（2）$AB \cup AC \cup BC$ 或 $AB\bar{C} \cup A\bar{B}C \cup \bar{A}BC \cup ABC$；

（3）$\bar{A} \cup \bar{B} \cup \bar{C}$ 或 $AB\bar{C} \cup A\bar{B}C \cup \bar{A}BC \cup A\bar{B}\bar{C} \cup \bar{A}B\bar{C} \cup \bar{A}\bar{B}C \cup \bar{A}\bar{B}\bar{C}$；

（4）$AB\bar{C} \cup A\bar{B}C \cup \bar{A}BC$；

（5）$\bar{A}B \cup A\bar{C} \cup B\bar{C}$ 或 $\bar{A}B\bar{C} \cup A\bar{B}\bar{C} \cup \bar{A}B\bar{C} \cup \bar{A}\bar{B}C$.

2. 解（1）$A_1 A_2 A_3$；

（2）$\overline{A_1} \cup \overline{A_2} \cup \overline{A_3}$；

（3）$\overline{A_1} A_2 A_3 \cup A_1 \overline{A_2} A_3 \cup A_1 A_2 \overline{A_3}$；

（4）$A_1 A_2 \cup A_1 A_3 \cup A_2 A_3$.

3. 解（1）设 $A = $ "没有同号"，则 $P(A) = \dfrac{13 \times 12 \times 11}{13^3} = \dfrac{132}{169}$.

（2）设 $B = $ "有同号"，则 $P(B) = 1 - P(A) = \dfrac{37}{169}$.

（3）设 $C = $ "三张中至多有两张同号"，则 $P(C) = 1 - \dfrac{13}{13^3} = \dfrac{168}{169}$.

4. 解（1）设 $A = $ "从中任意抽取 4 片，其中至少有 2 片是安慰剂"，则

$$P(A) = 1 - \frac{C_6^4 + C_5^1 C_6^3}{C_{11}^4} = \frac{43}{66}.$$

（2）设 $B = $ "前 3 次都取到安慰剂"，则 $P(B) = \dfrac{5 \times 4 \times 3}{11 \times 10 \times 9} = \dfrac{2}{33}$.

5. 解（1）设 $A = $ "3 个球的最小号码为 5"，则 $P(A) = \dfrac{C_5^2}{C_{10}^3} = \dfrac{1}{12}$.

（2）设 $B = $ "3 个球的最大号码为 5"，则 $P(B) = \dfrac{C_4^2}{C_{10}^3} = \dfrac{1}{20}$.

6. 解（1）设 $A = $ "他们的生日都不相同"，则 $P(A) = \dfrac{A_{365}^r}{365^r}$.

（2）设 $B = $ "至少有 2 个人的生日在同一个月"，则

$$P(B) = \frac{C_4^2 C_{12}^1 A_{11}^2 + C_4^2 C_{12}^2 + C_4^3 A_{12}^2 + C_{12}^1}{12^4} = \frac{41}{96}$$

或

$$P(B) = 1 - P(\overline{B}) = 1 - \frac{A_{12}^4}{12^4} = \frac{41}{96}.$$

7. 解　设 $A = $ "生日集中在一星期中的某 2 天，但不都在同 1 天"，则

$$P(A) = \frac{C_7^2 (2^6 - 2)}{7^6} = 0.01107.$$

8. 解　$n$ 双鞋子随机地分成 $n$ 堆属分组问题，不同的分法共有 $\dfrac{(2n)!}{2!2!\cdots 2!} = \dfrac{(2n)!}{(2!)^n}$ 种，"每堆各成一双" 共有 $n!$ 种情况，故 $P(A) = \dfrac{2^n \cdot n!}{(2n)!}$.

9. 解　$P(\overline{A}\,\overline{B}) = 1 - P(A \cup B) = 1 - P(A) - P(B) = 0.3$.

因为 $A$ 与 $B$ 互不相容，所以 $\overline{A} \supset B$，于是，$P(\overline{A} \cup B) = P(\overline{A}) = 0.6$.

10. 解　$P(\overline{A}\,\overline{B}) = 1 - P(A \cup B) = 1 - P(A) - P(B) + P(AB)$.

由 $P(\overline{A}\overline{B}) = P(AB)$，得 $P(B) = 1 - P(A) = 1 - p$.

11. **解**　$P(AB) = P(A) + P(B) - P(A\bigcup B) = p + q - r$,

$$P(A\bigcup \overline{B}) = P(A) + P(\overline{B}) - P(A\overline{B}) = P(A) + 1 - P(B) - P(A) + P(AB)$$
$$= 1 - q + p + q - r = 1 + p - r.$$

12. **解1**　由题意，有

$$0.5 = P(A\overline{B} + \overline{A}B) = P(A\overline{B}) + P(\overline{A}B)$$
$$= P(A) - P(AB) + P(B) - P(AB)$$
$$= 0.7 - 2P(AB),$$

所以 $P(AB) = 0.1$.

　　**解2**　$A, B$ 仅发生一个可表示为 $A\bigcup B - AB$，故

$$0.5 = P(A\bigcup B) - P(AB) = P(A) + P(B) - 2P(AB),$$

所以 $P(AB) = 0.1$.

13. **解**　$0.3 = P(A - B) = P(A) - P(AB) = 0.7 - P(AB)$，所以 $P(AB) = 0.4$，故

$$P(\overline{AB}) = 0.6,$$
$$0.2 = P(B) - P(AB) = P(B) - 0.4.$$

　　所以

$$P(B) = 0.6,$$
$$P(\overline{A}\overline{B}) = 1 - P(A\bigcup B) = 1 - P(A) - P(B) + P(AB) = 0.1.$$

14. **解**　半圆域如右图所示.

设 $A = $ "原点与该点连线与 $x$ 轴夹角小于 $\pi / 4$"，由几何概率的定义，有

$$P(A) = \frac{A\text{的面积}}{\text{半圆的面积}} = \frac{\dfrac{1}{4}\pi a^2 + \dfrac{1}{2}a^2}{\dfrac{1}{2}\pi a^2} = \frac{1}{2} + \frac{1}{\pi}.$$

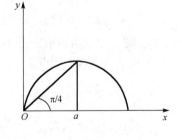

15. **解1**　如下图所示，设 $A = $ "三段可构成三角形"，三段的长分别为 $x_0, y_0, a - x_0 - y_0$，则 $0 < x_0 < a$，$0 < y_0 < a$，$0 < x_0 + y_0 < a$，不等式构成平面域 $S$.

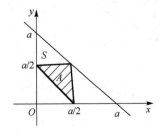

$$A \text{ 发生} \Leftrightarrow 0 < x_0 < \frac{a}{2},\ 0 < y_0 < \frac{a}{2},\ \frac{a}{2} < x_0 + y_0 < a,$$

不等式确定 $S$ 的子域 $A$，所以

$$P(A) = \frac{A \text{ 的面积}}{S \text{ 的面积}} = \frac{1}{4}.$$

**解2** 如右图所示，设三段长分别为 $x_0, y_0, z_0$，

则 $0 < x_0 < a,\ 0 < y_0 < a,\ 0 < z_0 < a$，且 $x_0 + y_0 + z_0 = a$，

不等式确定了三维空间上的有界平面域 $S$.

$$A \text{ 发生} \Leftrightarrow \begin{cases} x_0 + y_0 > z_0, \\ x_0 + z_0 > y_0, \\ y_0 + z_0 > x_0. \end{cases}$$

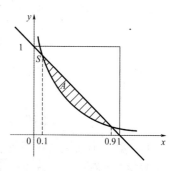

不等式确定 $S$ 的子域 $A$，所以

$$P(A) = \frac{A \text{ 的面积}}{S \text{ 的面积}} = \frac{1}{4}.$$

**16. 解** 如右图所示，$0 \leq x_0 \leq 1,\ 0 \leq y_0 \leq 1$，不等式确定平面域 $S$.

设 $A =$ "$x_0 + y_0 \leq 1,\ x_0 y_0 \geq 0.09$"，则 $A$ 发生的充要条件为 $0 \leq x_0 + y_0 \leq 1,\ 1 \geq x_0 y_0 \geq 0.09$.

不等式确定了 $S$ 的子域 $A$，故

$$P(A) = \frac{A \text{ 的面积}}{S \text{ 的面积}} = \int_{0.1}^{0.9} \left( 1 - x - \frac{0.9}{x} \right) \mathrm{d}x$$
$$= 0.4 - 0.18 \ln 3 \approx 0.2.$$

**17. 解** 如下图所示，设 $A =$ "针与某平行线相交"。针落在平面上的情况不外乎图中的几种，设 $x$ 为针的中点到最近的一条平行线的距离，$\varphi$ 为针与平行线的夹角，则 $0 < x < \frac{a}{2},\ 0 < \varphi < \pi$，不等式确定了平面上的一个区域 $S$.

$A \text{ 发生} \Leftrightarrow x \leq \dfrac{l}{2} \sin \varphi$，不等式确定 $S$ 的子域 $A$，故

$$P(A) = \frac{1}{\frac{a}{2}\pi} \int_0^\pi \frac{l}{2} \sin \varphi \mathrm{d}\varphi = \frac{2l}{a\pi}.$$

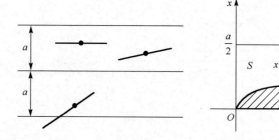

**18. 解**　设 $A_i=$ "任取一件是 $i$ 等品"（$i=1,2,3$），所求概率为

$$P(A_1\mid \overline{A}_3)=\frac{P(A_1\overline{A}_3)}{P(\overline{A}_3)},$$

因为　$\overline{A}_3=A_1+A_2$，

所以　$P(\overline{A}_3)=P(A_1)+P(A_2)=0.6+0.3=0.9$，

　　　$P(A_1\overline{A}_3)=P(A_1)=0.6$，

故

$$P(A_1\mid \overline{A}_3)=\frac{6}{9}=\frac{2}{3}.$$

**19. 解**　设 $A=$ "至少有 3 张黑桃牌"，$B_i=$ "5 张中恰有 $i$ 张黑桃牌"（$i=3,4,5$），
则 $A=B_3+B_4+B_5$，所求概率为

$$P(B_5\mid A)=\frac{P(AB_5)}{P(A)}=\frac{P(B_5)}{P(B_3+B_4+B_5)}=\frac{C_{13}^5}{C_{13}^3C_{39}^2+C_{13}^4C_{39}^1+C_{13}^5}=\frac{9}{1686}.$$

**20. 解**　$P(A\bigcup B)=P(A)+P(B)-P(AB)=1.1-P(A)P(B\mid A)=1.1-0.4=0.7$，

　　　$P(B-A)=P(B)-P(AB)=0.6-0.4=0.2$.

**21. 解**　设 $A=$ "从乙袋中取出的是白球"，$B_i=$ "从甲袋中取出的两球恰有 $i$ 个白球"
（$i=0,1,2$）. 由全概率公式，有

$$P(A)=P(B_0)P(A\mid B_0)+P(B_1)P(A\mid B_1)+P(B_2)P(A\mid B_2)$$

$$=\frac{C_2^2}{C_5^2}\cdot\frac{4}{10}+\frac{C_3^1C_2^1}{C_5^2}\cdot\frac{1}{2}+\frac{C_3^2}{C_5^2}\cdot\frac{6}{10}=\frac{13}{25}.$$

**22. 解**　设 $A=$ "收到'·'"，$B=$ "发出'·'". 由贝叶斯公式，有

$$P(B\mid A)=\frac{P(B)P(A\mid B)}{P(B)P(A\mid B)+P(\overline{B})P(A\mid \overline{B})}=\frac{\dfrac{5}{8}\times\dfrac{3}{5}}{\dfrac{5}{8}\times\dfrac{3}{5}+\dfrac{3}{8}\times\dfrac{1}{3}}=\frac{3}{4}.$$

**23. 解**　设 $A_i=$ "第 $i$ 次取出的零件是一等品"（$i=1,2$），$B_i=$ "取到第 $i$ 箱"（$i=1,2$）. 则

（1）$P(A_1)=P(B_1)P(A_1\mid B_1)+P(B_2)P(A_1\mid B_2)=\dfrac{1}{2}\left(\dfrac{1}{5}+\dfrac{3}{5}\right)=\dfrac{2}{5}$；

（2）$P(A_2\mid A_1)=\dfrac{P(A_1A_2)}{P(A_1)}=\dfrac{P(A_1A_2B_1+A_1A_2B_2)}{P(A_1)}$

$$=\frac{P(B_1)P(A_1A_2\mid B_1)+P(B_2)P(A_1A_2\mid B_2)}{P(A_1)}$$

$$=\frac{\dfrac{1}{2}\left(\dfrac{C_{10}^2}{C_{50}^2}+\dfrac{C_{18}^2}{C_{30}^2}\right)}{\dfrac{2}{5}}=\frac{\dfrac{9}{49}+\dfrac{51}{29}}{4}=0.4856.$$

**24. 解**　设 $A=$ "任取一枚硬币掷 $r$ 次得 $r$ 次数字"，$B=$ "任取一枚硬币是正品". 则

$A = BA + \bar{B}A$，所求概率为

$$P(B \mid A) = \frac{P(B)P(A \mid B)}{P(B)P(A \mid B) + P(\bar{B})P(A \mid \bar{B})}$$

$$= \frac{\dfrac{m}{m+n}\left(\dfrac{1}{2}\right)^r}{\dfrac{m}{m+n}\left(\dfrac{1}{2}\right)^r + \dfrac{n}{m+n}} = \frac{m}{m+n \cdot 2^r}.$$

25. **解**　设 $A =$ "目标被击中"，$B_i =$ "第 $i$ 个人击中"（$i = 1, 2$），所求概率为

$$P(B_1 \mid A) = \frac{P(B_1 A)}{P(A)} = \frac{P(B_1)}{P(B_1 + B_2)} = \frac{P(B_1)}{1 - P(\bar{B}_1 \bar{B}_2)}$$

$$= \frac{0.6}{1 - 0.4 \times 0.5} = 0.75.$$

26. **解 1**　设 $A =$ "将密码译出"，$B_i =$ "第 $i$ 个人译出"（$i = 1, 2, 3$）. 则

$$P(A) = P(B_1 \bigcup B_2 \bigcup B_3) = P(B_1) + P(B_2) + P(B_3) - P(B_1 B_2) - P(B_1 B_3) -$$
$$P(B_2 B_3) + P(B_1 B_2 B_3)$$

$$= \frac{1}{5} + \frac{1}{3} + \frac{1}{4} - \frac{1}{5} \times \frac{1}{3} - \frac{1}{5} \times \frac{1}{4} - \frac{1}{3} \times \frac{1}{4} + \frac{1}{5} \times \frac{1}{3} \times \frac{1}{4} = \frac{3}{5} = 0.6.$$

**解 2**　事件如上所设，则

$$P(A) = 1 - P(\bar{A}) = 1 - P(\bar{B}_1 \bar{B}_2 \bar{B}_3) = 1 - \frac{4}{5} \times \frac{2}{3} \times \frac{3}{4} = \frac{3}{5} = 0.6.$$

27. **解**　设 $A =$ "飞机被击落"，$B_i =$ "飞机中 $i$ 弹"（$i = 1, 2, 3$）. 则

$$P(A) = P(B_1)P(A \mid B_1) + P(B_2)P(A \mid B_2) + P(B_3)P(A \mid B_3)$$
$$= 0.2 P(B_1) + 0.6 P(B_2) + P(B_3).$$

设 $C_i =$ "第 $i$ 个人命中"（$i = 1, 2, 3$），则

$$P(B_1) = P(C_1 \bar{C}_2 \bar{C}_3) + P(\bar{C}_1 \bar{C}_2 C_3) + P(\bar{C}_1 C_2 \bar{C}_3)$$

$$= 0.4 \times 0.5 \times 0.3 + 0.6 \times 0.5 \times 0.7 + 0.6 \times 0.5 \times 0.3 = 0.36,$$

$$P(B_2) = P(C_1 C_2 \bar{C}_3) + P(C_1 \bar{C}_2 C_3) + P(\bar{C}_1 C_2 C_3)$$

$$= 0.4 \times 0.5 \times 0.3 + 0.4 \times 0.5 \times 0.7 + 0.6 \times 0.5 \times 0.7 = 0.41,$$

$$P(B_3) = P(C_1 C_2 C_3) = 0.4 \times 0.5 \times 0.7 = 0.14,$$

所以

$$P(A) = 0.2 \times 0.36 + 0.6 \times 0.41 + 0.14 = 0.458.$$

28. **解 1**　设 $A =$ "该生能借到此书"，$B_i =$ "从第 $i$ 馆借到"（$i = 1, 2, 3$）. 则

$$P(B_1) = P(B_2) = P(B_3) = P(\text{第 } i \text{ 馆有此书且能借到}) = \frac{1}{2} \times \frac{1}{2} = \frac{1}{4},$$

$$P(B_1B_2) = P(B_1B_3) = P(B_2B_3) = \frac{1}{4} \times \frac{1}{4} = \frac{1}{16},$$

$$P(B_1B_2B_3) = \frac{1}{4} \times \frac{1}{4} \times \frac{1}{4} = \frac{1}{64}.$$

于是

$$P(A) = P(B_1 \bigcup B_2 \bigcup B_3)$$
$$= P(B_1) + P(B_2) + P(B_3) - P(B_1B_2) - P(B_1B_3) - P(B_2B_3) + P(B_1B_2B_3)$$
$$= \frac{3}{4} - \frac{3}{16} + \frac{1}{64} = \frac{37}{64}.$$

**解 2** $P(A) = 1 - P(\bar{A}) = 1 - P(\bar{B}_1\bar{B}_2\bar{B}_3) = 1 - \left(\frac{3}{4}\right)^3 = \frac{37}{64}.$

**解 3** 事件如解 1 所设，则 $A = B_1 + \bar{B}_1B_2 + \bar{B}_1\bar{B}_2B_3$，故

$$P(A) = P(B_1) + P(\bar{B}_1B_2) + P(\bar{B}_1\bar{B}_2B_3)$$
$$= \frac{1}{4} + \frac{3}{4} \times \frac{1}{4} + \frac{3}{4} \times \frac{3}{4} \times \frac{1}{4} = \frac{37}{64}.$$

29. **解** 设教室里应有 $N$ 名二年级女生，$A =$ "任选一名学生为男生"，$B =$ "任选一名学生为一年级"，则

$$P(A) = \frac{10}{N+16}, \quad P(B) = \frac{10}{N+16}, \quad P(AB) = \frac{10}{N+16} \cdot \frac{4}{10} = \frac{4}{N+16},$$

若性别与年级相互独立，即

$$P(AB) = P(A)P(B), \quad \frac{4}{N+16} = \frac{10}{N+16} \cdot \frac{10}{N+16},$$

所以 $N = 9$，即教室里的二年级女生应为 9 名.

30. **解** 设 $A =$ "发现一盒已经用完另一盒还有 $r$ 根"，$B =$ "发现甲盒已经用完乙盒还有 $r$ 根"，则 $P(A) = 2P(B)$.

$B$ 发生 $\Leftrightarrow$ 甲盒拿了 $n+1$ 次，乙盒拿了 $n-r$ 次，共进行了 $2n+1-r$ 次试验，而且前 $2n-r$ 次试验，甲盒拿了 $n$ 次；第 $2n+1-r$ 次试验恰好 $B$ 发生，故

$$P(B) = C_{2n-r}^n \left(\frac{1}{2}\right)^{2n-r} \cdot \frac{1}{2},$$

从而

$$P(A) = 2P(B) = C_{2n-r}^n \left(\frac{1}{2}\right)^{2n-r}.$$

# 第10章

## 随机变量及其数字特征

###  10.1　教学基本要求

1. 理解随机变量的概念，理解分布函数的概念及性质，会计算与随机变量相联系的事件的概率.

2. 理解离散型随机变量及其概率分布的概念，掌握 0-1 分布、二项分布、泊松（Poisson）分布及其应用.

3. 了解泊松定理的结论和应用条件，会用泊松分布近似表示二项分布.

4. 理解连续型随机变量及其概率密度的概念，掌握均匀分布、正态分布、指数分布及其应用.

5. 会求离散型随机变量函数的分布.

6. 理解随机变量数字特征（数学期望、方差、标准差）的概念，会运用数字特征的基本性质，并掌握常用分布的数字特征.

7. 会求随机变量函数的数学期望.

8. 了解切比雪夫不等式.

9. 了解切比雪夫大数定律、伯努利大数定律.

10. 了解棣莫弗—拉普拉斯局部极限定理（二项分布以正态分布为极限分布）和列维—林德伯格定理（独立同分布随机变量序列的中心极限定理）.

###  10.2　内　容　总　结

####  10.2.1　随机变量

**1. 随机变量**

设 $E$ 是随机试验，它的样本空间是 $S$. 如果对 $S$ 中的每个基本事件 $e$，都有唯一的实数值 $X(e)$ 与之对应，则称 $X(e)$ 为随机变量，简记为 $X$.

**2. 离散型随机变量**

只能取有限个值或可列无穷多个值的随机变量 $X$ 称为离散型随机变量.

$$P(X = x_k) = p_k \quad (k = 1, 2, \cdots)$$

为离散型随机变量 $X$ 的概率分布列（简称分布列），又称分布律. 它也可用表格形式表示，如表 10.1 所示.

表 10.1 分布律

| $X$ | $x_1$ | $x_2$ | $\cdots$ | $x_k$ | $\cdots$ |
|---|---|---|---|---|---|
| $P$ | $p_1$ | $p_2$ | $\cdots$ | $p_k$ | $\cdots$ |

由概率的基本性质可知，对任一分布列都有如下两个性质：

（i） $p_k \geqslant 0$ （ $k = 1, 2, \cdots$ ）；

（ii） $\sum\limits_k p_k = 1$ .

### 3. 分布函数

设 $X$ 为一随机变量，称

$$F(x) = P(X \leqslant x)$$

为 $X$ 的分布函数，其中 $x$ 为任意实数.

事件" $x_1 < X \leqslant x_2$ "的概率可写成

$$P(x_1 < X \leqslant x_2) = F(x_2) - F(x_1) .$$

分布函数具有如下性质：

（i） $0 \leqslant F(x) \leqslant 1$ （ $-\infty < x < +\infty$ ）；

（ii） $F(x_1) \leqslant F(x_2), x_1 < x_2$ ，即 $F(x)$ 是单调非减的；

（iii） $F(-\infty) = \lim\limits_{x \to -\infty} F(x) = 0, F(+\infty) = \lim\limits_{x \to +\infty} F(x) = 1$ ；

（iv） $F(x^+) = F(x)$ ，即 $F(x)$ 是右连续的.

### 4. 连续型随机变量

设 $F(x)$ 是随机变量 $X$ 的分布函数. 若存在一个非负的函数 $f(x)$ ，对任何实数 $x$ ，有

$$F(x) = \int_{-\infty}^{x} f(t)\mathrm{d}t,$$

则称 $X$ 为连续型随机变量，同时称 $f(x)$ 为 $X$ 的概率密度函数，简称概率密度.

概率密度 $f(x)$ 具有如下性质：

（i） $f(x) \geqslant 0$ ；

（ii） $\int_{-\infty}^{+\infty} f(x)\mathrm{d}x = 1$ ；

（iii） $P(x_1 < X \leqslant x_2) = F(x_2) - F(x_1) = \int_{x_1}^{x_2} f(x)\mathrm{d}x$ .

常用概率分布如表 10.2 所示.

表 10.2 常用概率分布

| 分布 | 分布列或概率密度 | 数学期望 | 方差 |
|---|---|---|---|
| 0-1 分布 $B(1, p)$ | $P(X = k) = p^k q^{1-k}$ （ $k = 0, 1$ ），<br>$0 < p < 1, p + q = 1$ | $P$ | $pq$ |

续表

| 分布 | 分布列或概率密度 | 数学期望 | 方差 |
|---|---|---|---|
| 二项分布 $B(n,p)$ | $P(X=k)=C_n^k p^k q^{n-k}$（$k=0,1,\cdots,n$），<br>$0<p<1, p+q=1$ | $np$ | $npq$ |
| 泊松分布 $P(\lambda)$ | $P(X=k)=\dfrac{\lambda^k}{k!}\mathrm{e}^{-\lambda}$（$k=0,1,2,\cdots$），<br>$\lambda>0$ | $\lambda$ | $\lambda$ |
| 几何分布 $G(p)$ | $P(X=k)=q^{k-1}p$（$k=1,2,\cdots$），<br>$0<p<1, p+q=1$ | $\dfrac{1}{p}$ | $\dfrac{q}{p^2}$ |
| 均匀分布 $U[a,b]$ | $f(x)=\begin{cases}\dfrac{1}{b-a}, & a\leqslant x\leqslant b;\\ 0, & \text{其他}\end{cases}$ | $\dfrac{a+b}{2}$ | $\dfrac{(b-a)^2}{12}$ |
| 指数分布 $E(\lambda)$ | $f(x)=\begin{cases}\lambda\mathrm{e}^{-\lambda x}, & x>0;\\ 0, & x\leqslant 0,\end{cases}$<br>$\lambda>0$ | $\dfrac{1}{\lambda}$ | $\dfrac{1}{\lambda^2}$ |
| 正态分布 $N(\mu,\sigma^2)$ | $f(x)=\dfrac{1}{\sigma\sqrt{2\pi}}\mathrm{e}^{-\frac{(x-\mu)^2}{2\sigma^2}}$，<br>$-\infty<\mu<+\infty, \sigma>0$ | $\mu$ | $\sigma^2$ |

## 10.2.2　随机变量数字特征

### 1. 数学期望

设离散型随机变量 $X$ 的分布列

$$P(X=x_i)=p_i \text{（} i=1,2,\cdots \text{）}，$$

若级数 $\sum\limits_{i=1}^{\infty} x_i p_i$ 绝对收敛，即 $\sum\limits_{i=1}^{\infty}|x_i|p_i<+\infty$，则称 $\sum\limits_{i=1}^{\infty} x_i p_i$ 为 $X$ 的数学期望或均值，记为 $E(X)$，即

$$E(X)=\sum_{i=1}^{\infty} x_i p_i.$$

设 $X$ 为连续型随机变量，其概率密度为 $f(x)$. 若积分 $\displaystyle\int_{-\infty}^{+\infty} xf(x)\,\mathrm{d}x$ 绝对收敛，即 $\displaystyle\int_{-\infty}^{+\infty}|x|f(x)\,\mathrm{d}x<+\infty$，则称积分 $\displaystyle\int_{-\infty}^{+\infty} xf(x)\,\mathrm{d}x$ 为 $X$ 的**数学期望**或**均值**，记为 $E(x)$，即

$$E(x)=\int_{-\infty}^{+\infty} xf(x)\,\mathrm{d}x.$$

### 2. 随机变量函数的期望

设 $Y=g(X)$，$g(x)$ 是连续函数.

（i）若 $X$ 是离散型随机变量，其分布列 $P(X=x_i)=p_i$（$i=1,2,\cdots$），且 $\sum\limits_{i=1}^{\infty}|g(x_i)|p_i<+\infty$，则

$$E(Y) = E[g(X)] = \sum_{i=1}^{\infty} g(x_i) p_i ;$$

（ii）若 $X$ 是连续型随机变量，其概率密度为 $f_X(x)$，且 $\int_{-\infty}^{+\infty} |g(x)| f_X(x) \,\mathrm{d}x < +\infty$，则

$$E(Y) = E[g(X)] = \int_{-\infty}^{+\infty} |g(x)| f_X(x) \,\mathrm{d}x .$$

### 3. 数学期望的性质

（i）$E(C) = C$，$C$ 为常数；

（ii）$E(CX) = CE(X)$，$C$ 为常数；

（iii）$E(X_1 + X_2 + \cdots + X_n) = E(X_1) + E(X_2) + \cdots + E(X_n)$；

（iv）如果 $X_1, X_2, \cdots, X_n$ 相互独立，则

$$E(X_1 X_2 \cdots X_n) = E(X_1) E(X_2) \cdots E(X_n).$$

### 4. 方差

设 $X$ 是一个随机变量. 若 $E[X - E(X)]^2$ 存在，则称 $E[X - E(X)]^2$ 是 $X$ 的方差，记作 $D(X)$，即

$$D(X) = E[X - E(X)]^2 .$$

同时，称 $\sqrt{D(X)}$ 是 $X$ 的**标准差**或**均方差**，记作 $\sigma_x$，即

$$\sigma_x = \sqrt{D(X)}.$$

关于方差的计算，常利用如下的公式：

$$D(X) = E(X^2) - [E(X)]^2 .$$

### 5. 方差的性质

（i）$D(C) = 0$，$C$ 为常数；

（ii）$D(CX) = C^2 D(X)$，$C$ 为常数；

（iii）若 $X_1, X_2, \cdots, X_n$ 相互独立，则

$$D(X_1 + X_2 + \cdots + X_n) = D(X_1) + D(X_2) + \cdots + D(X_n) ;$$

（iv）若 $X, Y$ 相互独立，则

$$D(XY) = D(X)D(Y) + D(X)[E(Y)]^2 + D(Y)[E(X)]^2 ;$$

（v）$D(X) = 0$ 的充要条件是 $X$ 取某一常数值 $a$ 的概率为 $1$，即

$$P(X = a) = 1, \quad a = E(X).$$

## 10.2.3 大数定律和中心极限定理

### 1. 切比雪夫不等式

对任意随机变量 $X$，若它的方差 $D(X)$ 存在，则对任意 $\varepsilon > 0$，有

$$P\left[\left|X - E(X)\right| \geqslant \varepsilon\right] \leqslant \frac{D(X)}{\varepsilon^2}$$

成立.

### 2. 伯努利大数定律

设在 $n$ 重伯努利试验中，成功的次数为 $Y_n$，而在每次试验中成功的概率为 $p$（$0 < p < 1$），则对任意 $\varepsilon > 0$，有

$$\lim_{n \to \infty} P\left(\left|\frac{Y_n}{n} - p\right| \geqslant \varepsilon\right) = 0.$$

### 3. 切比雪夫大数定律

设 $X_1, X_2, \cdots, X_n, \cdots$ 是相互独立的随机变量序列. 若存在常数 $C$，使得 $D(X_i) \leqslant C$（$i = 1, 2, \cdots$），则对任意 $\varepsilon > 0$，有

$$\lim_{n \to \infty} P\left(\left|\frac{1}{n}\sum_{i=1}^{n} X_i - \frac{1}{n}\sum_{i=1}^{n} E(X_i)\right| \geqslant \varepsilon\right) = 0$$

或

$$\lim_{n \to \infty} P\left(\left|\frac{1}{n}\sum_{i=1}^{n} X_i - \frac{1}{n}\sum_{i=1}^{n} E(X_i)\right| < \varepsilon\right) = 1.$$

设 $X_1, X_2, \cdots, X_n, \cdots$ 是独立同分布的随机变量序列，具有有限的数学期望和方差，$E(X_i) = \mu, D(X_i) = \sigma^2$（$i = 1, 2, \cdots$），则对任意 $\varepsilon > 0$，有

$$\lim_{n \to \infty} P\left(\left|\frac{1}{n}\sum_{i=1}^{n} X_i - \mu\right| \geqslant \varepsilon\right) = 0$$

或

$$\lim_{n \to \infty} P\left(\left|\frac{1}{n}\sum_{i=1}^{n} X_i - \mu\right| < \varepsilon\right) = 1.$$

### 4. 独立同分布的中心极限定理

如果随机变量序列 $X_1, X_2, \cdots, X_n, \cdots$ 独立同分布，并且具有有限的数学期望和方差，$E(X_i) = \mu, D(X_i) = \sigma^2 > 0$（$i = 1, 2, \cdots$），则对一切 $x \in \mathbb{R}$，有

$$\lim_{n\to\infty} P\left(\frac{1}{\sqrt{n}\sigma}\left(\sum_{i=1}^{n} X_i - n\mu\right) \leqslant x\right) = \int_{-\infty}^{x} \frac{1}{\sqrt{2\pi}}\, \mathrm{e}^{-\frac{t^2}{2}}\, \mathrm{d}t.$$

**5. 棣莫弗—拉普拉斯局部极限定理**

设在 $n$ 重伯努利试验中，成功的次数为 $Y_n$，而在每次试验中成功的概率为 $p\,(0 < p < 1)$，$q = 1 - p$，则对一切 $x$，有

$$\lim_{n\to\infty} P\left(\frac{Y_n - np}{\sqrt{npq}} \leqslant x\right) = \int_{-\infty}^{x} \frac{1}{\sqrt{2\pi}}\, \mathrm{e}^{-\frac{t^2}{2}}\, \mathrm{d}t = \Phi(x).$$

# 10.3　例 题 分 析

【例 10-1】　设一离散型随机变量 $X$ 分布律如下：

| $X$ | $-2$ | $0$ | $3$ |
|---|---|---|---|
| $P$ | $\dfrac{1}{2}$ | $1-2a$ | $a^2$ |

试求：（1）常数 $a$ 的值，（2）$X$ 的分布函数，并作图.

**解**　（1）因离散型随机变量的分布律

$$P(X = x_k) = p_k$$

满足

$$0 \leqslant p_k \leqslant 1$$

且

$$\sum_{k=1}^{\infty} p_k = 1,$$

所以有

$$\begin{cases} \dfrac{1}{2} + 1 - 2a + a^2 = 1, \\ 0 \leqslant 1 - 2a \leqslant 1, \\ 0 \leqslant a^2 \leqslant 1, \end{cases}$$

解得

$$a = 1 - \sqrt{\frac{1}{2}}.$$

从而 $X$ 的分布律为

| $X$ | $-2$ | $0$ | $3$ |
|---|---|---|---|
| $P$ | $\dfrac{1}{2}$ | $\sqrt{2}-1$ | $\dfrac{3}{2}-\sqrt{2}$ |

（2）因 $F(x)=P(X\leqslant x)=\sum_{x_k\leqslant x}P(X=x_k)$ ，且 $X$ 只有 $-2,0,3$ 三个值，那么分 $(-\infty,+\infty)$ 为 $(-\infty,-2),\ [-2,0),\ [0,3),\ [3,+\infty)$ 四个区间.

所以分别考虑：

① 当 $x\in(-\infty,-2)$ 时， $X$ 在 $(-\infty,x]$ 上没有取值，故 $F(x)=P(\varnothing)=0,x<-2$ ；

② 当 $x\in[-2,0)$ 时，无论 $x$ 为何值， $X$ 在 $(-\infty,x]$ 上的取值仅有 $X=-2$ ，故 $F(x)=P(X=-2)=\dfrac{1}{2},\ -2\leqslant x<0$ ；

③ 当 $x\in[0,3)$ 时，无论 $x$ 为何值， $X$ 在 $(-\infty,x]$ 上的取值仅有 $X=-2$ 和 $X=0$ ，故 $F(x)=P(X=-2)+P(X=0)=\dfrac{1}{2}+\sqrt{2}-1=\sqrt{2}-\dfrac{1}{2},\ 0\leqslant x<3$ ；

④ 当 $x\in[3,+\infty)$ 时，无论 $x$ 为何值， $X$ 在 $(-\infty,x]$ 上的取值为 $X=-2,X=0$ 和 $X=3$ ，故 $F(x)=P(X=-2)+P(X=0)+P(X=3)=\dfrac{1}{2}+\sqrt{2}-1+\dfrac{3}{2}-\sqrt{2}=1,x\geqslant 3$ .

因此

$$F(x)\begin{cases}0, & x<-2;\\[2mm]\dfrac{1}{2}, & -2\leqslant x<0;\\[2mm]\sqrt{2}-\dfrac{1}{2}, & 0\leqslant x<3;\\[2mm]1, & x\geqslant 3.\end{cases}$$

其图形如图 10.1 所示.

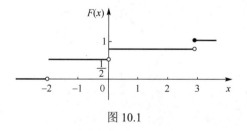

图 10.1

📖 **技巧**

由上例可知，离散型随机变量 $X$ 的分布函数 $F(x)$ 的图形是一台阶形曲线. 若 $X$ 取 $l$ 个可能值 $x_1,x_2,x_3,\cdots,x_l$ ，应分为 $(-\infty,x_1)$ ， $[x_1,x_2),\cdots,[x_l,+\infty)$ 这样的 $l+1$ 个左闭右开区间，再分别把属于 $(-\infty,x]$ 内的分布律做和求得相应的 $F(x)$ 的值，即离散型随机变量，用概率累加法求分布函数.

【例 10-2】 设随机变量 $X$ 的分布函数

$$F(x) = \begin{cases} A + \dfrac{B}{2}\mathrm{e}^{-3x}, & x > 0; \\ 0, & x \leqslant 0. \end{cases}$$

求：（1）常数 $A, B$；（2）$P(2 < X \leqslant 3)$.

解 （1）由题意可知

$$\begin{cases} F(+\infty) = 1 = \lim\limits_{x \to +\infty}\left(A + \dfrac{B}{2}\mathrm{e}^{-3x}\right), \\ F(0^+) = \lim\limits_{x \to 0^+}\left(A + \dfrac{B}{2}\mathrm{e}^{-3x}\right) = F(0), \end{cases}$$

即 $\begin{cases} A = 1, \\ A + \dfrac{B}{2} = 0. \end{cases}$ 解得 $\begin{cases} A = 1, \\ B = -2. \end{cases}$ 故

$$F(x) = \begin{cases} 1 - \mathrm{e}^{-3x}, & x > 0; \\ 0, & x \leqslant 0. \end{cases}$$

（2）

$$\begin{aligned} P(2 < X \leqslant 3) &= F(3) - F(2) \\ &= (1 - \mathrm{e}^{-9}) - (1 - \mathrm{e}^{-6}) \\ &= \mathrm{e}^{-6} - \mathrm{e}^{-9}. \end{aligned}$$

【例 10-3】 当常数 $a$ 取何值时，$f(x) = a\mathrm{e}^{-x^2+x}$ 为某个连续型随机变量的概率密度？

解 由概率密度性质，知

$$1 = \int_{-\infty}^{+\infty} f(x)\,\mathrm{d}x = \int_{-\infty}^{+\infty} a\mathrm{e}^{-x^2+x}\mathrm{d}x = a \cdot \int_{-\infty}^{+\infty} \mathrm{e}^{-\left(x-\frac{1}{2}\right)^2 + \frac{1}{4}}\,\mathrm{d}x$$

$$\xrightarrow{\frac{x-\frac{1}{2}}{} = \frac{t}{\sqrt{2}}} a\mathrm{e}^{\frac{1}{4}} \int_{-\infty}^{+\infty} \mathrm{e}^{-\frac{t^2}{2}} \cdot \frac{1}{\sqrt{2}}\,\mathrm{d}t = a\mathrm{e}^{\frac{1}{4}} \cdot \sqrt{\pi},$$

故

$$a = \frac{1}{\sqrt{\pi}}\mathrm{e}^{-\frac{1}{4}}.$$

【例 10-4】 设连续型随机变量 $X$ 的概率密度为

$$f(x) = \begin{cases} x, & 0 \leqslant 0 < 1; \\ 2 - x, & 1 \leqslant x \leqslant 2; \\ 0, & \text{其他}. \end{cases}$$

求：（1）$X$ 的分布函数 $F(x)$；（2）$P\left(-1 \leqslant X \leqslant \dfrac{1}{2}\right), P\left(\dfrac{1}{2} \leqslant X \leqslant \dfrac{3}{2}\right)$.

解 （1）$F(x) = P(X \leqslant x) = \displaystyle\int_{-\infty}^{x} f(t)\,\mathrm{d}t$.

由 $f(x)$ 定义中的分段点 $x=0, x=1, x=2$，把 $(-\infty, +\infty)$ 分为 $(-\infty, 0), [0, 1), [1, 2), [2, +\infty)$ 四个区间.

因此，当 $x < 0$ 时，有

$$F(x) = \int_{-\infty}^{x} f(t)\,\mathrm{d}t = 0 ;$$

当 $0 \leqslant x < 1$ 时，有

$$F(x) = \int_{-\infty}^{x} f(t)\,\mathrm{d}t = \int_{-\infty}^{0} f(t)\,\mathrm{d}t + \int_{0}^{x} f(t)\,\mathrm{d}t$$

$$= 0 + \int_{0}^{x} t\,\mathrm{d}t = \frac{1}{2}x^2 ;$$

当 $1 \leqslant x < 2$ 时，有

$$F(x) = \int_{-\infty}^{x} f(t)\,\mathrm{d}t = \int_{-\infty}^{0} f(t)\,\mathrm{d}t + \int_{0}^{1} f(t)\,\mathrm{d}t + \int_{1}^{x} f(t)\,\mathrm{d}t$$

$$= 0 + \int_{0}^{1} t\,\mathrm{d}t + \int_{1}^{x} (2-t)\,\mathrm{d}t$$

$$= -\frac{1}{2}x^2 + 2x - 1 ;$$

当 $x \geqslant 2$ 时，有

$$F(x) = \int_{-\infty}^{x} f(t)\,\mathrm{d}t = \int_{-\infty}^{0} f(t)\,\mathrm{d}t + \int_{0}^{1} f(t)\,\mathrm{d}t + \int_{1}^{2} f(t)\,\mathrm{d}t + \int_{2}^{x} f(t)\,\mathrm{d}t$$

$$= 0 + \int_{0}^{1} t\,\mathrm{d}t + \int_{1}^{2} (2-t)\,\mathrm{d}t + 0 = 1 ,$$

即 $X$ 的分布函数为

$$F(x) = \begin{cases} 0, & x < 0; \\ \dfrac{1}{2}x^2, & 0 \leqslant x < 1; \\ -\dfrac{1}{2}x^2 + 2x - 1, & 1 \leqslant x < 2; \\ 1, & x \geqslant 2. \end{cases}$$

（2）可得

$$P\left(-1 \leqslant X \leqslant \frac{1}{2}\right) = F\left(\frac{1}{2}\right) - F(-1) + P(X = -1)$$

$$= \int_{-1}^{\frac{1}{2}} f(x)\,\mathrm{d}x + P(X = -1).$$

由于对连续型随机变量而言，取任一指定值的概率均为 0，故

$$\text{上式} = \int_{-1}^{\frac{1}{2}} f(x)\,\mathrm{d}x = \int_{-1}^{0} f(x)\,\mathrm{d}x + \int_{0}^{\frac{1}{2}} f(x)\,\mathrm{d}x = 0 + \int_{0}^{\frac{1}{2}} x\,\mathrm{d}x = \frac{1}{8}.$$

同理，有

$$P\left(\frac{1}{2} \leqslant X \leqslant \frac{3}{2}\right) = \int_{\frac{1}{2}}^{\frac{3}{2}} f(x)\, dx = \int_{\frac{1}{2}}^{1} f(x)\, dx + \int_{1}^{\frac{3}{2}} f(x)\, dx$$

$$= \int_{\frac{1}{2}}^{1} x\, dx + \int_{1}^{\frac{3}{2}} (2-x)\, dx$$

$$= \frac{1}{2}x^2 \Big|_{\frac{1}{2}}^{1} + \left(2x - \frac{1}{2}x^2\right)\Big|_{1}^{\frac{3}{2}} = \frac{3}{4}.$$

📖 **技巧**

（1）连续型随机变量已知概率密度求分布函数的主导思想是，先由概率密度的分段点划分 $(-\infty, +\infty)$ 为一些区间，再讨论分别落在这些区间内的 $x$ 值，计算概率密度在 $(-\infty, x]$ 上的积分.

（2）对连续型随机变量 $X$，设概率密度为 $f(x)$，由于 $X$ 的分布函数处处连续，所以对任何 $x$ 值，都有 $P(X=x)=0$，并有下面结论：

$$P(a < X \leqslant b) = P(a \leqslant X < b) = P(a \leqslant X \leqslant b)$$

$$= P(a < X < b) = F(b) - F(a)$$

$$= \int_a^b f(x)\, dx,$$

$$P(X \leqslant a) = P(X < a) = \int_{-\infty}^{a} f(x)\, dx,$$

$$P(X > b) = P(X \geqslant b) = 1 - P(X \leqslant b)$$

$$= 1 - \int_{-\infty}^{b} f(x)\, dx = \int_{b}^{+\infty} f(x)\, dx.$$

【例 10-5】　设电子管寿命 $X$ 的概率密度为

$$f(x) = \begin{cases} \dfrac{100}{x^2}, & x > 100; \\ 0, & \text{其他.} \end{cases}$$

若一架收音机上装有三个这种电子管，

（1）求在使用的最初 150h 内，至少有两个电子管被烧坏的概率.

（2）求在使用的最初 150h 内，烧坏的电子管数 $Y$ 的分布律.

（3）求 $Y$ 的分布函数.

解　显然 $Y \sim B(3, p)$. 其中

$$p = P(X \leqslant 150) = \int_{100}^{150} \frac{100}{x^2}\, dx = \frac{1}{3}.$$

（1）所求概率为

$$P(Y \geqslant 2) = P(Y=2) + P(Y=3)$$

$$= C_3^2 \left(\frac{1}{3}\right)^2 \frac{2}{3} + C_3^3 \left(\frac{1}{3}\right)^3 = \frac{7}{27}.$$

（2）可得

$$P(Y=k) = C_3^k \left(\frac{1}{3}\right)^k \left(\frac{2}{3}\right)^{3-k}, \quad k=0,1,2,3,$$

$Y$ 的分布律为

| $Y$ | 0 | 1 | 2 | 3 |
|---|---|---|---|---|
| $P$ | $\dfrac{8}{27}$ | $\dfrac{12}{27}$ | $\dfrac{6}{27}$ | $\dfrac{1}{27}$ |

（3）$Y$ 的分布函数为

$$F(x) = \begin{cases} 0, & x<0; \\ \dfrac{8}{27}, & 0 \le x<1; \\ \dfrac{8}{27}+\dfrac{12}{27}, & 1 \le x<2; \\ \dfrac{8}{27}+\dfrac{12}{27}+\dfrac{6}{27}, & 2 \le x<3; \\ \dfrac{8}{27}+\dfrac{12}{27}+\dfrac{6}{27}+\dfrac{1}{27}, & x \ge 3 \end{cases}$$

$$= \begin{cases} 0, & x<0; \\ \dfrac{8}{27}, & 0 \le x<1; \\ \dfrac{20}{27}, & 1 \le x<2; \\ \dfrac{26}{27}, & 2 \le x<3; \\ 1, & x \ge 3. \end{cases}$$

【例 10-6】 设从某地前往火车站，可以乘公共汽车，也可以乘地铁. 乘公共汽车所需时间（单位：min）$X \sim N(50,10^2)$，乘地铁所需时间 $Y \sim N(60,4^2)$，那么若有 70min 可用，问是乘公共汽车好还是乘地铁好？

**解**  显然，两种走法中以在允许时间内有较大的概率及时赶到火车站的走法为好.

若有 70min 可用，那么比较概率 $P(X \le 70)$ 和 $P(Y \le 70)$ 的大小. 由正态分布转化公式得

$$P(X \le 70) = \varPhi\left(\frac{70-50}{10}\right) = \varPhi(2) = 0.977\,2,$$

$$P(Y \le 70) = \varPhi\left(\frac{70-60}{4}\right) = \varPhi(2.5) = 0.9938.$$

由于后者较大，故乘地铁较好.

【例 10-7】 已知 $X$ 的分布列如下表：

| $X$ | 0 | 1 | 2 | 3 | 4 | 5 |
|---|---|---|---|---|---|---|
| $P$ | $\dfrac{1}{12}$ | $\dfrac{1}{6}$ | $\dfrac{1}{3}$ | $\dfrac{1}{12}$ | $\dfrac{2}{9}$ | $\dfrac{1}{9}$ |

求 $Y_1 = 2X + 1$ 及 $Y_2 = (X-2)^2$ 的分布列.

**解**　见下表:

| $P$ | $\frac{1}{12}$ | $\frac{1}{6}$ | $\frac{1}{3}$ | $\frac{1}{12}$ | $\frac{2}{9}$ | $\frac{1}{9}$ |
|-----|------|------|------|------|------|------|
| $X$ | 0 | 1 | 2 | 3 | 4 | 5 |
| $Y_1$ | 1 | 3 | 5 | 7 | 9 | 11 |
| $Y_2$ | 4 | 1 | 0 | 1 | 4 | 9 |

故 $Y_1 = 2X + 1$ 的分布列如下表:

| $Y_1$ | 1 | 3 | 5 | 7 | 9 | 11 |
|-----|------|------|------|------|------|------|
| $P$ | $\frac{1}{12}$ | $\frac{1}{6}$ | $\frac{1}{3}$ | $\frac{1}{12}$ | $\frac{2}{9}$ | $\frac{1}{9}$ |

至于 $Y_2$ 的分布列, 只需注意在前面表中 $Y_2$ 取的值有相同的, 应当把相同的值所对应的概率按概率的加法公式加起来, 这样就得到 $Y_2$ 的分布列如下表:

| $Y_2$ | 0 | 1 | 4 | 9 |
|-----|------|------|------|------|
| $P$ | $\frac{1}{3}$ | $\frac{1}{6} + \frac{1}{12}$ | $\frac{1}{12} + \frac{2}{9}$ | $\frac{1}{9}$ |

**【例 10-8】** 某设备由三大部件构成, 设备运转时, 各部件需调整的概率分别为 0.1, 0.2, 0.3. 若各部件的状态相互独立, 求同时需要调整的部件数 $X$ 的数学期望与方差.

**解 1**　令 $A_i =$ "第 $i$ 个部件需调整"($i = 1, 2, 3$), 且 $A_1, A_2, A_3$ 相互独立, $P(A_1) = 0.1, P(A_2) = 0.2, \ P(A_3) = 0.3$, 同时需调整的部件数 $X$ 的所有可能值为 0, 1, 2, 3. 有

$$P(X = 0) = P(\overline{A_1}\overline{A_2}\overline{A_3})$$
$$= P(\overline{A_1})P(\overline{A_2})P(\overline{A_3})$$
$$= 0.9 \times 0.8 \times 0.7 = 0.504,$$

$$P(X = 1) = P(A_1\overline{A_2}\overline{A_3} \bigcup \overline{A_1}A_2\overline{A_3} \bigcup \overline{A_1}\overline{A_2}A_3)$$
$$= P(A_1)P(\overline{A_2})P(\overline{A_3}) + P(\overline{A_1})P(A_2)P(\overline{A_3}) + P(\overline{A_1})P(\overline{A_2})P(A_3)$$
$$= 0.1 \times 0.8 \times 0.7 + 0.9 \times 0.2 \times 0.7 + 0.9 \times 0.8 \times 0.3 = 0.398,$$

$$P(X = 2) = P(A_1A_2\overline{A_3} \bigcup \overline{A_1}A_2A_3 \bigcup A_1\overline{A_2}A_3)$$
$$= P(A_1)P(A_2)P(\overline{A_3}) + P(\overline{A_1})P(A_2)P(A_3) + P(A_1)P(\overline{A_2})P(A_3)$$
$$= 0.1 \times 0.2 \times 0.7 + 0.9 \times 0.2 \times 0.3 + 0.1 \times 0.8 \times 0.3 = 0.092,$$

$$P(X = 3) = P(A_1A_2A_3)$$
$$= P(A_1)P(A_2)P(A_3)$$
$$= 0.1 \times 0.2 \times 0.3 = 0.006,$$

$$E(X) = 0 \times 0.504 + 1 \times 0.398 + 2 \times 0.092 + 3 \times 0.006 = 0.6,$$

$$E(X^2) = 0^2 \times 0.504 + 1^2 \times 0.398 + 2^2 \times 0.092 + 3^2 \times 0.006 = 0.82,$$

$$D(X) = E(X^2) - [E(X)]^2 = 0.82 - 0.6^2 = 0.46.$$

**解 2** 令 $A_i =$ "第 $i$ 个部件需调整" $(i=1,2,3)$ . 考虑

$$X_i = \begin{cases} 1, & \text{若} A_i \text{出现}; \\ 0, & \text{若} A_i \text{不出现}, \end{cases} \quad i=1,2,3,$$

则 $X_i$ 服从 0-1 分布，从而

$$E(X_i) = P(A_i), D(X_i) = P(A_i)\big[1 - P(A_i)\big],$$

$$X = X_1 + X_2 + X_3 .$$

由 $A_1, A_2, A_3$ 独立，知 $X_1, X_2, X_3$ 独立. 故

$$E(X) = E(X_1) + E(X_2) + E(X_3)$$
$$= P(A_1) + P(A_2) + P(A_3)$$
$$= 0.1 + 0.2 + 0.3 = 0.6,$$

$$D(X) = D(X_1) + D(X_2) + D(X_3)$$
$$= 0.1 \times 0.9 + 0.2 \times 0.8 + 0.3 \times 0.7 = 0.46.$$

**【例 10-9】** （指数分布）设随机变量 $X$ 的概率密度为

$$f(x) = \begin{cases} \lambda e^{-\lambda x}, & x > 0; \\ 0, & \text{其他}, \end{cases}$$

其中 $\lambda > 0$ ，求 $E(x)$ .

**解**

$$E(x) = \int_{-\infty}^{+\infty} xf(x)\mathrm{d}x = \int_0^{+\infty} x\lambda e^{-\lambda x}\mathrm{d}x$$

$$= -\int_0^{+\infty} x\mathrm{d}e^{-\lambda x} = \int_0^{+\infty} e^{-\lambda x}\mathrm{d}x = \frac{1}{\lambda}.$$

**【例 10-10】** （柯西分布）设随机变量 $X$ 的概率密度为

$$f(x) = \frac{1}{\pi}\frac{1}{1+x^2}, \quad -\infty < x < +\infty.$$

求 $E(X)$ .

**解** 由于

$$\int_{-\infty}^{+\infty} |x| \frac{\mathrm{d}x}{\pi(1+x^2)} = 2\int_0^{+\infty} \frac{x\mathrm{d}x}{\pi(1+x^2)} = \frac{1}{\pi}\ln(1+x^2)\Big|_0^{+\infty} = +\infty,$$

故 $E(X)$ 不存在.

**【例 10-11】** 设随机变量 $X$ 服从指数分布 $E(a, \theta)$ ，即概率密度为

$$f(x) = \begin{cases} \dfrac{1}{\theta} e^{-\frac{x-a}{\theta}}, & x > a; \\ 0, & x \leqslant a. \end{cases}$$

求 $E(X), D(X)$ .

**解** 可得

$$E(X) = \int_{-\infty}^{+\infty} xf(x)\mathrm{d}x = \int_a^{+\infty} x \cdot \frac{1}{\theta} \mathrm{e}^{\frac{-(x-a)}{\theta}} \mathrm{d}x$$

$$= -x\mathrm{e}^{-\frac{x-a}{\theta}}\Big|_a^{+\infty} \int_a^{+\infty} \mathrm{e}^{-\frac{x-a}{\theta}} \mathrm{d}x$$

$$= a - \theta\mathrm{e}^{-\frac{t-a}{\theta}}\Big|_a^{+\infty} = a + \theta,$$

$$E(X^2) = \int_{-\infty}^{+\infty} x^2 f(x)\mathrm{d}x = \int_a^{+\infty} x^2 \frac{1}{\theta} \mathrm{e}^{-\frac{x-a}{\theta}} \mathrm{d}x$$

$$= -x^2\mathrm{e}^{-\frac{x-a}{\theta}}\Big|_a^{+\infty} + 2\int_a^{+\infty} x\mathrm{e}^{-\frac{x-a}{\theta}} \mathrm{d}x$$

$$= a^2 + 2\theta E(X) = a^2 + 2\theta(\theta + a),$$

$$D(X) = E(X^2) - [E(X)]^2 = \theta^2.$$

【例 10-12】 设 $X$ 的概率密度为

$$f(x) = \frac{1}{\pi(1+x^2)}.$$

求 $E\left(\min\{|X|,1\}\right)$.

**解** 可得

$$E\left(\min\{|X|,1\}\right) = \int_{-\infty}^{+\infty} \min\{|x|,1\}f(x)\mathrm{d}x$$

$$= \int_{|x|<1} |x|\, f(x)\, \mathrm{d}x + \int_{|x|\geq 1} f(x)\mathrm{d}x$$

$$= \int_{-1}^1 \frac{|x|}{\pi(1+x^2)}\, \mathrm{d}x + \frac{1}{\pi}\int_{|x|\geq 1} \frac{1}{1+x^2}\, \mathrm{d}x$$

$$= \frac{2}{\pi}\int_0^1 \frac{x}{1+x^2}\, \mathrm{d}x + \frac{2}{\pi}\int_1^{+\infty} \frac{1}{1+x^2}\mathrm{d}x$$

$$= \frac{1}{\pi}\ln 2 + \frac{1}{2}.$$

【例 10-13】 设随机变量 $X$ 的概率密度为

$$f(x) = \begin{cases} \dfrac{2x}{\pi^2}, & 0 \leq x \leq \pi; \\ 0, & \text{其他}. \end{cases}$$

求 $E(\sin X)$.

**解**

$$E(\sin X) = \int_{-\infty}^{+\infty} \sin x \cdot f(x)\mathrm{d}x$$

$$= \int_0^\pi \sin x \cdot \frac{2x}{\pi^2}\mathrm{d}x = \frac{2}{\pi^2}\int_0^\pi x\sin x\,\mathrm{d}x = \frac{2}{\pi}.$$

当然，也可先求出 $Y = \sin X$ 的概率密度 $f_Y(y)$，再由 $E(Y) = \int_{-\infty}^{+\infty} yf_Y(y)\mathrm{d}y$ 求出 $E(\sin X)$.

不过，这样计算要麻烦得多，读者可试试.

**【例 10-14】** 袋中有 $n$ 张卡片，号码分别为 $1, 2, \cdots, n$．（1）从中有放回地抽出 $k$ 张卡片；（2）从中不放回地抽出 $k$ 张卡片，求两种情况下所得号码之和的数学期望与方差.

**解** （1）令 $X$ 表示抽出的 $k$ 张卡片的号码之和，$X_i$ 表示第 $i$ 次抽到的卡片的号码，则

$$X = \sum_{i=1}^k X_i.$$

因为是有放回抽取，所以 $X_1, X_2, \cdots, X_k$ 相互独立，且

$$P(X_i = j) = \frac{1}{n}, i = 1, 2, \cdots, k; j = 1, 2, \cdots, n,$$

$$E(X_i) = \sum_{j=1}^n j \cdot \frac{1}{n} = \frac{1}{n}\sum_{j=1}^n j = \frac{n+1}{2},$$

$$E(X) = \sum_{i=1}^k E(X_i) = k \cdot \frac{n+1}{2} = \frac{k(n+1)}{2},$$

$$E(X_i^2) = \sum_{j=1}^n j^2 \cdot \frac{1}{n} = \frac{1}{n} \cdot \frac{n(n+1)(2n+1)}{6} = \frac{(n+1)(2n+1)}{6},$$

$$D(X_i) = E(X_i^2) - [E(X_i)]^2 = \frac{(n+1)(2n+1)}{6} - \frac{(n+1)^2}{4} = \frac{n^2-1}{12},$$

$$D(X) = \sum_{i=1}^k D(X_i) = \frac{k(n^2-1)}{12}.$$

（2）令 $Y$ 表示抽出的 $k$ 张卡片的号码之和，有

$$Y_i = \begin{cases} 1, & \text{第}i\text{个号码被抽到;} \\ 0, & \text{第}i\text{个号码未被抽到,} \end{cases} i = 1, 2, \cdots, n,$$

则 $Y = \sum_{i=1}^n iY_i$，且

$$P(Y_i = 1) = \frac{C_{n-1}^{k-1}}{C_n^k} = \frac{k}{n},$$

故

$$E(Y) = \sum_{i=1}^n iE(Y_i) = \sum_{i=1}^n iP(Y_i = 1) = \sum_{i=1}^n i \cdot \frac{k}{n} = \frac{k(n+1)}{2},$$

$$E(Y^2) = E\left(\sum_{i=1}^{n} iY_i\right)^2 = \sum_{1 \leqslant i \neq j \leqslant n} ij P(Y_i = 1, Y_j = 1) + \sum_{i=1}^{n} i^2 P(Y_i = 1)$$

$$= \sum_{1 \leqslant i \neq j \leqslant n} ij \frac{C_{n-2}^{k-2}}{C_n^k} + \sum_{i=1}^{n} i^2 \cdot \frac{k}{n}$$

$$= \frac{k(k-1)}{n(n-1)} \sum_{i=1}^{n} \sum_{j=1}^{n} i \cdot j + \sum_{i=1}^{n} i^2 \left(\frac{k}{n} - \frac{k(k-1)}{n(n-1)}\right)$$

$$= \frac{(n+1)}{12} k(3nk + 2k + n),$$

$$D(Y) = E(Y^2) - [E(Y)]^2 = \frac{n+1}{12} k(3nk + 2k + n) - \frac{k^2(n+1)^2}{4}$$

$$= \frac{k(n+1)(n-k)}{12}.$$

【例 10-15】 设 $X \sim U[0,6]$，$Y \sim P(3)$，$X, Y$ 相互独立，试用切比雪夫不等式估计概率 $P(|X - Y| < 3)$.

**解**　因为 $X \sim U[0,6]$，所以 $E(X) = 3, D(X) = \dfrac{36}{12} = 3$.

由 $Y \sim P(3)$，得

$$E(Y) = D(Y) = 3,$$

$$E(X - Y) = E(X) - E(Y) = 3 - 3 = 0.$$

$X, Y$ 相互独立，则有

$$D(X - Y) = D(X) + D(Y) = 3 + 3 = 6.$$

由切比雪夫不等式，有

$$P(|X - Y| < 3) \geqslant 1 - \frac{D(X - Y)}{3^2} = 1 - \frac{6}{9} = \frac{1}{3}.$$

【例 10-16】 设随机变量序列 $X_1, X_2, \cdots, X_n, \cdots$ 是相互独立的，且均服从参数为 2 的指数分布. 则当 $n \to \infty$ 时，$Y_n = \dfrac{1}{n} \sum_{i=1}^{n} X_i^2$ 依概率收敛于什么？

**解**　由题意知，$X_1^2, X_2^2, \cdots, X_n^2, \cdots$ 也是独立同分布的随机变量序列. 因为 $X_1, X_2, \cdots,$ $X_n, \cdots$ 均服从参数为 2 的指数分布，所以

$$E(X_i) = \frac{1}{2}, \ D(X_i) = \frac{1}{4},$$

$$E(X_i^2) = D(X_i) + [E(X_i)]^2 = \frac{1}{4} + \left(\frac{1}{2}\right)^2 = \frac{1}{2} \ (i = 1, 2, \cdots),$$

由辛钦大数定律，知

$$Y_n = \frac{1}{n} \sum_{i=1}^{n} X_i^2 \xrightarrow{P} E(X_i^2) = \frac{1}{2} \ (n \to \infty).$$

**【例 10-17】** 计算机在进行加法时，对每个被加数取整（取为最接近它的整数），设所有的取整误差是相互独立的，且它们均在$(-0.5, 0.5)$上服从均匀分布. 若将 1 500 个数相加，问误差总和的绝对值不超过 15 的概率是多少？

**解** 设 $X_i$ 为第 $i$ 个数的误差（$i = 1, 2, \cdots, 1\,500$），则 $X_i \sim U(-0.5, 0.5)$，且 $X_1, X_2, \cdots, X_{1\,500}$ 相互独立，故

$$\mu = E(X_i) = 0, \qquad \sigma^2 = D(X_i) = \frac{1}{12}.$$

令 $Z = X_1 + X_2 + \cdots + X_{1\,500}$，由独立同分布的中心极限定理得

$$\frac{Z - 1\,500 \cdot 0}{\sqrt{1\,500 \times \dfrac{1}{12}}} \overset{\text{近似}}{\sim} N(0, 1).$$

于是，所求概率为

$$P(|Z| \leqslant 15) = P(-15 \leqslant Z \leqslant 15)$$

$$= P\left( -\frac{15}{\sqrt{1\,500 \times \dfrac{1}{12}}} \leqslant \frac{Z}{\sqrt{1\,500 \times \dfrac{1}{12}}} \leqslant \frac{15}{\sqrt{1\,500 \times \dfrac{1}{12}}} \right)$$

$$\approx \Phi\left( \frac{15}{\sqrt{1\,500 \times \dfrac{1}{12}}} \right) - \Phi\left( -\frac{15}{\sqrt{1\,500 \times \dfrac{1}{12}}} \right)$$

$$= 2\Phi(1.34) - 1 = 0.819\,8.$$

## 10.4　习　题

1. 掷一枚非均质的硬币，出现正面的概率为 $p$（$0 < p < 1$）. 若以 $X$ 表示直至掷到正、反面都出现时所需投掷次数，求 $X$ 的分布列.

2. 袋中有 $a$ 个白球、$b$ 个黑球，从袋中任意取出 $r$ 个球，求 $r$ 个球中黑球个数 $X$ 的分布列.

3. 一汽车沿一街道行驶，需通过三个设有红绿信号灯的路口，每个信号灯为红或绿与其他信号灯为红或绿相互独立，且每一信号灯红、绿两种信号显示的概率均为 $1/2$. 以 $X$ 表示该汽车首次遇到红灯前已通过的路口的个数，求 $X$ 的概率分布.

4. 将一枚硬币连掷 $n$ 次，以 $X$ 表示这 $n$ 次中出现正面的次数，求 $X$ 的分布列.

5. 一电话交换台每分钟接到的呼叫次数服从参数为 4 的泊松分布. 求：（1）每分钟恰有 8 次呼叫的概率；（2）每分钟的呼叫次数大于 10 的概率.

6. 已知离散型随机变量 $X$ 的分布列为 $P(X = 1) = 0.2$，$P(X = 2) = 0.3$，$P(X = 3) = 0.5$，试写出 $X$ 的分布函数.

7. 设随机变量 $X$ 的概率密度为

$$f(x) = \begin{cases} C\sin x, & 0 < x < \pi; \\ 0, & \text{其他}. \end{cases}$$

求：（1）常数 $C$；（2）使 $P(X > a) = P(X < a)$ 成立的 $a$．

8. 设随机变量 $X$ 的分布函数为

$$F(x) = A + B\arctan x, \quad -\infty < x < +\infty,$$

求：（1）系数 $A$ 与 $B$；（2）$P(-1 < X \leqslant 1)$；（3）$X$ 的概率密度．

9. 已知随机变量 $X$ 的概率密度为

$$f(x) = \frac{1}{2}\mathrm{e}^{-|x|}, \quad -\infty < x < +\infty,$$

求 $X$ 的分布函数．

10. 设随机变量 $X$ 的概率密度为

$$f(x) = \begin{cases} 2x, & 0 < x < 1; \\ 0, & \text{其他}. \end{cases}$$

现对 $X$ 进行 $n$ 次独立重复观测，以 $V_n$ 表示观测值不大于 0.1 的次数，试求随机变量 $V_n$ 的概率分布．

11. 设随机变量 $X \sim U(1,\ 6)$，求方程 $x^2 + Xx + 1 = 0$ 有实根的概率．

12. 设随机变量 $X \sim U[2, 5]$．现对 $X$ 进行三次独立观测，试求至少有两次观测值大于 3 的概率．

13. 设顾客在某银行窗口等待服务的时间 $X$（单位：min），服从参数为 1/5 的指数分布．若等待时间超过 10min，则他离开．设他在一个月内要来银行 5 次，以 $Y$ 表示一个月内他没有等到服务而离开窗口的次数，求 $Y$ 的分布列及 $P(Y \geqslant 1)$．

14. 设随机变量 $X \sim N(108,\ 3^2)$．求：

（1）$P(101.1 < X < 117.6)$；（2）常数 $a$，使 $P(X < a) = 0.90$；

（3）常数 $a$，使 $P(|X - a| > a) = 0.01$．

15. 设随机变量 $X \sim N(2, \sigma^2)$，且 $P(2 < X < 4) = 0.3$，求 $P(X < 0)$．

16. 假设随机变量 $X$ 的绝对值不大于 1，$P(X = -1) = 1/8$，$P(X = 1) = 1/4$．在事件 $\{-1 < X < 1\}$ 出现的条件下，$X$ 在 $(-1,\ 1)$ 内任一子区间上取值的条件概率与该子区间长度成正比．试求 $X$ 的分布函数．

17. 已知离散型随机变量 $X$ 的分布列如下：

| $X$ | $-2$ | $-1$ | $0$ | $1$ | $3$ |
|---|---|---|---|---|---|
| $P$ | $\dfrac{1}{5}$ | $\dfrac{1}{6}$ | $\dfrac{1}{5}$ | $\dfrac{1}{15}$ | $\dfrac{11}{30}$ |

求 $Y = X^2$ 的分布列．

18. 设 $X \sim U(0,1)$，求：（1）$Y = \mathrm{e}^X$ 的概率密度；（2）$Y = -2\ln X$ 的概率密度．

19. 设 $X \sim N(0,1)$，求 $Y = |X|$ 的概率密度．

20. 设随机变量 $X$ 服从参数为 2 的指数分布，试证：$Y = 1 - e^{-2X}$ 在区间 $(0,1)$ 内服从均匀分布.

21. 假设有 10 只同种电器元件，其中有两只废品. 从这批元件中任取一只，若是废品，则扔掉重新取一只；若仍是废品，则扔掉再取一只. 试求在取到正品之前，已取出废品数的数学期望和方差.

22. 假设一部机器在 1 天内发生故障的概率为 0.2，机器发生故障时全天停止工作. 若 1 周 5 个工作日里无故障，可获利润 10 万元；发生一次故障仍可获利润 5 万元；发生两次故障无利可获；发生三次或三次以上故障就要亏损 2 万元. 求 1 周内期望利润是多少？

23. 假设自动线加工的某种零件的内径 $X$（单位：mm）服从正态分布 $N(\mu, 1)$，内径小于 10 或大于 12 的为不合格品，其余为合格品. 销售每件合格品获利，销售每件不合格品亏损，已知销售利润 $T$（单位：元）与销售零件的内径 $X$ 有如下关系：

$$T = \begin{cases} -1, & X < 10; \\ 20, & 10 \leqslant X \leqslant 12; \\ -5, & X > 12. \end{cases}$$

问平均内径 $\mu$ 取何值时，销售一个零件的平均利润最大？

24. 从学校乘汽车到火车站的途中有 3 个交通岗，假设在各个交通岗遇到红灯的事件是相互独立的，并且概率都是 2/5. 设 $X$ 为途中遇到红灯的次数. 求随机变量 $X$ 的分布列、分布函数和数学期望.

25. 设随机变量服从几何分布 $G(p)$，其分布列为

$$P(X = k) = (1 - p)^{k-1} p, \quad 0 < p < 1, \quad k = 1, 2, \cdots,$$

求 $E(X)$ 与 $D(X)$.

26. 设随机变量 $X$ 分别具有下列概率密度，求其数学期望和方差.

（1）$f(x) = \dfrac{1}{2} e^{-|x|}$.

（2）$f(x) = \begin{cases} 1 - |x|, & |x| \leqslant 1; \\ 0, & |x| > 1. \end{cases}$

（3）$f(x) = \begin{cases} \dfrac{15}{16} x^2 (x - 2)^2, & 0 \leqslant x \leqslant 2; \\ 0, & 其他. \end{cases}$

（4）$f(x) = \begin{cases} x, & 0 \leqslant x < 1; \\ 2 - x, & 1 \leqslant x \leqslant 2; \\ 0, & 其他. \end{cases}$

27. 设随机变量 $X$ 的概率密度为

$$f(x) = \begin{cases} ax, & 0 < x < 2; \\ cx + b, & 2 \leqslant x \leqslant 4; \\ 0, & 其他. \end{cases}$$

已知 $E(X) = 2$，$P(1 < X < 3) = \dfrac{3}{4}$，求：

（1）$a$，$b$，$c$ 的值；

（2）随机变量 $Y = e^X$ 的数学期望与方差.

28．（超几何分布的数学期望）设 $N$ 件产品中有 $M$ 件次品，从中任取 $n$ 件进行检查，求查得的次品数 $X$ 的数学期望.

29．对三台仪器进行检验，三台仪器产生故障的概率分别为 $p_1$，$p_2$，$p_3$，求产生故障的仪器数 $X$ 的数学期望与方差.

30．将 $n$ 只球（编号为 $1, 2, \cdots, n$）随机地放入 $n$ 个盒子（编号为 $1, 2, \cdots, n$）里．1 个盒放 1 只球，将 1 只球放入与球同号的盒子算为一个配对，记 $X$ 为配对的个数，求 $E(X)$.

31．游客乘电梯从电视塔底层到顶层观光，电梯于每个整点后的第 5 分钟、第 25 分钟和第 55 分钟从底层起运行．假设一游客在早 8 点的第 $X$ 分钟到达底层候梯处，且 $X$ 在 $[0, 60]$ 上服从均匀分布，求该游客等候时间的数学期望.

32．设随机变量 $X$ 与 $Y$ 同分布，且 $X$ 的概率密度为

$$f(x) = \begin{cases} \dfrac{3}{8}x^2, & 0 < x < 2; \\ 0, & \text{其他.} \end{cases}$$

（1）已知事件 $A = \{X > a\}$ 和事件 $B = \{Y > a\}$ 独立，且 $P\{A \cup B\} = \dfrac{3}{4}$，求常数 $a$；

（2）求 $E\left(\dfrac{1}{X^2}\right)$.

33．给定 $P(|X - E(X)| < \varepsilon) \geqslant 1 - \dfrac{D(X)}{\varepsilon^2} \geqslant 0.9$，$D(X) = 0.009$，试利用切比雪夫不等式估计 $\varepsilon$.

34．用切比雪夫不等式确定掷一匀称硬币时，需掷多少次，才能保证正面出现的频率在 0.4 和 0.6 之间的概率不小于 0.9.

35．设有 30 个电子器件 $D_1$，$D_2$，$\cdots$，$D_{30}$．它们的使用情况如下：$D_1$ 损坏，$D_2$ 立即使用；$D_2$ 损坏，$D_3$ 立即使用，以此类推．设电子器件 $D_i$ 的寿命（单位：小时）是服从参数为 $\lambda = 0.1$ 的指数分布的随机变量，令 $T$ 为 30 个电子器件使用的总时间，求 $T$ 超过 350 小时的概率是多少？

36．某计算机系统有 100 个终端，每个终端有 20% 的时间在使用．若各个终端使用与否相互独立，试求有 10 个或更多个终端在使用的概率.

# 10.5　习题解答

1．**解**　$(X = k)$ 表示事件：前 $k - 1$ 次出现正面，第 $k$ 次出现反面，或前 $k - 1$ 次出现反面，第 $k$ 次出现正面，所以

$$P(X=k)=p^{k-1}(1-p)+(1-p)^{k-1}p, \quad k=2,3,\cdots.$$

2. **解** 从 $a+b$ 个球中任取 $r$ 个球共有 $C_{a+b}^{r}$ 种取法，$r$ 个球中有 $k$ 个黑球的取法有 $C_{b}^{k}C_{a}^{r-k}$ 种，所以 $X$ 的分布列为

$$P(X=k)=\frac{C_{b}^{k}C_{a}^{r-k}}{C_{a+b}^{r}}, \quad k=\max\{0,\ r-a\},\ \max\{0,\ r-a\}+1,\cdots,\min\{b,r\},$$

这是因为，如果 $r<a$，则 $r$ 个球中可以全是白球，没有黑球，即 $k=0$；如果 $r>a$，则 $r$ 个球中至少有 $r-a$ 个黑球，此时 $k$ 应从 $r-a$ 开始.

3. **解** $P(X=0)=P($第一个路口为红灯$)=\dfrac{1}{2}$，

$$P(X=1)=P(第一个路口为绿灯，第二个路口为红灯)=\frac{1}{2}\times\frac{1}{2}=\frac{1}{4},$$

以此类推，得 $X$ 的分布列如下：

| $X$ | 0 | 1 | 2 | 3 |
|---|---|---|---|---|
| $P$ | $\dfrac{1}{2}$ | $\dfrac{1}{4}$ | $\dfrac{1}{8}$ | $\dfrac{1}{8}$ |

4. **解** $X$ 为 $n$ 重伯努利试验中成功出现的次数，故 $X\sim B(n,\dfrac{1}{2})$，$X$ 的分布列为

$$P(X=k)=C_{n}^{k}\left(\frac{1}{2}\right)^{n}, \quad k=0,1,\cdots,n.$$

5. **解** 设 $X$ 为每分钟接到的呼叫次数，则 $X\sim P(4)$.

（1） $P(X=8)=\dfrac{4^{8}}{8!}\mathrm{e}^{-4}=\displaystyle\sum_{k=8}^{\infty}\frac{4^{k}}{k!}\mathrm{e}^{-4}-\sum_{k=9}^{\infty}\frac{4^{k}}{k!}\mathrm{e}^{-4}=0.297\,7$.

（2） $P(X>10)=\displaystyle\sum_{k=11}^{\infty}\frac{4^{k}}{k!}\mathrm{e}^{-4}=0.002\,84$.

6. **解** $X$ 的分布列如下：

| $X$ | 1 | 2 | 3 |
|---|---|---|---|
| $P$ | 0.2 | 0.3 | 0.5 |

所以 $X$ 的分布函数为

$$F(x)=\begin{cases} 0, & x<1; \\ 0.2, & 1\leqslant x<2; \\ 0.5, & 2\leqslant x<3; \\ 1, & x\geqslant 3. \end{cases}$$

7. **解** （1） $1=\displaystyle\int_{-\infty}^{+\infty}f(x)\mathrm{d}x=C\int_{0}^{\pi}\sin x\mathrm{d}x=-C\cos x\Big|_{0}^{\pi}=2C$，$C=\dfrac{1}{2}$；

（2） $P(X>a)=\displaystyle\int_{a}^{\pi}\frac{1}{2}\sin x\mathrm{d}x=-\frac{1}{2}\cos x\Big|_{a}^{\pi}=\frac{1}{2}+\frac{1}{2}\cos a$，

$$P(X < a) = \int_0^a \frac{1}{2}\sin x \mathrm{d}x = -\frac{1}{2}\cos x \Big|_0^a = \frac{1}{2} - \frac{1}{2}\cos a,$$

可见 $\cos a = 0$ ， $a = \dfrac{\pi}{2}$ .

8. **解** （1）由分布函数的性质，有

$$\begin{cases} 0 = F(-\infty) = A - B \cdot \dfrac{\pi}{2}, \\ 1 = F(+\infty) = A + B \cdot \dfrac{\pi}{2}. \end{cases}$$

于是 $A = \dfrac{1}{2}$ ， $B = \dfrac{1}{\pi}$ ，所以 $X$ 的分布函数为

$$F(x) = \frac{1}{2} + \frac{1}{\pi}\arctan x , \quad -\infty < x < +\infty .$$

（2） $P(-1 < X \leqslant 1) = F(1) - F(-1) = \dfrac{1}{2} + \dfrac{1}{\pi} \cdot \dfrac{\pi}{4} - \left(\dfrac{1}{2} - \dfrac{1}{\pi} \cdot \dfrac{\pi}{4}\right) = \dfrac{1}{2}$ .

（3） $X$ 的概率密度为

$$f(x) = F'(x) = \frac{1}{\pi(1 + x^2)} , \quad -\infty < x < +\infty .$$

9. **解**

$$F(x) = \int_{-\infty}^x f(u)\mathrm{d}u = \begin{cases} \dfrac{1}{2}\int_{-\infty}^x \mathrm{e}^u \mathrm{d}u, & x \leqslant 0; \\ \int_{-\infty}^0 \dfrac{1}{2}\mathrm{e}^x \mathrm{d}x + \int_0^x \dfrac{1}{2}\mathrm{e}^{-u}\mathrm{d}u, & x > 0 \end{cases}$$

$$= \begin{cases} \dfrac{1}{2}\mathrm{e}^x, & x \leqslant 0; \\ 1 - \dfrac{1}{2}\mathrm{e}^{-x}, & x > 0. \end{cases}$$

10. **解** $V_n \sim B(n, p)$ ，其中 $p = P(X \leqslant 0.1) = \int_0^{0.1} 2x\mathrm{d}x = 0.01$ ，所以 $V_n$ 的概率分布列为

$$P(V_n = k) = \mathrm{C}_n^k (0.01)^k (0.99)^{n-k} , \quad k = 0, 1, \cdots, n .$$

11. **解** 设 $A =$ "方程有实根"，则 $A$ 发生 $\Leftrightarrow X^2 - 4 \geqslant 0$ ，即 $|X| \geqslant 2$ ，因为 $X \sim U(1, 6)$ ，所以 $A$ 发生 $\Leftrightarrow X > 2$ ，故

$$P(A) = P(X > 2) = \frac{6 - 2}{6 - 1} = \frac{4}{5} = 0.8.$$

12. **解** 设 $Y$ 为三次观测中观测值大于 3 的次数，则 $Y \sim B(3, p)$ ，其中

$$p = P(X > 3) = \frac{5 - 3}{5 - 2} = \frac{2}{3} ,$$

所求概率为

$$P(Y \geqslant 2) = P(Y = 2) + P(Y = 3) = C_3^2 \left(\frac{2}{3}\right)^2 \left(\frac{1}{3}\right) + \left(\frac{2}{3}\right)^3 = \frac{20}{27}.$$

13. **解**  由题意 $Y \sim B(5, p)$，其中

$$p = P(X > 10) = \int_{10}^{+\infty} \frac{1}{5} e^{-\frac{x}{5}} dx = -e^{-\frac{x}{5}} \Big|_{10}^{+\infty} = e^{-2},$$

于是 $Y$ 的分布列为

$$P(Y = k) = C_5^k (e^{-2})^k (1 - e^{-2})^{5-k}, k = 0,1,2,3,4,5,$$

$$P(Y \geqslant 1) = 1 - P(Y = 0) = 1 - (1 - e^{-2})^5 \approx 0.5167.$$

14. **解**  （1） $P(101.1 < X < 117.6) = \varPhi\left(\frac{117.6 - 108}{3}\right) - \varPhi\left(\frac{101.1 - 108}{3}\right)$

$$= \varPhi(3.2) - \varPhi(-2.3) = \varPhi(3.2) + \varPhi(2.3) - 1$$

$$= 0.9993 + 0.9893 - 1 = 0.9886.$$

（2） $0.90 = P(X < a) = \varPhi(\frac{a - 108}{3})$，查正态分布表知 $\frac{a - 108}{3} = 1.28$，所以 $a = 111.84$.

（3） $0.01 = P(|X - a| > a) = 1 - P(|X - a| \leqslant a) = 1 - P(0 < X \leqslant 2a)$

$$= 1 - \varPhi\left(\frac{2a - 108}{3}\right) + \varPhi\left(\frac{0 - 108}{3}\right),$$

所以 $\varPhi\left(\frac{2a - 108}{3}\right) = 0.99$，查正态分布表知 $\frac{2a - 108}{3} = 2.33$，故 $a = 57.495$.

15. **解**  $0.3 = P(2 < X < 4) = \varPhi\left(\frac{4 - 2}{\sigma}\right) - \varPhi(0)$，所以  $\varPhi\left(\frac{2}{\sigma}\right) = 0.8$，

$$P(X < 0) = \varPhi\left(\frac{0 - 2}{\sigma}\right) = \varPhi\left(-\frac{2}{\sigma}\right) = 1 - \varPhi\left(\frac{2}{\sigma}\right) = 0.2.$$

16. **解 1**  设 $X$ 的分布函数为 $F(x)$，则

当 $x < -1$ 时， $F(x) = 0$，且 $F(-1) = \frac{1}{8}$；

当 $x \geqslant 1$ 时， $F(x) = 1$， $P(-1 < X < 1) = 1 - \frac{1}{8} - \frac{1}{4} = \frac{5}{8}$；

当 $-1 < x < 1$ 时，由题意知 $P\{-1 < X \leqslant x \mid -1 < X < 1\} = k(x + 1)$，而

$$1 = P\{-1 < X < 1 \mid -1 < X < 1\} = 2k,$$

所以 $k = \frac{1}{2}$. 于是

$$P\{-1 < X \leqslant x \mid -1 < X < 1\} = \frac{x + 1}{2},$$

此时，

$$F(x) = P\{-1 < X \leqslant x\} + F(-1)$$

$$= P\{-1 < X \leqslant x, -1 < X < 1\} + \frac{1}{8}$$

$$= P\{-1 < X < 1\} \cdot P(-1 < X \leqslant x \mid -1 < X < 1) + \frac{1}{8}$$

$$= \frac{5}{8} \cdot \frac{x+1}{2} + \frac{1}{8} = \frac{5x+7}{16},$$

故 $X$ 的分布函数为

$$F(x) = \begin{cases} 0, & x < -1; \\ \dfrac{5x+7}{16}, & -1 \leqslant x < 1; \\ 1, & x \geqslant 1. \end{cases}$$

**解 2**　设 $X$ 的分布函数为 $F(x)$，则

当 $x < -1$ 时，$F(x) = 0$，且 $F(-1) = \dfrac{1}{8}$；

当 $x \geqslant 1$ 时，$F(x) = 1$；

当 $-1 < x < 1$ 时，设 $x,\ x + \Delta x \in (-1,\ 1)$，且 $\Delta x > 0$，由题意知

$$P(x < X \leqslant x + \Delta x \mid -1 < X < 1) = k\Delta x,$$

即

$$\frac{P(x < X \leqslant x + \Delta x, -1 < X < 1)}{P(-1 < X < 1)} = k\Delta x,$$

由此得

$$P(x < X \leqslant x + \Delta x) = \frac{5}{8}k\Delta x,$$

等式两边同除以 $\Delta x$，得

$$\frac{F(x + \Delta x) - F(x)}{\Delta x} = \frac{5}{8}k,$$

令 $\Delta x \to 0$ 取极限，得 $F'(x) = \dfrac{5}{8}k$，两边积分得 $F(x) = \dfrac{5}{8}kx + C$．由 $F(-1) = \dfrac{1}{8}$ 及 $\lim\limits_{x \to 1^-} F(x) = \dfrac{3}{4}$，

得

$$\begin{cases} \dfrac{1}{8} = -\dfrac{5}{8}k + C, \\ \dfrac{3}{4} = \dfrac{5}{8}k + C, \end{cases}$$

解之得 $C = \dfrac{7}{16}$，$k = \dfrac{1}{2}$，故

$$F(x) = \frac{5x}{16} + \frac{7}{16} = \frac{5x+7}{16},\quad -1 < x < 1.$$

综上所述，$X$ 的分布函数为

$$F(x) = \begin{cases} 0, & x < -1; \\ \dfrac{5x+7}{16}, & -1 \leqslant x < 1; \\ 1, & x \geqslant 1. \end{cases}$$

17. **解**　$Y$ 的分布列如下：

| $Y$ | 0 | 1 | 4 | 9 |
|---|---|---|---|---|
| $P$ | $\dfrac{1}{5}$ | $\dfrac{7}{30}$ | $\dfrac{1}{5}$ | $\dfrac{11}{30}$ |

18. **解**　$X$ 的概率密度为

$$f_X(x) = \begin{cases} 1, & 0 < x < 1; \\ 0, & \text{其他}. \end{cases}$$

（1）$y = \mathrm{e}^x$ 在 $(0,1)$ 上严格单调递增，反函数为 $x = h(y) = \ln y$，所以 $Y$ 的概率密度为

$$f_Y(y) = \begin{cases} \dfrac{1}{y}, & 1 < y < \mathrm{e}; \\ 0, & \text{其他}. \end{cases}$$

（2）$y = -2\ln x$ 在 $(0,1)$ 上严格单调递减，反函数为 $x = h(y) = \mathrm{e}^{-\frac{y}{2}}$，所以 $Y$ 的概率密度为

$$f_Y(y) = \begin{cases} \dfrac{1}{2}\mathrm{e}^{-\frac{y}{2}}, & y > 0; \\ 0, & y \leqslant 0. \end{cases}$$

19. **解**　函数 $y = |x|$ 在 $(-\infty, 0)$ 上严格单调递减，反函数为 $x = h_1(y) = -y$，在 $[0, +\infty)$ 上严格单调递增，反函数为 $x = h_2(y) = y$，所以 $Y$ 的概率密度为

$$f_Y(y) = \begin{cases} f_X(h_1(y))\,|\,h_1'(y)\,| + f_X(h_2(y))\,|\,h_2'(y)\,|, & y > 0; \\ 0, & y \leqslant 0. \end{cases}$$

即 $f_Y(y) = \begin{cases} \sqrt{\dfrac{2}{\pi}}\mathrm{e}^{-\frac{y^2}{2}}, & y > 0; \\ 0, & y \leqslant 0. \end{cases}$

20. **证明**　只须证明 $Y$ 的分布函数为

$$F_Y(y) = \begin{cases} 0, & y \leqslant 0; \\ y, & 0 < y < 1; \\ 1, & y \geqslant 1. \end{cases}$$

$$F_Y(y) = P(Y \leqslant y) = P\{1 - e^{-2X} \leqslant y\} = \begin{cases} 0, & y \leqslant 0; \\ P\{e^{-2X} \geqslant 1 - y\}, & 0 < y < 1; \\ 1, & y \geqslant 1 \end{cases}$$

$$= \begin{cases} 0, & y \leqslant 0; \\ P(-2X \geqslant \ln(1-y)), & 0 < y < 1; \\ 1, & y \geqslant 1 \end{cases} = \begin{cases} 0, & y \leqslant 0; \\ P(X \leqslant \ln(1-y)^{-\frac{1}{2}}), & 0 < y < 1; \\ 0, & y \geqslant 1 \end{cases}$$

$$= \begin{cases} 0, & y \leqslant 0; \\ F_X(\ln(1-y)^{-\frac{1}{2}}), & 0 < y < 1; \\ 1, & y \geqslant 1 \end{cases} = \begin{cases} 0, & y \leqslant 0, \\ 1 - e^{-2\ln(1-y)^{-\frac{1}{2}}}, & 0 < y < 1; \\ 1, & y \geqslant 1 \end{cases}$$

$$= \begin{cases} 0, & y \leqslant 0; \\ y, & 0 < y < 1; \\ 1, & y \geqslant 1. \end{cases}$$

**21. 解**　设 $X$ 为已取出的废品数，则 $X$ 的分布列如下：

| $X$ | 0 | 1 | 2 |
|---|---|---|---|
| $P$ | $\dfrac{8}{10}$ | $\dfrac{2}{10} \times \dfrac{8}{9}$ | $\dfrac{2}{10} \times \dfrac{1}{9} \times \dfrac{8}{8}$ |

即

| $X$ | 0 | 1 | 2 |
|---|---|---|---|
| $P$ | $\dfrac{8}{10}$ | $\dfrac{8}{45}$ | $\dfrac{1}{45}$ |

所以

$$E(X) = \frac{8}{45} + \frac{2}{45} = \frac{2}{9},$$

$$E(X^2) = \frac{8}{45} + \frac{4}{45} = \frac{4}{15},$$

$$D(X) = E(X^2) - [E(X)]^2 = \frac{4}{15} - \frac{4}{81} = \frac{88}{405}.$$

**22. 解**　设 1 周所获利润为 $T$（万元），则 $T$ 的可能值为 $10$, $5$, $0$, $-2$.

又设 $X$ 为机器 1 周内发生故障的次数，则 $X \sim B(5, 0.2)$，于是，

$$P(T=10) = P(X=0) = (0.8)^5 = 0.327\,7,$$

$$P(T=5) = P(X=1) = C_5^1 0.2 \times (0.8)^4 = 0.409\,6.$$

类似地，可求出 $T$ 的分布列如下：

| $T$ | $-2$ | $0$ | $5$ | $10$ |
|---|---|---|---|---|
| $P$ | $0.0579$ | $0.2048$ | $0.4096$ | $0.3277$ |

所以 1 周内的期望利润为

$$E(T) = -2 \times 0.0579 + 5 \times 0.4096 + 10 \times 0.3277 = 5.209 \ （万元）.$$

23．解　$E(T) = -1 \times P(X < 10) + 20 \times P(10 \leqslant X \leqslant 12) - 5 \times P(X > 12)$

$$= -\varPhi\left(\frac{10-\mu}{1}\right) + 20[\varPhi(12-\mu) - \varPhi(10-\mu)] - 5[1-\varPhi(12-\mu)]$$

$$= 25\varPhi(12-\mu) - 21\varPhi(10-\mu) - 5 ,$$

$$\frac{\mathrm{d}E(T)}{\mathrm{d}\mu} = -25\varphi(12-\mu) + 21\varphi(10-\mu)$$

$$= 21 \cdot \frac{1}{\sqrt{2\pi}} \mathrm{e}^{-\frac{(10-\mu)^2}{2}} - 25 \cdot \frac{1}{\sqrt{2\pi}} \mathrm{e}^{-\frac{(12-\mu)^2}{2}} \triangleq 0 ,$$

即

$$\frac{21}{25} = \mathrm{e}^{-\frac{1}{2}[(12-\mu)^2 - (10-\mu)^2]} ,$$

两边取对数得 $2\mu - 22 = \ln\dfrac{21}{25}$，即当 $\mu = 11 - \dfrac{1}{2}\ln\dfrac{21}{25}$ 时，平均利润最大.

24．解　$X \sim B\left(3, \dfrac{2}{5}\right)$，分布列为 $P(X = k) = \mathrm{C}_3^k \left(\dfrac{2}{5}\right)^k \left(\dfrac{3}{5}\right)^{3-k}$，$k = 0,1,2,3$，即

| $X$ | $0$ | $1$ | $2$ | $3$ |
|---|---|---|---|---|
| $P$ | $\dfrac{27}{125}$ | $\dfrac{54}{125}$ | $\dfrac{36}{125}$ | $\dfrac{8}{125}$ |

$X$ 的分布函数为

$$F(x) = \begin{cases} 0, & x < 0; \\ \dfrac{27}{125}, & 0 \leqslant x < 1; \\ \dfrac{81}{125}, & 1 \leqslant x < 2; \\ \dfrac{117}{125}, & 2 \leqslant x < 3; \\ 1, & x \geqslant 3. \end{cases}$$

$$E(X) = \frac{54}{125} + \frac{72}{125} + \frac{24}{125} = \frac{150}{125} = \frac{6}{5}.$$

25．解 1　$E(X) = \sum_{k=1}^{\infty} k(1-p)^{k-1} p = p \sum_{k=1}^{\infty} kq^{k-1} = p \sum_{k=1}^{\infty} (x^k)' \bigg|_{x=q} = p \left(\sum_{k=1}^{\infty} x^k\right)' \bigg|_{x=q} ,$

其中 $q = 1 - p$．由函数的幂级数展开，有

$$\sum_{k=0}^{\infty} x^k = \frac{1}{1-x},$$

所以

$$E(X) = p\left(\frac{1}{1-x}-1\right)'\bigg|_{x=q} = p\frac{1}{(1-x)^2}\bigg|_{x=q} = \frac{1}{p}.$$

因为

$$E(X^2) = \sum_{k=1}^{\infty} k^2 pq^{k-1} = p\left[x\left(\sum_{k=1}^{\infty} x^k\right)'\right]'\bigg|_{x=q} = p\left[\frac{x}{(1-x)^2}\right]'\bigg|_{x=q} = \frac{2-p}{p^2},$$

所以

$$D(X) = E(X^2) - [E(X)]^2 = \frac{2-p}{p^2} - \frac{1}{p^2} = \frac{q}{p^2}.$$

**解2** $E(X) = p + 2pq + 3pq^2 + \cdots + kpq^{k-1} + \cdots$

$$= p(1 + 2q + 3q^2 + \cdots + kq^{k-1} + \cdots),$$

设

$$S = 1 + 2q + 3q^2 + \cdots + kq^{k-1} + \cdots, \qquad \text{①}$$

则

$$qS = q + 2q^2 + 3q^3 + \cdots + kq^k + \cdots, \qquad \text{②}$$

① $-$ ②得

$$(1-q)S = 1 + q + q^2 + \cdots + q^{k-1} + \cdots = \frac{1}{1-q},$$

所以

$$S = \frac{1}{(1-q)^2} = \frac{1}{p^2}.$$

从而，得

$$E(X) = pS = p \cdot \frac{1}{p^2} = \frac{1}{p};$$

$$E(X^2) = p + 2^2 pq + 3^2 pq^2 + \cdots + n^2 pq^{n-1} + \cdots$$

$$= p(1 + 2^2 q + 3^2 q^2 + \cdots + n^2 q^{n-1} + \cdots) \triangleq pS_1;$$

$$qS_1 = q + 2^2 q^2 + 3^2 q^3 + \cdots + n^2 q^n + \cdots;$$

$$(1-q)S_1 = 1 + 3q + 5q^2 + \cdots + (2n-1)q^{n-1} + \cdots \triangleq S_2;$$

$$qS_2 = q + 3q^2 + 5q^3 + \cdots + (2n-1)q^n + \cdots;$$

$$(1-q)S_2 = 1 + 2(q + q^2 + \cdots + q^{n-1} + \cdots) = 1 + \frac{2q}{1-q} = 1 + \frac{2q}{p};$$

$$S_2 = \frac{1}{p} + \frac{2q}{p^2}.$$

于是

$$S_1 = \frac{S_2}{p} = \frac{1}{p^2} + \frac{2q}{p^3},$$

所以

$$E(X^2) = p\left(\frac{1}{p^2} + \frac{2q}{p^3}\right) = \frac{1}{p} + \frac{2q}{p^2},$$

故 $X$ 的方差为

$$D(X) = E(X^2) - [E(X)]^2 = \frac{1}{p} + \frac{2q}{p^2} - \frac{1}{p^2} = \frac{q}{p^2} = \frac{1-p}{p^2}.$$

**26. 解** （1）$E(X) = \int_{-\infty}^{+\infty} x \cdot \frac{1}{2} e^{-|x|} dx = 0$（因为被积函数为奇函数），

$$D(X) = E(X^2) = \int_{-\infty}^{+\infty} x^2 \frac{1}{2} e^{-|x|} dx = \int_0^{+\infty} x^2 e^{-x} dx$$

$$= -x^2 e^{-x}\Big|_0^{+\infty} + 2\int_0^{+\infty} x e^{-x} dx = 2\left(-x e^{-x}\Big|_0^{+\infty} + \int_0^{+\infty} e^{-x} dx\right) = 2.$$

（2）$E(X) = \int_{-1}^{1} x(1-|x|) dx = 0,$

$$D(X) = E(X^2) = \int_{-1}^{1} x^2(1-|x|) dx = 2\int_0^1 (x^2 - x^3) dx = 2\left[\frac{x^3}{3} - \frac{x^4}{4}\right]\Big|_0^1 = \frac{1}{6}.$$

（3）$E(X) = \int_0^2 \frac{15}{16} x^3(x-2)^2 dx = \frac{15}{16}\int_0^2 (x^5 - 4x^4 + 4x^3) dx$

$$= \frac{15}{16}\left[\frac{x^6}{6} - \frac{4}{5}x^5 + \frac{4x^4}{4}\right]\Big|_0^2 = \frac{15}{16} \times \frac{16}{15} = 1,$$

$$E(X^2) = \int_0^2 \frac{15}{16}(x^6 - 4x^5 + 4x^4) dx = \frac{15}{16}\left[\frac{x^7}{7} - \frac{4x^6}{6} + \frac{4x^5}{5}\right]\Big|_0^2 = \frac{8}{7},$$

所以

$$D(X) = E(X^2) - [E(X)]^2 = \frac{8}{7} - 1 = \frac{1}{7}.$$

（4）$E(X) = \int_0^1 x^2 dx + \int_1^2 (2x - x^2) dx = \frac{1}{3} + x^2\Big|_1^2 - \frac{x^3}{3}\Big|_1^2 = \frac{2}{3} + 3 - \frac{8}{3} = 1,$

$$E(X^2) = \int_0^1 x^3 dx + \int_1^2 (2x^2 - x^3) dx = \frac{1}{4} + \frac{2}{3}(8-1) - \frac{1}{4}(16-1) = \frac{14}{12},$$

所以

$$D(X) = \frac{14}{12} - 1 = \frac{1}{6}.$$

**27. 解**　（1）$1 = \int_{-\infty}^{+\infty} f(x)\mathrm{d}x = \int_0^2 ax\mathrm{d}x + \int_2^4 (cx+b)\mathrm{d}x$

$$= \frac{a}{2}x^2\Big|_0^2 + \frac{c}{2}x^2\Big|_2^4 + bx\Big|_2^4 = 2a + 2b + 6c,$$

$$2 = \int_{-\infty}^{+\infty} xf(x)\mathrm{d}x = \int_0^2 ax^2\mathrm{d}x + \int_2^4 (cx+b)x\mathrm{d}x$$

$$= \frac{8}{3}a + \frac{56}{3}c + 6b,$$

$$\frac{3}{4} = \int_1^2 ax\mathrm{d}x + \int_2^3 (cx+b)\mathrm{d}x = \frac{3}{2}a + \frac{5}{2}c + b,$$

解方程组

$$\begin{cases} a + b + 3c = \dfrac{1}{2}, \\ 8a + 18b + 56c = 6, \\ 3a + 2b + 5c = \dfrac{3}{2}, \end{cases}$$

得 $a = \dfrac{1}{4}$，$b = 1$，$c = -\dfrac{1}{4}$.

（2）$E(Y) = E(\mathrm{e}^X) = \int_{-\infty}^{+\infty} \mathrm{e}^x f(x)\mathrm{d}x = \int_0^2 \frac{1}{4}x\mathrm{e}^x\mathrm{d}x + \int_2^4 \left(-\frac{1}{4}x + 1\right)\mathrm{e}^x\mathrm{d}x = \frac{1}{4}\left(\mathrm{e}^2 - 1\right)^2$，

$$E(Y^2) = E(\mathrm{e}^{2X}) = \int_{-\infty}^{+\infty} \mathrm{e}^{2x} f(x)\mathrm{d}x = \int_0^2 \frac{1}{4}x\mathrm{e}^{2x}\mathrm{d}x + \int_2^4 \left(-\frac{1}{4}x + 1\right)\mathrm{e}^{2x}\mathrm{d}x$$

$$= \frac{1}{4}(\mathrm{e}^2 - 1)^2[\mathrm{e}^2 + \frac{1}{4}(\mathrm{e}^2 - 1)^2],$$

$$D(Y) = E(Y^2) - [E(Y)]^2 = \frac{1}{4}\mathrm{e}^2(\mathrm{e}^2 - 1)^2.$$

**28. 解**　设 $X_i = \begin{cases} 1, & \text{第}i\text{次取到次品}; \\ 0, & \text{第}i\text{次取到正品}, \end{cases}$　$i = 1, 2, \cdots, n$，则 $X = \sum_{i=1}^n X_i$，$X_i$ 的分布列如下：

| $X_i$ | 0 | 1 |
|-------|---|---|
| $P$ | $\dfrac{N-M}{N}$ | $\dfrac{M}{N}$ |

则

$$E(X_i) = \frac{M}{N}, \quad i = 1, 2, \cdots, n,$$

故

$$E(X) = \sum_{i=1}^n E(X_i) = \frac{nM}{N}.$$

注：（1）$X$ 的分布列为 $P(X = k) = \dfrac{C_M^k C_{N-M}^{n-k}}{C_N^n}$，$k = 0, 1, \cdots, n$，所以 $X$ 的期望为

$$E(X) = \sum_{k=0}^{n} k \frac{C_M^k C_{N-M}^{n-k}}{C_N^n} , \quad \text{由上面的计算得} \sum_{k=0}^{n} \frac{k C_M^k C_{N-M}^{n-k}}{C_N^n} = \frac{nM}{N} .$$

（2）若 $X$ 表示 $n$ 次有放回地抽取所得次品数，则 $X \sim B\left(n, \dfrac{M}{N}\right)$，此时 $E(X) = n \dfrac{M}{N}$，这与超几何分布的期望相同.

**29. 解** $X$ 的分布列如下：

| $X$ | 0 | 1 | 2 | 3 |
|---|---|---|---|---|
| $P$ | $(1-p_1)(1-p_2)(1-p_3)$ | $p_1(1-p_2)(1-p_3)$ $+(1-p_1)p_2(1-p_3)$ $+(1-p_1)(1-p_2)p_3$ | $p_1 p_2(1-p_3)$ $+p_1(1-p_2)p_3$ $+(1-p_1)p_2 p_3$ | $p_1 p_2 p_3$ |

由此计算 $E(X)$ 和 $D(X)$ 相当烦琐，可利用期望的性质进行计算.

设 $X_i = \begin{cases} 1, & \text{第} i \text{台仪器出现故障}; \\ 0, & \text{第} i \text{台仪器不出故障}, \end{cases}$ $\quad i = 1, 2, 3.$

$X_i$ 的分布列如下：

| $X_i$ | 0 | 1 |
|---|---|---|
| $P$ | $1-p_i$ | $p_i$ |

，$i = 1, 2, 3.$

于是，

$$E(X_i) = p_i, \quad i = 1, 2, 3;$$

$$D(X_i) = p_i(1-p_i), \quad i = 1, 2, 3.$$

故

$$E(X) = \sum_{i=1}^{3} E(X_i) = p_1 + p_2 + p_3 ,$$

$$D(X) = \sum_{i=1}^{3} D(X_i) = p_1(1-p_1) + p_2(1-p_2) + p_3(1-p_3) .$$

**30. 解** 设 $X_i = \begin{cases} 1, & \text{第} i \text{号球放入} i \text{号盒}; \\ 0, & \text{其他}, \end{cases}$ $i = 1, 2, \cdots, n$，则 $X = \sum_{i=1}^{n} X_i$，$X_i$ 的分布列如下：

| $X_i$ | 0 | 1 |
|---|---|---|
| $P$ | $1 - \dfrac{1}{n}$ | $\dfrac{1}{n}$ |

则

$$E(X_i) = \frac{1}{n} ,$$

$$E(X) = \sum_{i=1}^{n} E(X_i) = n \cdot \frac{1}{n} = 1 .$$

**31. 解**　设候梯时间为 $T$，则

$$T = g(X) = \begin{cases} 5 - X, & X \leqslant 5; \\ 25 - X, & 5 < X \leqslant 25; \\ 55 - X, & 25 < X \leqslant 55; \\ 60 - X + 5, & X > 55. \end{cases}$$

$$E(T) = E(g(X)) = \int_{-\infty}^{+\infty} g(x)f(x)\mathrm{d}x = \int_0^{60} g(x) \cdot \frac{1}{60}\mathrm{d}x$$

$$= \frac{1}{60}\left[ \int_0^5 (5-x)\mathrm{d}x + \int_5^{25} (25-x)\mathrm{d}x + \int_{25}^{55} (55-x)\mathrm{d}x + \int_{55}^{60} (65-x)\mathrm{d}x \right]$$

$$= \frac{1}{60}(12.5 + 200 + 450 + 37.5) = 11.67.$$

**32. 解**　（1）$P(X > a) = \int_a^2 \frac{3}{8}x^2\mathrm{d}x = \frac{1}{8}(8 - a^3)$，

$$\frac{3}{4} = P\{A \cup B\} = P(A) + P(B) - P(AB) = \frac{2}{8}(8 - a^3) - \frac{1}{64}(8 - a^3)^2,$$

即有

$$(8 - a^3)^2 - 16(8 - a^3) + 48 = 0,$$

即

$$[(8 - a^3) - 12][(8 - a^3) - 4] = 0,$$

可见 $8 - a^3 = 12$ 或 $8 - a^3 = 4$，解之得 $a = \sqrt[3]{4}$ 或 $a = -\sqrt[3]{4}$（不合题意，舍去），故 $a = \sqrt[3]{4}$.

（2）$E\left(\dfrac{1}{X^2}\right) = \int_0^2 \dfrac{3}{8}\mathrm{d}x = \dfrac{3}{4}$.

**33. 解**　$P(|X - E(X)| < \varepsilon) \geqslant 1 - \dfrac{D(X)}{\varepsilon^2} = 1 - \dfrac{0.009}{\varepsilon^2} \geqslant 0.9$，$\varepsilon \geqslant 0.3$.

**34. 解**　设需掷 $n$ 次，正面出现的次数为 $Y_n$，则 $Y_n \sim B\left(n, \dfrac{1}{2}\right)$，依题意应有

$$P\left( 0.4 < \frac{Y_n}{n} < 0.6 \right) \geqslant 0.9,$$

而

$$P\left( 0.4 < \frac{Y_n}{n} < 0.6 \right) = P\left( \left| \frac{Y_n}{n} - 0.5 \right| < 0.1 \right) = P(|Y_n - 0.5n| < 0.1n)$$

$$\geqslant 1 - \frac{n \times 0.5 \times 0.5}{0.01n^2} = 1 - \frac{25}{n} \geqslant 0.9,$$

所以 $n \geqslant 250$.

**35. 解**　设 $T_i$ 为电子器件 $D_i$ 的寿命，则 $T = \sum\limits_{i=1}^{30} T_i$，所求概率为

$$P(T \geqslant 350) = P\left(\sum_{i=1}^{30} T_i \geqslant 350\right) = P\left(\frac{\sum\limits_{i=1}^{30} T_i - 300}{\sqrt{3000}} \geqslant \frac{350 - 300}{\sqrt{3000}}\right)$$

$$\approx 1 - \Phi\left(\frac{50}{\sqrt{3000}}\right) = 1 - \Phi(0.91) = 1 - 0.8186 = 0.181\,4.$$

36. **解**   设 $X_i = \begin{cases} 1, & \text{第}i\text{个终端在使用;} \\ 0, & \text{第}i\text{个终端不在使用,} \end{cases}$   $i = 1,\ 2,\ \cdots, 100.$   则同时使用的终端数为

$$X = \sum_{i=1}^{100} X_i \sim B(100,\ 0.2)\,,$$

所求概率为

$$P(X \geqslant 10) \approx 1 - \Phi\left(\frac{10 - 20}{\sqrt{16}}\right) = 1 - \Phi(-2.5) = \Phi(2.5) = 0.9938\,.$$

## 概率论与数理统计模拟试卷（一）

**一、填空题**（每小题 4 分，共 5 小题，满分 20 分）

1. 设事件 $A,B,C$ 两两独立，且 $ABC=\varnothing$，$P(A)=P(B)=P(C)<\dfrac{1}{2}$，$P(A\cup B\cup C)=\dfrac{9}{16}$，则 $P(A)=$ _____.

2. 设两个相互独立的事件 $A$ 和 $B$ 都不发生的概率为 $\dfrac{1}{9}$，$A$ 发生而 $B$ 不发生的概率与 $B$ 发生而 $A$ 不发生的概率相等. 则 $P(A)=$ _____.

3. 设随机变量 $X\sim U(-1,1)$，则 $Y=\mathrm{e}^{X}$ 的概率密度为 $f_{Y}(y)=$ _____.

4. 设随机变量 $X\sim P(\lambda)$，$E(X^{2})=12$，则 $P(X\geqslant 1)=$ _____.

5. 设随机变量 $X$ 的概率密度为

$$f(x)=\begin{cases}1+x, & -1\leqslant x<0;\\ 1-x, & 0<x\leqslant 1;\\ 0, & \text{其他}.\end{cases}$$

则方差 $D(X)=$ _____.

**二、选择题**（每小题 4 分，共 5 小题，满分 20 分）

1. 设 $A,B,C$ 是三个独立的随机事件，且 $0<P(C)<1$. 则在下列给定的四对事件中不相互独立的是（　　）.

（A）$\overline{A\cup B}$ 与 $C$　　（B）$\overline{BC}$ 与 $\overline{C}$　　（C）$\overline{A-B}$ 与 $\overline{C}$　　（D）$\overline{AB}$ 与 $\overline{C}$

2. 设随机变量 $X$ 的概率密度为 $f(x)=\dfrac{1}{\pi(1+x^{2})}$，则 $Y=2X$ 的概率密度为（　　）.

（A）$\dfrac{1}{\pi(1+4y^{2})}$　　（B）$\dfrac{1}{\pi(4+y^{2})}$　　（C）$\dfrac{2}{\pi(4+y^{2})}$　　（D）$\dfrac{2}{\pi(1+y^{2})}$

3. 下面四个函数中不是随机变量分布函数的是（　　）.

（A）$F(x)=\begin{cases}1, & x\geqslant 0;\\ \dfrac{1}{2+x^{2}}, & x<0\end{cases}$　　　　（B）$F(x)=\begin{cases}0, & x<0;\\ x, & 0\leqslant x<1;\\ 1, & x\geqslant 1\end{cases}$

（C）$F(x) = \int_{-\infty}^{x} f(t)\mathrm{d}t$，其中 $\int_{-\infty}^{\infty} f(t)\mathrm{d}t = 1$　　（D）$F(x) = \begin{cases} 0, & x \leq 0; \\ 1 - \mathrm{e}^{-x}, & x > 0 \end{cases}$

4. 下列四个函数中，能成为随机变量密度函数的是（　　）.

（A）$f(x) = \mathrm{e}^{-|x|}$　　　　　　　　　　　　　（B）$f(x) = \dfrac{1}{\pi(1 + x^2)}$

（C）$f(x) = \begin{cases} \dfrac{1}{\sqrt{2\pi}}\mathrm{e}^{-\frac{x^2}{2}}, & x \geq 0; \\ 0, & x < 0 \end{cases}$　　（D）$f(x) = \begin{cases} 1, & |x| \leq 1; \\ 0, & |x| > 1 \end{cases}$

5. 设随机变量 $X \sim N(2\mu, 1)$，$P(X \leq 1) = \dfrac{1}{2}$，则 $\mu =$（　　）.

（A）$-1$　　　　（B）$0$　　　　（C）$\dfrac{1}{2}$　　　　（D）$1$

三、（12 分）某炮台上有三门炮，假定第一门炮的命中率为 $0.4$，第二门炮的命中率为 $0.3$，第三门炮的命中率为 $0.5$. 今三门炮向同一目标各射出一发炮弹，结果有两弹中靶，求第一门炮中靶的概率.

四、（12 分）设一批晶体管的次品率为 $0.01$. 今从这批晶体管中抽取 4 个，求其中恰有 1 个次品和恰有 2 个次品的概率.

五、（12 分）设随机变量 $X$ 的密度函数 $f(x) = \begin{cases} \dfrac{1}{3}, & -2 < x < 0; \\ A, & 1 < x < B; \\ 0, & 其他. \end{cases}$　分布函数 $F(x)$ 在 $x = 2$ 处

的值 $F(2) = \dfrac{5}{6}$，求：（1）$A, B$；（2）若 $Y = |X|$，求 $Y$ 的概率密度.

六、（12 分）在射击比赛中，每人射击三次（每次一发），约定全部不中得 0 分，只中一弹得 5 分，中二弹得 10 分，中三弹得 20 分。某人每次射击的命中率均为 $0.4$，求他的得分 $X$ 的数学期望.

七、（12 分）掷一颗六面体骰子，直到出现 5 点为止，问平均需掷多少次？

# 概率论与数理统计模拟试卷（二）

## 一、填空题（每小题 4 分，共 5 小题，满分 20 分）

1. 已知 $P(A) = P(B) = P(C) = \dfrac{1}{4}$，$P(AB) = 0$，$P(AC) = P(BC) = \dfrac{1}{16}$，则 $A, B, C$ 都不发生的概率为_____.

2. 设事件 $A, B$ 满足：$P(B|A) = P(\bar{B}|\bar{A}) = \dfrac{1}{5}$，$P(A) = \dfrac{1}{3}$，则 $P(B) =$_____.

3. 设随机变量 $X$ 的概率密度为 $f(x) = \begin{cases} \dfrac{1}{2}, & 0 < x < 1; \\ \dfrac{1}{4}, & 1 < x < 3; \\ 0, & \text{其他}. \end{cases}$ 则 $Y = 1 - 2X$ 的概率密度

$f_Y(y) = \underline{\hspace{3cm}}$.

4. 设随机变量 $X$ 的概率密度为 $f(x) = \dfrac{1}{4}x^2 e^{-|x|}$ （$x \in \mathbb{R}$），则 $Y = X^2$ 的概率密度为 $\underline{\hspace{2cm}}$.

5. 设 $X \sim P(\lambda)$，且 $P(X = 1) = P(X = 2)$，则 $P(X \geqslant 1) = \underline{\hspace{2cm}}$.

二、选择题（每小题 4 分，共 5 小题，满分 20 分）

1. 设 $A, B, C$ 三个事件两两独立，则 $A, B, C$ 相互独立的充要条件是（　　）.

　　(A) $A$ 与 $BC$ 独立　　　　　　(B) $AB$ 与 $A \cup C$ 独立

　　(C) $AB$ 与 $AC$ 独立　　　　　　(D) $A \cup B$ 与 $A \cup C$ 独立

2. 对于任意两事件 $A$ 和 $B$，与 $A \cup B = B$ 不等价的是（　　）.

　　(A) $A \subset B$　　　(B) $\bar{B} \subset \bar{A}$　　　(C) $A\bar{B} = \varnothing$　　　(D) $\bar{A}B = \varnothing$

3. 设随机变量 $X \sim N(\mu, \sigma^2)$，对于非负常数 $k$，概率 $P\left(|X - \mu| \leqslant k\sigma\right)$（　　）.

　　(A) 只与 $k$ 有关　　　　　　(B) 只与 $u$ 有关

　　(C) 只与 $\sigma$ 有关　　　　　　(D) 与 $\mu, \sigma, k$ 均有关

4. 设随机变量 $X$ 的密度函数为 $f(x) = \begin{cases} 2x, & 0 < x < 1; \\ 0, & \text{其他}. \end{cases}$ 则 $P\{|E - EX| \geqslant 2\sqrt{DX}\}$ 等于（　　）.

　　(A) $\dfrac{9 - 8\sqrt{2}}{9}$　　(B) $\dfrac{6 + 4\sqrt{2}}{9}$　　(C) $\dfrac{6 - 4\sqrt{2}}{9}$　　(D) $\dfrac{9 + 8\sqrt{2}}{9}$

5. 设 $X_1$ 和 $X_2$ 是任意两个相互独立的连续型随机变量，它们的概率密度分别为 $f_1(x)$ 和 $f_2(x)$，分布函数分别为 $F_1(x)$ 和 $F_2(x)$，则（　　）.

　　(A) $f_1(x) + f_2(x)$ 必为某一随机变量的概率密度

　　(B) $f_1(x) f_2(x)$ 必为某一随机变量的概率密度

　　(C) $F_1(x) + F_2(x)$ 必为某一随机变量的分布函数

　　(D) $F_1(x) F_2(x)$ 必为某一随机变量的分布函数

三、（12 分）有甲、乙、丙三个袋子，甲袋中有 2 个黑球、3 个白球；乙袋中有 1 个黑球、3 个白球；丙袋中有 3 个黑球、1 个白球．从甲袋中任取 1 个球放入乙袋中，再从乙袋中任取 1 个球放入丙袋中，最后从丙袋中任取 1 球．求最后取到白球的概率．

四、（12 分）一个仪器上有 3 个零件，这 3 个零件互不相关且出故障的概率分别为 0.2，0.4，0.6．若这 3 个零件上有 1 个零件出故障，仪器不能正常工作的概率为 0.3；若有 2 个零件出故障，仪器不能正常工作的概率为 0.65；若有 3 个零件出故障，仪器不能正常工作的概率为 0.85．现仪器不能正常工作，求有 2 个零件出故障的概率．

五、（12 分）已知随机变量 $X$ 服从 $(1, 2)$ 上的均匀分布，求：（1）$Y = e^{2X}$ 的概率密度 $f_Y(y)$；（2）$E(e^{2X})$.

六、（12 分）设随机变量 $X \sim U[0,1]$，求 $Y = X^2 - 4X + 1$ 的密度函数.

七、（12 分）一个碗中放有 10 个筹码，其中 8 个标有 2，2 个标有 5. 今某人从此碗中随机无放回抽取 3 个筹码，若他获得的奖金等于所抽 3 个筹码的数字之和，试求他获奖金的数学期望及方差.

# 概率论与数理统计模拟试卷（三）

## 一、填空题（每小题 4 分，共 5 小题，满分 20 分）

1. 设事件 $A,B$ 满足 $P(A) = 0.5$，$P(B) = 0.6$，$P(B\,|\,\overline{A}) = 0.6$，则 $P(A \cup B) = $ _____.

2. 设 $X$ 服从泊松分布，若 $E(X^2) = 6$，则 $P(X \geqslant 1) = $ _____.

3. 设 $X \sim B(n, p)$，且 $E(X) = 2$，$D(X) = 1$，则 $P(X > 1) = $ _____.

4. 设随机变量 $X \sim U(-\sqrt{3}, \sqrt{3})$，则 $E(X-1)(X+2) = $ _____.

5. 设随机变量 $X$ 的概率密度为 $f_X(x) = \begin{cases} 1, & 0 < x < 1; \\ 0, & \text{其他.} \end{cases}$ 则 $Y = \mathrm{e}^X$ 的概率密度为

$$f_Y(y) = \begin{cases} \\ \\ \\ \end{cases}.$$

## 二、选择题（每小题 4 分，共 5 小题，满分 20 分）

1. 事件 $A,B$ 满足 $P(A) = P(B) = \dfrac{1}{2}$，$P(A\,|\,\overline{B}) = P(B)$，下列正确的是（　　）.

   （A）$P(AB) = \dfrac{1}{4}$　　（B）$P(A-B) = \dfrac{3}{4}$　　（C）$P(\overline{B-A}) = \dfrac{1}{2}$　　（D）$P(A \cup B) = 1$

2. 随机事件 $A \supset B$，$0 < P(A) < 1$，则（　　）.

   （A）$P(A \cup B) = P(A)$　　　　　　　　（B）$P(AB) = P(A)$

   （C）$P(B-A) = P(B) - P(A)$　　　　　　（D）$P(B\,|\,A) = P(B)$

3. $P(C = k) = c\lambda^k \mathrm{e}^{-\lambda} / k!$（$k = 0, 2, 4, \cdots$）是随机变量 $X$ 的概率函数，则 $\lambda, c$ 一定满足（　　）.

   （A）$\lambda > 0$　　　　（B）$c > 0$　　　　（C）$c\lambda > 0$　　　　（D）$c > 0$ 且 $\lambda > 0$

4. 设 $X$ 为连续型随机变量，且方差存在，则对任意常数 $C$ 和 $\varepsilon > 0$，必有（　　）.

   （A）$P(|X - C| \geqslant \varepsilon) = \dfrac{E(|X-C|)}{\varepsilon}$　　　　（B）$P(|X-C| \geqslant \varepsilon) \geqslant \dfrac{E(|X-C|)}{\varepsilon}$

   （C）$P(|X-C| \geqslant \varepsilon) \leqslant \dfrac{E(|X-C|)}{\varepsilon}$　　　　（D）$P(|X-C| \geqslant \varepsilon) \leqslant \dfrac{D(X)}{\varepsilon^2}$

5. 下列函数中可作为连续型随机变量的概率密度的是（　　）.

   （A）$f(x) = \begin{cases} \sin x, & \pi \leqslant x \leqslant \dfrac{3}{2}\pi; \\ 0, & \text{其他} \end{cases}$　　　　（B）$g(x) = \begin{cases} -\sin x, & \pi \leqslant x \leqslant \dfrac{3}{2}\pi; \\ 0, & \text{其他} \end{cases}$

(C) $\varphi(x) = \begin{cases} \cos x, & \pi \leqslant x \leqslant \dfrac{3}{2}\pi; \\ 0, & \text{其他} \end{cases}$　　　　(D) $h(x) = \begin{cases} 1-\cos x, & \pi \leqslant x \leqslant \dfrac{3}{2}\pi; \\ 0, & \text{其他} \end{cases}$

三、（12 分）甲袋中有 2 个白球、3 个黑球，乙袋中有 3 个白球、2 个黑球，从甲袋中取出 1 个放入乙袋，再从乙袋中任取 1 个，若放入乙袋的球和从乙袋中取出的球是同色的，求放入乙袋的是黑球的概率.

四、（12 分）已知 5% 的男人和 0.25% 的女人患色盲，假设男人、女人各占一半，现随机地挑选一人.（1）求此人恰患色盲的概率；（2）若此人不患色盲，求他是男人的概率.

五、（12 分）设随机变量 $X$ 服从正态分布 $N(0,1)$，求随机变量 $Y = |X|$ 的概率密度 $f_Y(y)$.

六、（12 分）已知随机变量 $X$ 有概率密度 $f(x) = \begin{cases} 1+x, & -1 \leqslant x < 0; \\ 1-x, & 0 \leqslant x \leqslant 1; \\ 0, & \text{其他}. \end{cases}$

求：（1）$Y = X^2 + 1$ 的概率密度 $f_Y(y)$；（2）$E(X^2+1)$.

七、（12 分）设实验室器皿中产生甲、乙两类细菌的机会是相等的，且产生 $k$ 个细菌的概率为 $p_k = \dfrac{\lambda^k}{k!}\mathrm{e}^{-k}$，$k = 0, 1, 2, \cdots$. 试求产生了至少两个甲类细菌但没有乙类细菌的概率.

## 概率论与数理统计模拟试卷（一）参考答案

一、1. $\dfrac{1}{4}$.　2. $\dfrac{2}{3}$.　3. $\begin{cases} \dfrac{1}{2y}, & \dfrac{1}{\mathrm{e}} < y < \mathrm{e}; \\ 0, & \text{其他}. \end{cases}$　4. $1 - \mathrm{e}^{-3}$.　5. $\dfrac{1}{6}$.

二、1. B　2. C　3. C　4. B　5. C

三、**解**　令 $A_i = $ "第 $i$ 门炮中靶"（$i = 1, 2, 3$），$B = $ "有两弹中靶"，则

$$B = A_1 A_2 \overline{A_3} \cup A_1 \overline{A_2} A_3 \cup \overline{A_1} A_2 A_3.$$

由事件独立性，得

$$P(B) = P(A_1)P(A_2)P(\overline{A_3}) + P(A_1)P(\overline{A_2})P(A_3) + P(\overline{A_1})P(A_2)P(A_3)$$
$$= 0.4 \times 0.3 \times 0.5 + 0.4 \times 0.7 \times 0.5 + 0.6 \times 0.3 \times 0.5 = 0.29,$$
$$P(A_1 B) = P(A_1)P(A_2)P(\overline{A_3}) + P(A_1)P(\overline{A_2})P(A_3)$$
$$= 0.4 \times 0.3 \times 0.5 + 0.4 \times 0.7 \times 0.5 = 0.2.$$

于是 $P(A_1 \mid B) = \dfrac{P(A_1 B)}{P(B)} = \dfrac{20}{29}$.

四、**解**　设 $A_i = $ "其中恰有 $i$ 个次品"（$i = 1, 2$），则

$$P(A_1) = \mathrm{C}_4^1 \times 0.01 \times 0.99^3 = 0.038\,8,$$
$$P(A_2) = \mathrm{C}_4^2 \times 0.01^2 \times 0.99 = 0.000\,6.$$

五、**解**　（1）由 $1 = \displaystyle\int_{-\infty}^{\infty} f(x)\mathrm{d}x = 2 \times \dfrac{1}{3} + (B-1)A$，

$$F(2) = P(X \leqslant 2) = 1 - P(X > 2) = 1 - (B-2) \cdot A = \frac{5}{6},$$

故 $A = \dfrac{1}{6}$，$B = 3$.

（2）由 $F_Y(y) = \begin{cases} 0, & y < 0; \\ F_X(y) - F_X(-y), & 0 \leqslant y < 3; \\ 1, & y \geqslant 3, \end{cases}$

有

$$f_Y(y) = \begin{cases} \dfrac{1}{3}, & 0 < y < 1; \\ \dfrac{1}{2}, & 1 \leqslant y < 2; \\ \dfrac{1}{6}, & 2 \leqslant y < 3; \\ 0, & \text{其他}. \end{cases}$$

**六、解**　设 $Y$ 为三次射击中命中的次数，则 $Y \sim B(3, 0.4)$，于是，

$$P(X = 0) = P(Y = 0) = C_3^0 (0.4)^0 (0.6)^3 = \frac{27}{125},$$

$$P(X = 5) = P(Y = 1) = C_3^1 \times 0.4 \times (0.6)^2 = \frac{54}{125}.$$

类似地，可求出 $X$ 的分布列如下：

| $X$ | 0 | 5 | 10 | 20 |
|---|---|---|---|---|
| $P$ | $\dfrac{27}{125}$ | $\dfrac{54}{125}$ | $\dfrac{36}{125}$ | $\dfrac{8}{125}$ |

所以 $X$ 的数学期望为

$$E(X) = 0 \times \frac{27}{125} + 5 \times \frac{54}{125} + 10 \times \frac{36}{125} + 20 \times \frac{8}{125} = 6.32.$$

**七、解**　设 $X$ 表示首次掷得 5 点的次数，则 $X$ 的所有可能值为 $1, 2, \cdots$. 取得

$\{X = 1\}$ 表示第 1 次掷得 5 点，则 $P\{X = 1\} = \dfrac{1}{6}$；

$\{X = 2\}$ 表示第 1 次未掷得 5 点，第二次掷得 5 点，则 $P\{X = 2\} = \dfrac{5}{6} \cdot \dfrac{1}{6}, \cdots$；

$\{X = k\}$ 表示第 1 次、第 2 次、$\cdots$、第 $k-1$ 次都未掷得 5 点，第 $k$ 次掷得 5 点，则

$P\{X = k\} = \left(\dfrac{5}{6}\right)^{k-1} \cdot \dfrac{1}{6}$，所以 $X$ 的分布列为

$$P(X = k) = \left(\frac{5}{6}\right)^{k-1} \cdot \frac{1}{6} \quad (k = 1, 2, 3, 4, \cdots).$$

因为 $E(X) = \displaystyle\sum_{k=1}^{\infty} k \left(\frac{5}{6}\right)^{k-1} \cdot \frac{1}{6} = \frac{1}{6} \sum_{k=1}^{\infty} k \cdot \left(\frac{5}{6}\right)^{k-1}$，又 $\displaystyle\sum_{k=0}^{\infty} x^k = \frac{1}{1-x} \quad (|x| < 1)$，故

$$\left(\sum_{k=0}^{\infty}x^k\right)'=\sum_{k=1}^{\infty}k\cdot x^{k-1}=\left(\frac{1}{1-x}\right)'=\frac{1}{(1-x)^2}\quad(\,|x|<1\,),$$

所以 $E(X)=\dfrac{1}{6}\displaystyle\sum_{k=1}^{\infty}k\left(\dfrac{5}{6}\right)^{k-1}=\dfrac{1}{6}\cdot\dfrac{1}{\left(1-\dfrac{5}{6}\right)^2}=6$.

## 概率论与数理统计模拟试卷（二）参考答案

一、1. $\dfrac{3}{8}$.　2. $\dfrac{3}{5}$.　3. $\begin{cases}\dfrac{1}{4},&-1<y<1;\\[2mm]\dfrac{1}{8},&-5<y<-1;\\[2mm]0,&\text{其他}.\end{cases}$　4. $f_Y(y)=\begin{cases}\dfrac{1}{4}\sqrt{y}\mathrm{e}^{-\sqrt{y}},&y\geqslant0;\\[2mm]0,&y<0.\end{cases}$　5. $1-\mathrm{e}^{-2}$.

二、1. A　2. D　3. A　4. C　5. D

三、**解**　设 $A,B,C$ 分别表示从甲、乙、丙袋中取到白球. 则

$$P(B)=P(A)P(B\mid A)+P(\bar{A})P(B\mid\bar{A})=\frac{18}{25},\quad P(\bar{B})=\frac{7}{25},$$

$$P(C)=P(B)P(C\mid B)+P(\bar{B})P(C\mid\bar{B})=\frac{43}{125}.$$

四、**解**　设 $A_i=$ "有 $i$ 个零件出故障"（$i=1,2,3$），$B=$ "仪器不能正常工作"，$C_i=$ "第 $i$ 个零件出故障"（$i=1,2,3$），则由贝叶斯公式得 $P(A_2\mid B)=\dfrac{P(A_2)P(B\mid A_2)}{\displaystyle\sum_{i=1}^{3}P(A_i)P(B\mid A_i)}$.

而　　$\begin{aligned}P(A_1)&=P(C_1\bar{C}_2\bar{C}_3)+P(\bar{C}_1C_2\bar{C}_3)+P(\bar{C}_1\bar{C}_2C_3)\\&=P(C_1)P(\bar{C}_2)P(\bar{C}_3)+P(\bar{C}_1)P(C_2)P(\bar{C}_3)+P(\bar{C}_1)P(\bar{C}_2)P(C_3)\\&=0.2\times0.6\times0.4+0.8\times0.4\times0.4+0.8\times0.6\times0.6=0.464,\end{aligned}$

$\begin{aligned}P(A_2)&=P(C_1C_2\bar{C}_3)+P(C_1\bar{C}_2C_3)+P(\bar{C}_1C_2C_3)\\&=P(C_1)P(C_2)P(\bar{C}_3)+P(C_1)P(\bar{C}_2)P(C_3)+P(\bar{C}_1)P(C_2)P(C_3)\\&=0.2\times0.4\times0.4+0.2\times0.6\times0.6+0.8\times0.4\times0.4=0.296,\end{aligned}$

$P(A_3)=P(C_1C_2C_3)=P(C_1)P(C_2)P(C_3)=0.2\times0.4\times0.6=0.048,$

所以　$P(A_2\mid B)=\dfrac{0.296\times0.65}{0.464\times0.3+0.296\times0.65+0.048\times0.85}=0.516\,6.$

五、**解**　（1）当 $y\leqslant\mathrm{e}^2$ 时，$F_Y(y)=0$；

当 $y\geqslant\mathrm{e}^4$ 时，$F_Y(y)=1$；

当 $\mathrm{e}^2<y<\mathrm{e}^4$ 时，$F_Y(y)=P(Y\leqslant y)=P(\mathrm{e}^{2X}\leqslant y)=P\left(X\leqslant\dfrac{1}{2}\ln y\right)=F_X\left(\dfrac{1}{2}\ln y\right).$

由 $F_Y'(y)=f_X\left(\dfrac{1}{2}\ln y\right)\cdot\dfrac{1}{2y}$，有

$$f_Y(y) = \begin{cases} \dfrac{1}{2y}, & e^2 < y < e^4; \\ 0, & \text{其他}. \end{cases}$$

（2） $E(e^{2X}) = \displaystyle\int_1^2 e^{2x} \cdot 1 dx = \dfrac{1}{2} e^{2x} \Big|_1^2 = \dfrac{1}{2}(e^4 - e^2)$.

**六、解**    $F_Y(y) = \begin{cases} 0, & y < -2; \\ F_X(2 + \sqrt{y+3}) - F_X(2 - \sqrt{y+3}), & -2 \leqslant y < 1; \\ 1, & y \geqslant 1. \end{cases}$

$$f_Y(y) = \begin{cases} \dfrac{1}{2\sqrt{y+3}}, & -2 < y < 1; \\ 0, & \text{其他}. \end{cases}$$

**七、解**    设 $X =$ "该人获奖的数额"，可能取值为 6（取到 3 个标有 2 的筹码），9（取到 2 个标有 2 的筹码，一个标有 5 的筹码），12（取到 2 个标有 5 的筹码，一个标有 2 的筹码）. 故由古典概率公式计算可得

$$P(X=6) = \frac{C_8^3}{C_{10}^3} = \frac{56}{120} = \frac{7}{15},$$

$$P(X=9) = \frac{C_8^3 C_2^1}{C_{10}^3} = \frac{56}{120} = \frac{7}{15},$$

$$P(X=12) = \frac{C_8^1 C_2^2}{C_{10}^3} = \frac{8}{120} = \frac{1}{15},$$

故

$$E(X) = 6 \times \frac{7}{15} + 9 \times \frac{7}{15} + 12 \times \frac{1}{15} = \frac{117}{15} = 7.8,$$

$$E(X^2) = 6^2 \times \frac{7}{15} + 9^2 \times \frac{7}{15} + 12^2 \times \frac{1}{15} = \frac{963}{15} = 64.2,$$

$$D(X) = E(X^2) - [E(X)]^2 = 64.2 - 7.8^2 = 3.36.$$

## 概率论与数理统计模拟试卷（三）参考答案

**一、** 1. 0.8.    2. $1 - e^{-2}$.    3. $\dfrac{11}{16}$.    4. $-1$.    5. $\begin{cases} \dfrac{1}{y}, & 1 < y < e; \\ 0, & \text{其他}. \end{cases}$

**二、** 1. A    2. A    3. B    4. C    5. B

**三、解**    设 $B, W$ 分别表示从甲中取出的是黑球、白球的事件. $S$ 表示放入乙袋的球与从乙袋取出的球同色. 则

$$P(S) = P(B)P(S \mid B) + P(W)P(S \mid W)$$

$$= \frac{3}{5} \times \frac{3}{6} + \frac{2}{5} \times \frac{4}{6} = \frac{17}{30},$$

$$P(B \mid S) = \frac{P(BS)}{P(S)} = \frac{\dfrac{3}{5} \times \dfrac{3}{6}}{\dfrac{17}{30}} = \frac{9}{17}.$$

**四、解**　设 $A =$ "挑选的人患色盲"，$B =$ "挑选的人是男人".

（1）$P(A) = P(B)P(A \mid B) + P(\bar{B})P(A \mid \bar{B}) = \dfrac{1}{2}(0.05 + 0.0025) = 0.026\,25.$

（2）$P(B \mid \bar{A}) = \dfrac{P(B)P(\bar{A} \mid B)}{1 - P(A)} = \dfrac{\dfrac{1}{2} \times 0.95}{0.97375} = 0.487\,8.$

**五、解**　$Y = |X|$ 的分布函数为

$$
\begin{aligned}
F_Y(y) &= P(Y \le y) = P(|X| \le y) \\
&= \begin{cases} P(\varnothing) = 0, & y < 0; \\ P(-y \le X \le y), & y \ge 0. \end{cases}
\end{aligned}
$$

而当 $y \ge 0$ 时，有

$$F_Y(y) = P(-y \le X \le y) = \Phi(y) - \Phi(-y) = 2\Phi(y) - 1,$$

所以 $Y = |X|$ 的分布函数为

$$F_Y(y) = \begin{cases} 0, & y < 0; \\ 2\Phi(y) - 1, & y \ge 0. \end{cases}$$

从而 $Y = |X|$ 的概率密度为

$$f_Y(y) = \begin{cases} 0, & y \le 0 \\ 2\varphi(y), & y > 0 \end{cases} = \begin{cases} 0, & y \le 0; \\ \dfrac{2}{\sqrt{2\pi}} \mathrm{e}^{-\frac{y^2}{2}}, & y > 0. \end{cases}$$

**六、解**　（1）当 $y \le 1$ 时，$F_Y(y) = 0$；

当 $y \ge 2$ 时，$F_Y(y) = 1$；

当 $1 < y < 2$ 时，$F_Y(y) = P(Y \le y) = P(X^2 + 1 \le y) = P\left(-\sqrt{y-1} \le X \le \sqrt{y-1}\right)$

$$= F_X\left(\sqrt{y-1}\right) - F_X\left(-\sqrt{y-1}\right).$$

$$F_Y'(y) = f_X\left(\sqrt{y-1}\right) \cdot \frac{1}{2\sqrt{y-1}} + f_X\left(-\sqrt{y-1}\right)\frac{1}{2\sqrt{y-1}}$$

$$= \frac{1}{\sqrt{y-1}} - 1,$$

$$f_Y(y) = \begin{cases} \dfrac{1}{\sqrt{y-1}} - 1, & 1 < y < 2; \\ 0, & 其他. \end{cases}$$

（2） $E(X^2+1)=E(X^2)+1=\int_{-1}^{0}x^2(1+x)\mathrm{d}x+\int_{0}^{1}x^2(1-x)\mathrm{d}x+1$

$$=\frac{1}{6}+1=\frac{7}{6}.$$

**七、解**  令 $A$ 表示器皿产生了至少两个甲类细菌而没有产生乙类细菌事件，而 $A_i$ 表示产生了 $i$ 个细菌的事件（ $i=0,1,2,3,\cdots$ ）. 于是

$$A=\sum_{i=2}^{\infty}A_iA,$$

$$P(A)=\sum_{i=2}^{\infty}P(A_i)P(A|A_i)=\sum_{i=2}^{\infty}\frac{\lambda^i}{i!}\mathrm{e}^{-\lambda}\left(\frac{1}{2}\right)^i$$

$$=\mathrm{e}^{-\lambda}\sum_{i=2}^{\infty}\frac{\left(\dfrac{\lambda}{2}\right)^i}{i!}=\mathrm{e}^{-\lambda}\left(\mathrm{e}^{\frac{\lambda}{2}}-1-\frac{\left(\dfrac{\lambda}{2}\right)^1}{1!}\right)=\mathrm{e}^{-\frac{\lambda}{2}}-\left(1+\frac{\lambda}{2}\right)\mathrm{e}^{-\lambda}.$$